文 | 艺 | 复 | 兴 | 译 | 丛

佛罗伦萨颂

布鲁尼人文主义文选

〔意〕莱奥纳尔多·布鲁尼 著

郭琳 译

Panegyric to the City of Florence

Selected Humanist Texts of Leonardo Bruni

商务印书馆
The Commercial Press

Leonardo Bruni

THE HUMANISM OF LEONARDO BRUNI: SELECTED TEXTS

Center for Medieval and Early Renaissance Studies

State University of New York at Binghamton, 1987

根据纽约州立大学中世纪与早期文艺复兴研究中心 1987年版编译

篇目由韩金斯教授选定并提供授权，特此致谢

目 录

亚里士多德研究

论教会事务

附录

中译者引言

20 世纪中期,自文艺复兴史家巴龙的代表作《早期意大利文艺复兴的危机》①问世以来,莱奥纳尔多·布鲁尼(Leonardo Bruni,1370—1444)便引起了西方学界的关注。在巴龙笔下,布鲁尼是将人文主义与公民精神相结合的"公民人文主义"(civic humanism)典范;马丁内斯记录了布鲁尼精彩的一生②;威特认为是布鲁尼继承并发扬了彼特拉克的早期人文主义,使之得以延续③;贝利则指出布鲁尼从古罗马传统出发对其同时代骑士身份的反思影响了一个世纪之后的马基雅维利④。这些研究为我们勾勒出一个多面能手的布鲁尼形象。

---

① Hans Baron, *The Crisis of the Early Italian Renaissance*, 2 vols., New Jersey: Princeton University Press, 1955;1966 年修订本将两卷合并为单卷本。以下本书引用时简写作《危机》和 *Crisis* 。

② Lauro Martines, *The Social World of the Florentine Humanists 1390 – 1460*, 2nd edn., Toronto and London: University of Toronto Press, 2011, pp.117 – 123.

③ Benjamin G. Kohl and Ronald G. Witt eds., *The Earthly Republic: Italian Humanists on Government and Society*, Philadelphia: University of Pennsylvania Press, 1978, p. 121.

④ Charles C. Bayley, *War and Society in Renaissance Florence: The De Militia of Leonardo Bruni*, Toronto: University of Toronto Press, 1961, pp.219 – 315.

1

1370 年，布鲁尼出生于阿雷佐一个普通的圭尔夫派（Guelf）家庭。1385 年，阿雷佐沦为佛罗伦萨领地。之后三年内父母相继离世，布鲁尼对阿雷佐再无留恋，遂迁至佛罗伦萨。时任佛罗伦萨国务秘书的萨卢塔蒂（Coluccio Salutati）收留了布鲁尼，这段亦师亦友的缘分使布鲁尼受益匪浅。布鲁尼很快成为 15 世纪早期文人圈子的核心，他不仅谙熟古典文化，对古典语言亦颇有研究。在跟随希腊学者克里索洛拉斯（Manuel Chrysoloras）学习希腊语的众门生当中，布鲁尼是佼佼者，他将许多重要的古希腊著作翻译成了当时西方世界最通用的文学语言拉丁语，堪称文艺复兴时期伟大文化工程的引领者。

1405 年，布鲁尼在业师举荐下来到罗马，开启了其后十年的教廷生涯，先后服务于教皇英诺森七世、格里高利十二世、亚历山大五世和约翰二十三世。作为教皇秘书，他的主要任务是起草谕令，书信对象涵盖了皇帝、君主、主教、官员等各色人物和各国政府。这是布鲁尼人生中的第一份正式工作，这段经历直接影响到他对于教会教廷、意大利以及整个欧洲政治局势的认知。

1415 年，布鲁尼返回佛罗伦萨，潜心从事学术。他先后写出了《西塞罗新传》（*New Cicero*）、《佛罗伦萨人民史》（*History of the Florentine People*，前六卷于 1429 年出版）、《论曼图亚城的起源》（*On the Origins of the City of Mantua*）、《论文学研究》（*On the Study of Literature*）、《道德哲学引论》（*Isagogue*），还翻译了《尼各马可伦理学》和

伪亚里士多德著作《家政学》。自 1427 年起，布鲁尼出任佛罗伦萨国务秘书一职直至逝世，在佛罗伦萨的内政外交事务上享有极大的话语权，其权威和受到重用程度甚至是萨卢塔蒂当年也无法比拟的。

1444 年布鲁尼去世后，按其遗嘱被葬于佛罗伦萨圣十字大教堂（Santa Croce），他的葬礼堪称一场精心安排的公共仪式，汇聚了众多名流，波焦（Poggio Bracciolini）、曼内蒂（Giannozzo Manetti）、科特西（Paolo Cortesi）等纷纷发表演说以纪念这位时代的伟人。

布鲁尼的著作在 15 世纪的畅销书中一直名列前茅，并被译成多种语言，手抄本数量更是令文艺复兴时期的其他作者望尘莫及。① 当时的大学规定所有人都要学习布鲁尼的作品。自 16 世纪中叶起，人们对布鲁尼的热情骤减；直至 19 世纪晚期，意大利民族主义运动兴起，这才重新点燃了人们对包括布鲁尼在内的文艺复兴时期意大利人文主义者的兴趣。

2

研究文艺复兴的学者们不会忽视布鲁尼对西方政治思想史的贡献，这首先要归功于巴龙对其形象的树立。1925 年巴龙首次提出"公民人文主义"概念；在 1955 年出版的《危机》中，巴龙以布鲁尼为核心组建起公民人文主义思想家群体，并对公民人文主义的内涵和形成原

---

① 布鲁尼至今留存的手抄本约有 3200 种之多，并有 200 多种古籍印刷本。

因做出了独到的阐释；在晚年出版的《探究佛罗伦萨公民人文主义》①中，巴龙又进一步完善了自己的思想体系，将马基雅维利视为布鲁尼思想的继承者。由此，他建构起早期意大利文艺复兴政治思想研究的框架。

在巴龙看来，这场肇端于布鲁尼及其同时代人文主义者的思想运动，在整个文艺复兴时期持续蔓延，并对现代早期的共和主义思想产生了深远影响。作为公民人文主义的核心人物，布鲁尼的盛名在 15 世纪传遍亚平宁半岛和欧洲各地。在鸿篇巨制《佛罗伦萨人民史》中，布鲁尼表达了对共和政府的独到见解，展现出利用古典政治理论来阐述历史事件的惊人能力，他还奉劝政治家务必以史为鉴，以此表达史家的立场。布鲁尼的著作饱含了他对政治制度的种种思考，在其思想深处想要一探究竟的是如何才能构建起一个良好政体模式的问题。

"巴龙论题"的提出引发了学界的巨大反响。意大利文艺复兴研究协会于 1987 年 10 月在佛罗伦萨举办了"布鲁尼学术研讨会"，加林、鲁宾斯坦、富比尼、瓦索利、赫尔德等诸多学者就"巴龙论题"各抒己见，并出版论文集《布鲁尼：佛罗伦萨共和国国务秘书》②。西方学界争论的焦点主要围绕布鲁尼公民人文主义思想的原创性与真实性，克里斯特勒、弗格森、西格尔、纳杰米、韩金斯等分别从不同角度解读了巴龙视域下的布鲁尼形象。③ 不过，自 20 世纪 80 年代至今，西方学界关于布鲁尼

① Hans Baron, *In Search of Florentine Civic Humanism*, New Jersey: Princeton University Press, 1988.

② Paolo Viti ed., *Leonardo Bruni, cancelliere della Repubblica di Firenze*, Firenze: Olschki, 1990.

③ 详见郭琳：《"巴龙论题"：一个文艺复兴史研究经典范式的形成与影响》，《学海》2015 年第 3 期，第 104—112 页。

的研究仍未能形成像但丁、马基雅维利那般系统性、体系化的成果。究其原因,一方面是欧美学者就布鲁尼思想的多种面向很难达成一致;另一方面是想要从布鲁尼留存的卷帙浩繁的文献中厘清头绪实属不易。

尽管在过去的半个多世纪里,布鲁尼的著作常位列文艺复兴研究的参考文献中,然而对布鲁尼的研究却始终因为缺乏权威性的原著和译本而举步维艰。布鲁尼所有著作中最广为人知的仍然是《佛罗伦萨颂》(*Panegyric to the City of Florence*),但这不过是他早期创作的不成熟之作,就连布鲁尼自己也曾承认该著作"幼稚散漫"。1987 年,格里菲茨、韩金斯等编译的《布鲁尼的人文主义》[1]涵盖了政治、历史、文学、宗教等各类题材的作品,旨在展现布鲁尼宽泛的兴趣和广博的学识。而克雷耶 1997 年编的《剑桥文艺复兴哲学文选》[2]未收录布鲁尼的任何作品,这或许是因为十年前选本的存在让克雷耶感到重编工作无异于画蛇添足。

自 1987 年以来,在意大利和欧洲其他地区新发现了许多布鲁尼文献。意大利学者罗萨和维蒂在布鲁尼的书信和著作手稿的整理方面做出了巨大贡献。罗萨整理的卢伊索《布鲁尼书信集》[3]和维蒂编辑的 1800 封布鲁尼书信[4]成为研究布鲁尼外交思想的重要资料,但这些新

---

① Gordon Griffiths, James Hankins et al. eds., *The Humanism of Leonardo Bruni: Selected Texts*, New York: Center for Medieval and Early Renaissance Studies, 1987.

② Jill Kraye ed., *Cambridge Translations of Renaissance Philosophical Texts, Vol. 2: Political Philosophy*, Cambridge: Cambridge University Press, 1997.

③ Francesco P. Luiso, *Studi su l'Epistolario di Leonardo Bruni*, ed. Lucia G. Rosa, Rome: Istituto Storico Italiano per il Medio Evo, 1980.

④ Paolo Viti ed., *Leonardo Bruni e Firenze: Studi sulle lettere pubbliche e private*, Florence: Olschki, 1992.

近发掘的原始资料目前都不曾有任何译本。此外,意大利学者扬志蒂在《布鲁尼、美第奇家族和佛罗伦萨史》①、《意大利文艺复兴时期的历史书写》②中,成功地将布鲁尼刻画为一名历史学家。这种定位在一定程度上削弱了布鲁尼作为政治思想家的形象,反而不利于读者从整体上把握布鲁尼的多面性。

至于中文学界,布鲁尼尚未引起研究者的足够重视,其原著更是只知其名未见其文。基于此,一部无论从广度上还是深度上都尽可能呈现布鲁尼思想全貌的文选中译本早日问世便显得尤为必要和迫切。

3

《佛罗伦萨颂:布鲁尼人文主义文选》(以下简称《文选》)由笔者在系统梳理布鲁尼政治著作的基础上编译而成。机缘巧合,笔者在哈佛大学访学期间曾有幸受教于韩金斯教授,并由此开始关注布鲁尼。韩金斯教授凭借深厚的拉丁文献功底在文艺复兴经典文献整理和研究方面有着突出的贡献,是著名的"塔蒂文库"(the I Tatti Renaissance Library)的主编。作为世界上首屈一指的布鲁尼研究专家,他在 1997 年出版的《布鲁尼著作资料汇编》③收集整理了至今留存的所有布鲁尼手

① Gary Ianziti, "Leonardo Bruni, the Medici, and the Florentine Histories," *Journal of the History of Ideas*, Vol. 69, No. 1, 2008, pp. 1 – 22.

② Gary Ianziti, *Writing History In Renaissance Italy: Leonardo Bruni and the Uses of the Past*, Cambridge: Harvard University Press, 2012.

③ James Hankins, *Repertorium Brunianum: A Critical Guide to the Writings of Leonardo Bruni*, Roma: Istituto Storico Italiano per il Medio Evo, 1997.

稿及各种版本的书目。中文版《文选》的篇目由韩金斯教授选定，除了《佛罗伦萨颂》等名篇之外，还收录了《论骑士》等代表性作品（其中部分作品根据韩金斯教授提供的未刊英译本译出）。

《文选》的"编选者导言"详细介绍了布鲁尼的生平与声望、布鲁尼的人文主义、布鲁尼政治思想的主要特点，以及布鲁尼在共和主义、公民人文主义、新古典主义思想发展历程中起到的作用。《文选》的四个部分是专题分类文选，每个部分前均配有导读，介绍相关文本的创作历史和政治背景。

第一部分是政治论说，包括《佛罗伦萨颂》《斯特罗齐葬礼演说》《论骑士》《驳对佛罗伦萨人民进攻卢卡的批判》《卢卡战争记》《论佛罗伦萨的政制》《致信德意志君主西吉斯蒙德三世》。在这些作品中，布鲁尼最擅长的当属表现型修辞（demonstrative rhetoric），他在写作这类作品时会有意识地注意措辞，充分运用修辞具有的赞颂和叱责功效以说服读者。布鲁尼运用的是古人所界定的修辞艺术，这种艺术是最高贵的艺术之一，意味着能够掌控他人的说服力。

第二部分与《西塞罗新传》有关。这篇作品曾在 1980 年掀起了学界对于布鲁尼作为历史学家功绩的新一轮评估。布鲁尼坦言，自己写作《西塞罗新传》的初衷是，在翻译普鲁塔克《西塞罗传》的过程中，他越发对这位古典作家所呈现的西塞罗形象感到不满，遂萌发了塑造一位"新"西塞罗的决心。这一部分附有普鲁塔克《西塞罗传》的对应段落，便于读者辨析布鲁尼如何将普鲁塔克关于西塞罗的记述创造性地转化为一种全新的阐释。

第三部分是亚里士多德研究，包括《论〈政治学〉的翻译》《伪亚里士多德〈家政学〉第一卷前言》《〈家政学〉第一卷译疏》《论财富》。在翻译亚里士多德原著的过程中，亚氏分析政治问题的客观态度和高超技巧令布鲁尼印象深刻，他自己的政治思想正是在亚氏的影响下日趋成熟的。

第四部分是论教会事务，收录了布鲁尼的部分书信，内容涉及格里高利十二世的当选及多米尼奇的角色、结束教廷分裂、枢机主教离弃格里高利十二世、罗马教廷的形势等。在教廷谋职的十年里，布鲁尼尽心尽职，在写给尼克利（Niccolò Niccoli）的信中他曾自述，自己拥有的文学天赋值得被用来为早日结束教会分裂而出谋划策。然而，格里高利的所作所为让他对罗马教会失望透顶，康斯坦茨公会议后，布鲁尼对教会的态度变得模糊不清，但基督教教会的统一始终是布鲁尼的心愿。

在此，笔者衷心希望中文版《文选》的出版能够为促进国内文艺复兴和西方政治思想史领域的相关研究做出绵薄贡献。

郭　琳

2020 年 3 月 30 日

编选者导言[①]

　　在图书馆里,有几本著作引起了我的兴趣,一本是字迹精美的希伯来手稿,另一本是由莱奥纳尔多·阿雷蒂诺(Leonardus Aretinus)翻译的拉丁文版亚里士多德《政治学》,该译本的罗马字体是如此隽永精美,自印刷术问世以来,此类手写体著作已经无处可觅。由于阿雷蒂诺的逝世时间大致比活字印刷术问世早二十年,因而他的这本作品是最后一批手写体著作之一。你可以在图书馆里找到阿雷蒂诺该手写体著作的打印版,但鲜有问津;因为自阿雷蒂诺之后,维多利乌斯(Victorius)和拉姆比努斯(Lambinus)都翻译过亚氏的著作,他们生活的时代比起阿雷蒂诺要更加文明先进,但或许正是因为他们站在了阿雷蒂诺的肩膀上才超越了他。前人开辟了通往知识殿堂的道路,后人才得以在这条道路上不断前进发展。

　　　　　　　　　　　　　　　　——塞缪尔·约翰逊(Samuel Johnson)

[①] 译自 Gordon Griffiths, James Hankins et al. eds., *The Humanism of Leonardo Bruni: Selected Texts*, pp. 3-46;本导言中第 1、2、9 部分为此中译本编选者韩金斯教授撰写,第 3 至 8 部分为格里菲茨教授撰写。

1 论人文主义

众所周知,15、16 世纪的意大利在许多方面都被视作现代欧洲文化的摇篮。文艺复兴时期的绘画、雕塑风格对后世欧洲艺术产生了持续的影响。在大街小巷,人们总是会与文艺复兴时期的建筑风格不期而遇。在政治方面,由洛伦佐·德·美第奇(Lorenzo de' Medici)及其同时代人开创的意大利城邦国家体系(city-state system)成为后来欧洲权力制衡模式的雏形,直至第一次世界大战前夕始终都主导着国际关系。北欧的君主们迫切地实践着由意大利法学家和政治思想家们发展起来的国家主权理论,而文艺复兴时期意大利政治家们建立的新型外交机制不久便越过阿尔卑斯山传播到了英国、法国和西班牙。此外,随着研究的深入,人们发现 16 世纪的新教改革运动就其思想内容而言,很大程度上也承自 15 世纪意大利人文主义者的思想。基本上,与文化关联的各个领域,比如教育、风格、音乐、科学等,皆于文艺复兴时期的意大利开始蓬勃发展起来,随之构成了欧洲文化的主要特征。

其他领域亦是如此。比如在文学领域,意大利文艺复兴时期的标志性文学文化,即所谓的“人文主义”(humanism),为欧洲文学注入了一种新的风格。“人文主义”文学风格的生命力一直延续至 19 世纪,我们可以称之为“新古典主义”(neoclassical)风格,这一风格长期以来都被视作现代欧洲文学的显著特点。然而,始终被忽视的一个事实是,新古典主义并非起源于 17 世纪的法国文学,亦非 16 世纪的意大利文学,它实际上源自 15 世纪初期意大利人文主义者的拉丁文著作。这种新风格无异于中世纪晚期文学品味上的一场"革命"。准确(correctness)、明晰(clarity)、有序(order)、多样(variety)、优雅(elegance),这些古典标准成为评判措辞是否良好的新依据,轻而易举地取代了中世纪晚期散文风格的呆板浮夸,一改先前的句法生硬、内容拖沓、虚饰造作。在诗歌方面,中世纪钟爱的奇思异想和华而不实的语言风格也逐渐让位于(但未被完全取代)一种更为"古典的"风格,更加注重形象逼真、叙事真实,并严格把控诗歌用语,评判其优雅与否的主要标准成了音节韵律和古典修辞。

　　这种文学风格上的革命关键有赖于人文主义者在教育领域发挥的重要影响,这在当时且在很长一段时间内始终都被视为一种古典教育。通过讲授古代经典以及传授古典修辞和诗歌方面的训练,人文主义者为欧洲的有识之士培养出了共同的品味和一致的评判标准。人文主义者为他们提供了典范:应当符合常识,兼顾内涵与美感,诗人或作家应该确信能够博取听众的认可和共鸣。人文主义教育家使得古典文化深入人们的思维,让人们对古典形式、体裁、审美标准肃然起敬,并尽其所能地去理解古典。文人墨客们则长期将古典视作自然的馈赠。人文主义者让人们相信,只要严格按照古典格式去创作,就一定能成就完美的文学作品。

　　　　那些古代的法则,是被发现的而非发明,

　　　　它们就是"自然",不过把"自然"理成条文。

　　　　…………

　　　　从此他对古典的法则知道了应有的尊敬;

　　　　模仿自然就是模仿他们。①

但这并非意味着将文学创作视作一种纯粹的机械化操作,尽管有些时候确实如此。当然,这也不是说新古典主义批评家和文人总是认可那些文学作品的创作规则和标准。不过,规则和标准确实是存在的,毋庸置疑,这是古人从实践中获得的经验。我们同样可以充满信心地相信,通过重新发现古典法则并加以利用,就能在古典文化的根基上建立起一套新的文化体系,这便是文艺复兴时期人文主义者留给后人的直观"遗产"。

　　文艺复兴时期的人文主义者还改变了西方艺术崇拜的对象,使之转向了古典主义(classicism)。受到亚里士多德、贺拉斯(Horace)、昆体良(Quintilian)和西塞罗的启发,以及从希腊移民者(emigrés)那里得到先知话语的点拨,新宗教的圣职者们揭开了它的终极神话:古典时代的经典作家都拥有一套共同的艺术性原则,他们的作品可谓统一审美视角下的产物,其特征为简洁、真实、对称和有序。此外,人文主义者通过教育家的身份很快便为他们的这种新崇拜找到了信众——那些拜人文主义者为师的学生们。这群学生因相同的品味、文学价值观以及批判标准团结到一起,形成了一支作家和读者的团体。这便是西方文学史上所谓"文人共和国"(respublica litterarum)的开端。

　　通常认为,文艺复兴时期人文主义最本质的特征就是一场文学运

---

　　① *Essay on Criticism*, lines 88－89 and 139－140.
　　中译文采自蒲柏:《论批评》,应非村译,《文艺论丛》(第13辑),上海文艺出版社,1981年,第131、133页。——中译者注

动（literary movement）。① 因此，最好对此处提到的"文学"一词所包含的精确含义予以说明，因为该术语的内涵自15世纪以降发生了巨大转变。当时就如同现在一样，诗歌被视作文学的最高形式；今人在谈到"文学"一词时，其意所指也比较明确。然而，散文（prose）的情况就大相径庭。某些散文文学作品的体裁，比如短篇故事和小说，尚未被创造出来。而口述（oratory）虽然在文艺复兴时期和之后的几个世纪里，一直都是散文文学中很重要的组成部分，如今却已消失殆尽。今天，历史被视为社会科学分支，但从15世纪至19世纪，它始终扎根于文学之中。古典文献学（classical philology，人文主义者称之为"语法"）如今已成为一门专业学科，但在当时却是文学研究（literary study）不可分割的一部分，并长期位列学校课程中。尽管自16世纪中叶之后，文学和学术研究（scholarship）之间的距离开始拉大，更为专业的学者逐渐取代了文人（men of letters），登上了学术巅峰，最后，如果今天有人在讨论道德哲学的话，那他们一定都是些专业的哲学家，但由于人文主义者是西塞罗和塞涅卡的跟随者，他们会将道德哲学视为文学的分支，并将之归入自己的研究领域。约翰逊（Johnson）在其散文期刊《漫步者》（*Rambler*）中关于道德的论文，以及休谟作品的文学外衣，都足以证明这种长期根植于文人思想中的观念。

这里需要对人文研究中的"道德哲学"做进一步的说明。尽管人文主义者开创了这一哲学的分支，但我们并不能就此认为，在文艺复兴时

---

① 下文关于文艺复兴人文主义的阐述主要依据学者克里斯特勒在多个场合频繁强调的观点，最近一次参见 Paul O. Kristeller, *Renaissance Thought and Its Sources*, ed. Michael Mooney, New York, 1980, pp. 21 f.；类似观点同样可参见 Eugenio Garin, *Italian Humanism*, trans. Peter Munz, New York, 1965; Hans Baron, *The Crisis of the Early Italian Renaissance*, 2 vols., Princeton, N. J., 1955。

期的人文主义者当中(这与现代人文主义者的情况要加以区分)存在某些可被称为"人文主义学派"或"人文主义教义"的哲学流派或教义。15 世纪的人文主义者或许是在宣扬当时哲学谱系中的方方面面,他们当中有些人是柏拉图主义者,另一些如布鲁尼是亚里士多德主义者,还有一些人推崇斯多葛、伊壁鸠鲁或怀疑论者。尽管这些人文主义者几乎都信奉基督教,但他们却从奥古斯丁主义到托马斯主义,甚至从唯名论神学(nominalistic theology)的各流派中汲取神学观点。另外,很多人文主义者还是折中派。不可否认,大多数人文主义者都没有受过专业的哲学训练,他们对哲学理解甚少,他们所做的这些哲学表述通常只是为了达到其文学效果,而非出于对哲学本身的认知。

　　然而,即便当时还没有所谓的"人文主义哲学"这样的说法,但人文主义者在一定程度上确实有着一套共通的价值观念,这主要与教育和文化相关,并且这种价值观念经常会延伸到哲学领域。首先,人文主义者对于教育以及教育改革的兴趣——提升人的思想和道德行为——使他们非常关注人的权力、人的尊严以及人的自由意志。改革的前提是人类必须要认识到自身的能力并付诸实践。维护个人尊严最有效的方法之一,就是证明人类灵魂与生俱来的不朽,这一观点在很长一段时间内始终都是大多数人文主义者热衷讨论的话题,直到在第五次拉特朗宗教会议(Fifth Lateran Council)上爆发争议,并最终将之定义为天主教教条。其次,为了向那些宗教主义者表明人文学科(liberal studies)的作用,人文主义者必须证明异教诗歌、哲学作品与基督教本身并不冲突,且两者具有共通之处。这就需要人文主义者在古代作家的身上找出共性,他们的作品普遍缺乏一种哲学式诡辩,这正好解释了人文主义者哲学作品为何具有折中、融合的特点。最后,人文主义者研究修辞学,重点在于说服他人思想,这又恰好迎合了关于自由意志的哲学信仰,并转而与文艺复兴时期一些最具智慧的人文主义者思想联系到一块,比如洛伦佐·瓦拉(Lorenzo Valla)、鲁道夫·阿格里科拉(Rudolf Agricola)、彼特·拉姆斯(Peter Ramus),他们都试图使修辞学凌驾于哲学逻辑之上。

然而,尽管上述方面都很重要,但这些还算不上是人文主义对彼时哲学思想所产生的最重要的影响。人文主义之于哲学最主要的贡献在于,它潜移默化地改变了哲学作家的研究方法及研究方向。经院主义者惯用的研究方法——从古代作家的作品中断章取义,生搬硬套地将之拼凑成一套逻辑严密的哲学体系,其大多数内容早在宗教教理中已被提及——已成过往。与之不同,人文主义者采用一种历史的、文献研究的方法对待古代著作,其作品往往是开放式的、非体系化的,从而激发出一种自由探究的精神,通过将作品置于历史文化的背景下加以考量,最终探究到哲学家及其哲学思想的真谛所在。

这便是 15 世纪的文人(literary men),后来被称作"人文主义者"的思想兴趣所在。但是,15 世纪的文人如同 20 世纪的文人一样,他们总是游走在社会边缘,被迫从事一些虽被社会认可但卑微的工作,由此支撑起自己的文学创作。那么,文艺复兴时期人文主义者到底做了哪些事情,从而使得他们在那个时代能够生生不息呢?

事实上,15 世纪见证了文人社会地位的不断提升。在整个中世纪,除非通过教会或其他特殊渠道,否则文人能够从事的与之相匹配的职业就只有学校教师,或者在宫廷担任侍从,这两个职业的社会地位都非常低。这种现象自 14 世纪末期开始有所转变。1375 至 1378 年,佛罗伦萨因为与阿维尼翁教廷(Avignonese papacy)之间的战争迫切需要一种新型意识形态。深受古典文化熏陶的佛罗伦萨国务秘书(chancellor)科卢乔·萨卢塔蒂(Coluccio Salutati)以一种新的方式诠释了古罗马时期的公民爱国主义精神。很大程度上得益于萨卢塔蒂树立的榜样,人们开始普遍认可一位受过修辞训练的发言人的说服技艺在处理国家外交事务时具有的价值,这就如同在第一次世界大战时期,现代政府倾向于雇佣那些懂得心理控制术的宣传专家。至15世纪中叶,整个意大利都开始认为,无论是共和制还是君主制抑或是教廷的公函,都应该由那些接受过古典文化训练的文人执笔,人文主义教育则成为一名大使训练不可或缺的部分。尤其需要注意的是,外交大使(ambassador)一词在15世纪对应的词是演说者(orator)。这表明自古典时代以来,文人凭借自身实力,第一次成为重要的公众人物。在中世纪晚期,像但丁这样的人并没有因为(至少不是主要因为)其文学造诣而发挥出重要的政治作用,而是因为他的财富、身份和才智。然而在15世纪,像布鲁尼、波焦、皮埃尔·坎迪多·德琴布里奥(Pier Candido Decembrio)以及巴托洛缪·斯卡拉(Bartolomeo Scala)等人,他们通常都出身卑微,却因为自身的学识才能,纷纷赢得了重要的地位。

与之相似,讲授人文学科的人文主义者的地位也在提升。威尼斯和佛罗伦萨这样的城邦开始为人文学科设立公共教职。在大学里,语法学习不再是专业法学和医学的附属科目,而是真正成为一门重要的独立学科,并配备了专门的学习课程和讲授教师。即便是中学老师的社会地位也在不断提高。维罗纳的瓜里诺·瓜里尼(Guarino Guarini)作为一名知名教师,其所享有的声誉是如此之高,在1443年他被委以重任，为重建后的费拉拉大学上了开学第一课。① 若是在 14 世纪，人们难以想象一位学校教师能享有这般待遇。

　　文艺复兴时期职业化的人文主义者都是具有一定社会影响力的人物，用今天的话来说，就是高级公务员。他们在共和国或者君主国里担任国务秘书、大使，或是在中学和大学里担任教师。除了这些专业的人文主义者之外，还有很多人都与人文主义联系密切。这些人接受过人文主义教育，并且一生都对人文学科兴趣不减，有些时候他们甚至还会创作人文主题的作品，比如一些具有人文品味的君主、贵族、富人，尤其当人文主义教育在各地扎根后，一些医生、律师、哲学家（如皮科和费奇诺）以及神学家也常常加入这批人的行列。这些人在他们同时代的人眼里并不能被称作"人文主义者"，但在提升人文主义实际影响力方面，他们发挥了巨大的作用。职业人文主义者的受众大多是些闲暇绅士，从事其他行业的人也能将他们从语言学和历史学训练中所学的知识运用到自身的学科领域中。律师们开始以文献是否精准作为衡量证词的新标准，并且开始从制度的和历史的角度去理解古典法律条文；医生和数学家开始翻译并研究从古典文化中发现的新文本；哲学家和神学家开始从新视角阅读柏拉图、亚里士多德、《圣经》以及教父作品。通过这种方式，这场大致始于 15 世纪初期的新文化运动，最初只是在威尼斯、帕多瓦、佛罗伦萨、罗马等城市中的一小部分人的圈子里流行，随后逐渐扩散，直至 15 世纪末期，成为一场全面、彻底的文化运动，其影响遍及欧洲各个角落，其范围覆盖所有领域。

---

　　① F. Borsetti, *Historia almi Ferrariae gymnasii*, 2 vols., Ferrara, 1735；转引自 A. T. Grafton and L. Jardine, *Past and Present* 96, 1982, p. 53。

2 布鲁尼的人文主义

　　阿雷佐的莱奥纳尔多·迪·切乔·布鲁尼（Leonardo di Ceccho Bruni d'Arezzo,1370—1444）是 15 世纪早期第一批文人圈子中最核心的人物,该圈子的成员包括了诸如维托里诺·达·菲尔特莱（Vittorino da Feltre）、加斯帕里诺·巴尔其扎（Gasparino Barzizza）、维罗纳的瓜里诺这样的伟大教师,以及像波焦·布拉肖利尼（Poggio Bracciolini）、乔万尼·奥利斯帕（Giovanni Aurispa）、琴乔·德·鲁斯蒂奇（Cencio de' Rustici）这样的书商,还包括了像安布罗齐奥·特拉韦萨里（Ambrogio Traversari）、弗朗切斯科·巴尔巴罗（Francesco Barbaro）、里努奇奥·阿雷蒂诺（Rinuccio Aretino）、皮埃尔·坎迪多·德琴布里奥等作家和翻译家。布鲁尼在新拉丁（Neo-Latin）文学史上的地位,倘若打个比方的话,或许可以堪比马萨乔（Masaccio）在西方美术史上的地位:如同马萨乔代表了一个承上启下的时代,在他之前的乔托（Giotto）开启了美术史的大门,而在他之后的米开朗琪罗、莱奥纳尔多和拉斐尔象征了美术史的全盛时期,布鲁尼亦是如此。布鲁尼恰好介于彼特拉克和波利齐亚诺（Politian）及伊拉斯谟（Erasmus）之间,彼特拉克指明了文化前进的方向,而波利齐亚诺和伊拉斯谟则通过他们的著作将新拉丁文学带到了一个全新的高度。布鲁尼及其同时代的人最先掌握了如何效仿古典拉丁文学的知识及技巧,并且学会在复兴古典文化的过程中实现转变——复兴常常意味着转变。在接续并实现彼特拉克的文化伟业方面,布鲁尼的个人贡献要远胜他人。

　　布鲁尼渊博的学识是他取得非凡成就的基础,支撑起其学识的有两根支柱:一个是对古典文化的了如指掌,另一个是对古典语言的深入研究。我们先从第二点说起。

　　在第一批跟随曼纽尔·克里索洛拉斯(Manuel Chrysoloras)学习希腊语的意大利人文主义者当中,布鲁尼称得上是佼佼者。布鲁尼引领了文艺复兴时期伟大的文化工程之一,即将古希腊作品译成拉丁语。作为一名翻译家,布鲁尼将古希腊文化中的许多重要著作翻译成了当时西方最通用的文学语言拉丁语。是布鲁尼率先翻译出了德摩斯梯尼(Demosthenes)和埃斯基涅斯(Aeschines)的演说、柏拉图和色诺芬的对话,以及普鲁塔克的传记集;通过翻译波利比乌斯、普罗科匹厄斯(Procopius)和色诺芬的《希腊史》,布鲁尼扩充了人们对历史的认识;布鲁尼还特意为人文爱好者们重译了亚里士多德的道德哲学著作。不仅如此,布鲁尼在西塞罗和克里索洛拉斯的影响下,进一步发展了文艺复兴时期的翻译方法"直觉译法"(ad sententiam),根据感觉经验而非之前中世纪那样根据字面生硬地翻译,这种翻译方法直至今日仍被采用。[1] 布鲁尼采用的新翻译方法强调要保留原著本身的文字美感,并且效仿西塞罗,要求根据优雅的古典拉丁散文风格来进行翻译。然而,这两种标准很难同时得到满足。中世纪翻译家使用的语言在用法和语法上很不规则,他们之所以能够做到逐字逐句地精确翻译,是因为他们并不讲究语言的优美。因此,每当中世纪翻译家需要在原著含义与译著美感之间加以抉择时,他们会不假思索地选择前者。在把希腊语翻译

―――――――――

　　[1]　克里索洛拉斯对于布鲁尼翻译理论的影响,参见 G. Cammelli, *I dotti bizantini e le origini dell' Umanesimo*, vol. 1, *Manuele Crisolora*, Florence, 1941, pp. 90 f.。

成拉丁语的过程中,中世纪翻译家会逐渐倒向希腊语,因此最终翻译出来的拉丁文译文非常生硬,感觉就像是夹杂着一半的希腊文(犹如布鲁尼后来批判的那样)。但是,这种情况在布鲁尼身上却不一样。布鲁尼自己确实有一套关于翻译语言的严格标准:一位拉丁语作家必须恪守古典时代最杰出的作家们所使用的语言。因此,每当陷入翻译的困境时,布鲁尼恪守自身立场,把希腊语原著作者带入自己的拉丁语世界,换位思考着如果拉丁语是这位希腊作者的母语的话,他将会如何写作。[①]

　　这种换位思考想象的过程需要译者具备充分的学识积淀,并在很多重要方面影响了布鲁尼的精神面貌。当布鲁尼面对一位古代作家时,他必须自问许多全新的问题:为何柏拉图、亚里士多德、德摩斯梯尼会这样表达? 他们到底是怎样想的? 他们有何偏见? 西塞罗会如何用拉丁语来表达原本用希腊语所表达的意思? 他可能这样说吗? 到底是什么动机促使他选择了那种语言? 为了解答这些疑惑,布鲁尼不仅需要掌握希腊语语法,还需要充分了解古希腊和拉丁文化,并对那些古代作家的生平、写作动机以及性格特征都了然于胸。这无疑是一种研究古典文化的全新路径。如果我们去看一看布鲁尼是如何记述古典时代历史人物的话,我们就会相信,在这个方面他并没有做出多大的改变。他笔下的历史人物宛如一个个小木偶,缺乏个性,但这些木偶却令人难

---

　　① 比如在那封人们熟知的布鲁尼写给波焦的信件中,他谈到自己翻译柏拉图《裴多篇》(*Phaedo*)的方法。布鲁尼写道:"我跟随着我心中的柏拉图,把他想象成一位通晓拉丁语并能用拉丁语表达自己观点的人,我称他为自身译作的见证人,以我所知他最喜欢的方式去翻译……是柏拉图自己要求我这么做的。在众多希腊作家中,当属柏拉图的文字最优雅,他当然不会希望自己的著作被译成拉丁语后便变得粗糙笨拙。"参见 *Ep*., ed. Mehus I: 8 = Luiso I: 1。

以置信地被对智慧（wisdom）、德性（virtue）和公益（public good）的渴
望所牵引着。在现实中，布鲁尼极大地推进了中世纪的传统。在经院
学派的氛围里，古典时代的思维方式（sententiae）早已变得无足轻重，
然而布鲁尼却使之重见天日，并为其找到了"定所"和"名字"。布鲁尼
让他笔下的历史人物登上了现实的舞台，通过换位思考和精准的历史
研究，向人们证明了他们如何快速地融入那个时代。

　　我们自然会认为，布鲁尼通过翻译不仅能够深入理解其笔下人物
的个体思想，并且还能够帮助自己提升语言造诣。一方面要尽可能地
保留自身语言的特点，另一方面又要应对另一种语言极具个性的表达
方式，这种艰巨的任务对于布鲁尼而言再自然不过了。你必须承认无
法兼顾两者，同时还要明白，真正贴近某种语言的自然表达方式，绝不
是刻意简单的思想模仿，如同中世纪哲学家们所做的那样，而应该是一
种有机的、个性化的表达，这种表达方法根植于对该人物历史经验的理
解。不过这个还是要到晚期人文主义的传统中才能实现。就布鲁尼而
言，尽管从他某些著作的表述中，我们可以看出他对此已经有了些模糊
的理解，但他一直被他对希腊语和拉丁语的欲望与假设给牢牢地束缚
住了。这种欲望是指布鲁尼试图证明人文式的翻译是可行的，导致布
鲁尼逐渐夸大它的作用并始终认为它可以不断加以改进。这种假设
（这在新古典主义传统中非常普遍）是指假定古希腊和罗马的文化大
同，这让布鲁尼深信希腊语和拉丁语这两种语言即便在同一概念下无
法完全相互转化，但起码在任何情况下，也是两种互相等效的语言表
述。不过，布鲁尼和他的圈内人引入了一个前提：较之于希腊语，拉丁
语的用法更加自然恰当。但没过多久，人文主义者便得出了结论，认为
拉丁语还具备一些独特的用法。

布鲁尼深谙古典语言文献,这同样使其在拉丁文学史上占据了重要的位置。古代拉丁散文之所以能够在 15 世纪再现,布鲁尼的功劳要远胜他人。[①] 布鲁尼同维罗纳的瓜里诺以及加斯帕里诺·巴尔其扎一起,继续发展文艺复兴时期的文学模仿技巧,不过这也算是布鲁尼翻译实践成果的一部分。如同卡莱尔在翻译歌德的作品时形成了自己的风格,西塞罗在翻译希腊演说家作品的过程中形成了自己的风格,布鲁尼在翻译柏拉图、亚里士多德、德摩斯梯尼作品的过程中也形成了他的文字表达技巧。无论是对于布鲁尼还是其他浸润在新古典主义传统中的许多人而言,翻译就是自成风格的过程。

值得一提的是,布鲁尼在翻译古典著作并效仿古典作家话语风格的过程中养成的语言敏感度还带来了另一个重要的结果。这令他十分清楚文化史的历史分期。对于 15 世纪的布鲁尼而言,如同对于 17 世纪的克里斯蒂安·塞拉里厄斯(Christian Cellarius)一样,文化分期等同于语言分期。中世纪的人之所以和古典时代的人有所不同,就在于他们的拉丁语很糟糕,而且还对希腊语一无所知。这并不是一个全新的观念(彼特拉克早在布鲁尼之前就提到过这点),只是布鲁尼在彼特拉克的基础上进行了一些新的加工。[②] 首先,布鲁尼继承了塔西佗的历史

---

① 韦斯帕夏诺·达·比斯蒂齐(Vespasiano da Bisticci)曾一度把复兴拉丁语的功劳都归于布鲁尼(*Vite*, ed. Aulo Creco, vol. 2, p. 504),但他后来又认为该功劳属于布鲁尼与特拉韦萨里两人(p. 455)。保罗·科特西(Paolo Cortesi)认为是布鲁尼复兴了古典诗歌韵律(*De hominibus doctis dialogus*, ed. Maria Teresa Graziosi, Rome, 1973, p. 20)。弗拉维奥·比昂多(Flavio Biondo)认为拉文纳的乔万尼(Giovanni da Ravenna)最初启发了布鲁尼去效仿西塞罗风格(Mehus 1: XXV)。

② T. E. Mommsen, "Petrarch's Dark Ages," in *Medieval and Renaissance Studies*, ed. E. F. Rice, Ithaca, N. Y., 1959, pp. 108-129;关于布鲁尼的历史观,参见 H. Baron, *Crisis*, 1966, pp. 165, 478, n. 38。

观,将文化发展和政治自由两者紧密联系在一起,这个在后文会详谈。其次,布鲁尼在彼特拉克定义的古典时代与中世纪时期的基础上,添加了第三个时期,即文化复兴(renovatio litterarum)的时期,这是获取政治自由后的结果,只有到布鲁尼的时代才得以实现,并且这在一定程度上(布鲁尼本人会如此认为)得益于布鲁尼为推进文化事业所付出的努力。布鲁尼奠定的历史三分法——古典时代、中世纪和现代——延续至今,部分归功于他所接受的古典语言训练。

如果说布鲁尼对拉丁语的发展做出了杰出贡献,那么他对拉丁语文学所做的贡献则更大。布鲁尼生活的时代常常被贴上热衷古典文化史的标签,或所谓的"对古典文化的再现"。但从某种意义上看,这种标签显然带有误导性,因为严格来说,古拉丁语根本不需要被再发现:古罗马作家保存下来的宗教手稿(scriptoria)就是用古拉丁文写的,并且这类文本大多数都在中世纪的修道院以及大学的文学院里得到广泛的研究,且不曾间断。在所谓的"复兴古典"的时代,人文主义者们最本质的贡献实际上在于他们试图在某处或者通过某个朋友圈,广泛地搜罗古典时代遗失的著作。在中世纪肯定已经出现了一些大型图书馆,但人文主义者是最早试图系统地搜集所有古希腊罗马文学著作的人,当然还包括教父著作。[①] 人文主义者仔细地梳理他们已经搜罗到的书目,对于那些仍然缺失的著作,他们列出清单后,会走遍各地的修道院、大学、主教堂,目的就在于寻找遗失之作。波焦·布拉肖利尼、琴乔·

---

① 中世纪的图书馆藏书很少有超过五六十本的,但根据波焦的说法,尼克利(Niccolò Niccoli)的藏书量竟达 800 本之多。关于中世纪图书馆馆藏数据,参见 G. Becker, *Catalogi Bibliothecarum Antiqui*, Bonn, 1885;关于文艺复兴图书馆的情况,参见 Marcella Grandler, "A Greek Collection in Padua," *Renaissance Quarterly* 33, 1980, pp. 393-395。

德·鲁斯蒂奇、帕拉·斯特罗齐（Palla Strozzi）、安东尼奥·科比内利（Antonio Corbinelli）、科西莫·德·美第奇（Cosimo de' Medici）、乔尔达诺·奥西尼（Giordano Orsini）、弗朗切斯科·皮佐帕索（Francesco Pizzolpasso）、库萨的尼古拉（Nicolas of Cusa）等人都属于最早创建文艺复兴图书馆的重要人物。其中尼科洛·尼克利的贡献尤为突出，其私人图书馆赫赫有名，后来成为佛罗伦萨的公立图书馆，这或许称得上是欧洲史上第一个专门从事古典研究的图书馆。

布鲁尼在此过程中发挥的作用尽管不大，但也并非不值一提。在重新发掘西塞罗的《弹劾卫利斯演说集》（*Verrine Orations*）的过程中，布鲁尼确实做出了贡献。[1] 布鲁尼非常关心波焦以及其他人文主义者搜罗古典著作的进展，这从他的通信中便可得知。只不过布鲁尼本人算不上是一位伟大的搜书者，布鲁尼更喜欢从朋友那里借书来做研究，他尤其喜欢向帕拉·斯特罗齐和尼科洛·尼克利借书。

广泛搜罗古典时代著作也进一步促进了文学史的发展，布鲁尼在下述方面可以说做出了很大的贡献。随着被发掘的古典著作数量日益增加，人文主义学者首先需要面对的是越来越多的同一著作的副本，当然，手抄本还常会造成人们对于同样的内容产生不同的理解。所以，这就促使人文主义者必须尽快提高校勘文本的能力，区分出哪个才是准确无误的文本，即运用考证学。此外，文艺复兴时期人文主义者还掌握了另一种能力，能够根据手写体的字迹风格大致准确地判断出手稿的创作时间，即运用古文字学。这对于判定文本的正确与否是极为重要

---

[1] *Ep.*, ed. Mehus II: 10 = Luiso II: 12, quoted by R. Sabbadini, *Storia e critica di testi latini*, 2nd edn., Medioevo e Umanesimo no. 11, Padua, 1971, p. 40.

的。人文主义者通过运用这些技巧,再加上对拉丁语语法无与伦比的了解以及对拉丁语风格史的把握,使得他们能够修复古籍,让古典作家们重现光芒——这项工作现在仍在继续。起初,人文主义者自然而然地会在校勘过程中发生判断失误,有时甚至伤害多过修复。但不可否认的是,校勘考订作为一切学术研究的基础,其许多当代的标准都可以从意大利人文主义者的古文字学研究中找到它的雏形。①

在誊写和纠正拉丁文本以及古文字学研究方面,布鲁尼的功劳并不突出,但是他在考订古希腊著作方面做出了重要的贡献,尽管人们至今还不曾注意到这些贡献。布鲁尼在把古希腊著作转译成拉丁文的过程中,实际上还包含了对原著的文本注释或评注。在很多方面,布鲁尼都称得上是拉丁文界中解决文本损伤(cruce)方法的第一人:他经常对希腊文原著进行推测与修订,有些方法启发了现代编辑。文艺复兴时期最早对希腊文著作进行文本评注的人当中,绝对少不了布鲁尼。

在推进史学发展方面,布鲁尼的贡献更大,当然,史学的发展在一定程度上也得益于文艺复兴初期被发掘的古籍数量倍增。同一著作的多个版本的发现促进了校勘考订的发展,同样,关于同一历史事件的史料的大量发掘也加速了批判史学的发展。布鲁尼在史学发展方面发挥了带头作用,可以说布鲁尼对于文艺复兴史学的贡献是最具原创性的。在中世纪,尤其是中世纪晚期,关于古代史的研究被虚假与揣测的厚重外衣包裹着。古罗马皇帝的生平、罗马共和国的英雄、城邦和王国的起源、哲学家和诗人的声名等等都在传说的笼罩下变得模糊不清。然而,

---

① 关于人文主义研究不利的观点,参见 E. J. Kenney, *The Classical Text in the Age of Print*, Berkeley, 1974;以及该著作的书评 A. T. Grafton, *Journal of Roman Studies* 67, 1977, pp. 171 - 176。

自 14 世纪末期,借助新发掘的史料,一场由萨卢塔蒂引领的人文主义史学批判已经开始,人文主义者试图揭开中世纪史学的面纱,探求历史的真相。[①] 布鲁尼凭借史无前例的大量希腊文和拉丁文史料资源,以业师萨卢塔蒂为榜样,把史学研究推向了一个全新的高度,在研究深度上超越了其评注的技巧,即便是古罗马的史学家也被布鲁尼拿来作为自己的榜样。乌尔曼(B. L. Ullman)对布鲁尼的评价无可挑剔,他说:"布鲁尼广泛搜罗资料,对史料判断精准,探寻历史深层的原因,并试图用客观的眼光看待历史事件,因而,布鲁尼称得上是第一位现代历史学家。"[②]

布鲁尼不仅是第一个效仿古代史学家书写历史的人文主义者,他还根据古典风格复兴了演说体和对话体著作。彼特拉克无疑也创作过几部演说体作品,在某些方面,主要是在风格上效仿古典时代。然而就形式而言,彼特拉克的作品还是囿于中世纪的框架,其作品内容带有沉重的宗教情感。但是布鲁尼的演说作品无论是在形式还是风格,抑或是精神方面,都做到了真正的效仿古典。再者,彼特拉克的对话体著作《论秘密》(*The Secret*)虽然开创了文艺复兴时期的古典主义之风,但是就其形式而言,还是延续了圣奥古斯丁的风格。布鲁尼的两部对话体著作则是严格遵照西塞罗的对话体模板。不仅如此,在布鲁尼的作品中我们第一次看到对话人物可以就世俗话题自由发表意见,这后来

---

① Hans Baron, *Crisis*, 1966, pp. 61–64, 281–282;关于人文主义者批判恺撒是《内战》(*Civil Wars*)作者的传说,参见 Virginia Brown, "Portraits of Julius Caesar in Latin Manuscripts of the Commentaries," *Viator* 12, 1981, pp. 319–353。

② B. L. Ullman, "Leonardo Bruni and Humanist Historiography," *Medievalia et Humanistica* 4, 1946, p. 61;另外,科克伦(Eric Cochrane)在《历史学家与史学》(*Historians and Historiography*)第一卷中也肯定了布鲁尼是一位历史学家。

成为文艺复兴时期对话体作品的典型特征。[①]

最终,布鲁尼率先为人文主义道德哲学注入了特点。彼特拉克在讨论哲学话题时总喜欢从圣奥古斯丁身上寻求认可;与之不同,布鲁尼的道德哲学几乎完全是世俗化的。布鲁尼的作品《道德哲学引论》兼具西塞罗式的形式与亚里士多德式的内涵。该作品就像布鲁尼其他所有的道德哲学作品一样,严格遵循了修辞(即文学)哲学的传统,将哲学与基督教巧妙融合在一起,这一特点在布鲁尼写给劳洛·奎里尼(Lauro Quirini)的信件中表现得更为明显。但这并不是说布鲁尼是反宗教主义者,他更不是一位秘密的无神论者。布鲁尼是一个坚定却不狂热的基督徒(这或许是他后来在教廷任职的一个不可避免的结果),并且布鲁尼还会经常流露出他对古代教父的欣赏之情,甚至对圣托马斯·阿奎那亦是如此。[②] 只不过布鲁尼将其时代的倾向展现得淋漓尽致,使得思想文化不再亦步亦趋地听从基督教哲学的精神统治。布鲁尼时代的人们希望教会的管理能够像立宪君主一样,而不是成为专制者。人们在认可教会掌管宇宙万物的同时,也希望在思想活动的某些领域可以拥有特权。在关于如何解读异教诗作的问题上,萨卢塔蒂与乔万尼·达·圣米尼亚托(Giovanni da San Miniato)展开了持久的争论,其目的便在于此。布鲁尼在翻译圣巴塞尔(St. Basil)的书信《论解读异邦之作》(*On the Reading of the Books of the Gentiles*)时,其目的亦是如

[①] 有关布鲁尼对人文主义对话体作品所做贡献的讨论,参见 David Marsh, *The Quattrocento Dialogue: Classical Tradition and Humanist Innovation*, Cambridge, Mass., 1980, chap. 2。

[②] 在叱责尼克利的作品中,布鲁尼责备尼克利蔑视几乎所有作家:"这个丑角……甚至对阿奎那都敢嗤之以鼻! 阿奎那是我立马就联想到亚里士多德和泰奥弗拉斯的人,他被不朽的上帝赋予如此渊博之学识。"(*In nebulonem maledicum*, ed. Zippel, 1890, p. 78)

此。布鲁尼希望证明，世俗文学不仅能够与基督教文化兼容，实际上还能促进后者的发展；布鲁尼还希望证明，文学与生活，审美与道德，两者互为独立；尤其当你运用文学方法解读文本时，你完全可以摆脱来自道德律（moral law）的束缚。通过这种特殊的文学解读方式，布鲁尼指出，欣赏异教思想与个人真实信仰并不冲突。[①] 鉴于此，文学（当然还包括道德哲学）应当摆脱教会思想和道德戒律的枷锁，按其自身路线自由发展。道德哲学无须再作为神学的"婢女"，而是应该发展成为一门独立的世俗学科。

3 布鲁尼的公民人文主义

在巴龙笔下，所谓的"公民人文主义者"，就该像布鲁尼和西塞罗那样，同时具备政治家和文人的特点。"公民人文主义"一词暗含了对积极投入世俗生活的道德价值的肯定：行动生活（vita activa）与沉思生活（vita contemplativa）并重；婚姻和家庭生活被赋予了全新的价值；只要是合乎道德原则的财富积累，就该被视为一种值得称赞的行为，并且还是那些想要慷慨救济他人者应当履行的职责。不仅如此，衡量文化兴衰的基础完全有赖于社会成员是否具备公民美德，文化倒退的时代必定由昏庸僭主以及政治压迫导致；与之相反，倘若文化艺术繁荣兴盛，这必定是在公民自由竞争的氛围下，伟大思想碰撞出的火花。这种政治、社会和历史相互交织影响的思想，取代了在中世纪占主导地位的

---

① 布鲁尼将自己翻译的亚里士多德《政治学》敬献给教皇尤金四世（Eugenius IV）的书信，详见本书第四部分。——中译者注

帝国与教皇权力的观念、苦行冥想和基督教骑士文化、对历史的神圣经营(divine economy),成为统摄文艺复兴初期佛罗伦萨的公共哲学。犹如洛克思想之于美国立宪、卢梭观念之于法国大革命一样,该观念影响并引导着佛罗伦萨的公民生活。

根据巴龙的研究,公民人文主义是两种独立的意识形态糅合的结果:一种是彼特拉克的人文主义,另一种是传统的佛罗伦萨圭尔夫派爱国主义。[①]

被誉为"人文主义之父"的彼特拉克对孤独的生活赞誉有加[②],但他也的确对科拉·迪·里恩佐(Cola di Rienzo)试图恢复古罗马共和国的行为有过短暂的热血沸腾。彼特拉克将这种斗争看作平民与贵族之间的冲突:前者被彼特拉克视为古罗马人的后代;后者则是摧毁古罗马帝国的蛮族后裔,主要居住在乡村。

> 这是一个人们都在争议的话题:曾经统治宇宙的古罗马人啊,是否应当重新给予他们一定程度的自由;如今是否应当在一定程度上,让他们与本国僭主一起,参与管理他们自己的城市。[③]

此时的彼特拉克已经将他对古罗马人的敬仰之情,与他认为应当让古罗马人后裔享有的公民权联系到了一起,即便这或许意味着要用一场社会

[①] Hans Baron, *Crisis*, 1966, esp. pp. 274, 331.

[②] 彼特拉克《孤独生活》(*De vita solitaria*)的英译本参见 Jacob Zeitlin, *The Life of Solitude by Francis Petrarch*, Urbana, Ill., 1924。

[③] Petrarch, *Le Familiari*, ed. V. Rossi, 1933 – 1942, XI, no. 16 (18 November 1351), trans. M. E. Cosenza, *Francesco Petrarca and the Revolution of Cola di Rienzo*, Chicago, 1913, pp. 198 f.

暴力革命作为代价去换取。① 在该阶段，彼特拉克的人文主义可被称为
"公民的"（civic），或者是在积极意义上的"中产阶级的"（bourgeois）。

当时，彼特拉克正在创作《孤独生活》，但在谈及积极参与公民生活
的价值时，彼特拉克内心变得非常矛盾。他问道：

> 假如你身处一个恶贯满盈的国度，犹如你现在所见的那样，是
> 否还应该鼓励人们为这样的国家抛洒热血呢？②

彼特拉克给出的答案是绝对的否定。彼特拉克选择在意大利北部一个
又一个的君主国里，作为居民——而不是公民——度过了生命最后二
十年。其间，除了偶尔作为米兰君主的代表出使之外，彼特拉克再没担
任过其他公职。尽管彼特拉克是佛罗伦萨人，但他却没在佛罗伦萨生
活过，他甚至拒绝了薄伽丘希望他去佛罗伦萨大学任教的邀请。

布鲁尼在其作品《但丁与彼特拉克的比较》（*Comparison of Dante
and Petrarch*）中强调了彼特拉克身上这种消极、隐逸的性格特点：

> 在积极参与公民生活方面，但丁的价值要远胜于彼特拉克，因
> 为但丁不仅为国参军，还在共和国内任职，两者都值得称赞。彼特
> 拉克的情况就不一样了，因为他没有在一个公民自治的自由城邦
> 里生活过。

---

① "对待这些外乡人不仅要口诛笔伐，必要时还得掏出佩剑……对那些可恶的贵族施
加压力……从他们手中彻底结束暴政。"Petrarch, *Familiari* (18 and 24 November 1351);
Cosenza, *Petrarch and the Revolution*, pp. 198 f. and 228 f.

② Petrarch, *De vita solitaria*, trans. Zeitlin, reproduced by David Thompson ed.,
Petrarch, An Anthology, New York, 1971, p. 178.

彼特拉克对于积极的公民生活的漠视,在与彼特拉克同时代的,以及继彼特拉克之后的诸多人文主义者身上表现得更为强烈。最典型的例子当属尼科洛·尼克利。在很长一段时间里,布鲁尼与尼克利经常探讨人文主义学术问题,但尼克利始终都拒绝为共和政府效力。后来两人的友谊破裂,布鲁尼专门写了篇叱责尼克利的文章,里面有一段文字表明了布鲁尼自己对于"公民人文主义"观念的理解:

> 关于我们的故乡(祖国)和家庭,你拿我和你对比,好似你的主张要远胜于我一样。事实是,你也是佛罗伦萨的市民,在这点上你我平等。但是,我比你更加优秀,对我们的祖国更为有用,因为无论是通过著作还是通过参与政治生活,我都从来没有辜负过佛罗伦萨人民和佛罗伦萨共和国。而你呢,却不曾为国效力过。[①]

不仅如此,布鲁尼还指责尼克利,说他"出于本性使然,他不想结婚也不想生子"[②]。我们之所以认为尼克利是一位优秀的人文主义者,是因为他在广泛搜罗古籍手稿方面所做的贡献,以及他所具有的崇古之情,但是尼克利的人文主义是"非公民的"。

为了进一步探究布鲁尼的公民人文主义,我们应当注意到,在布鲁尼同时代的人里面,还有一部分人可以被归为"公民的非人文主义者"(civic non-humanist)。有关自由和独立的观念要比人文主义观念更加悠久。在自 13 世纪以降的佛罗伦萨,自由与独立便因为圭尔夫派被联

　　[①]　Bruni, *In nebulonem maledicum invectiva*, in G. Zippel ed., *Niccolò Niccoli*, Florence, 1890, p. 81.

　　[②]　Bruni, *In nebulonem maledicum invectiva*, p. 86.

系在一起。1266 年,教皇邀请法国安茹王朝皇室替代霍亨斯陶芬王朝,成为那不勒斯王国的新统治者。佛罗伦萨人民参与了该事件,因此他们从教皇那里获得了自由的旗帜。自此,佛罗伦萨便旗帜鲜明地拥护圭尔夫派的政治观念——效忠教会和教皇也是获得政治自由的先决条件。圭尔夫派的观念经常在政治理论中有所暗示(尽管逐渐在实践中被淡化),佛罗伦萨人民要和教皇、法国国王以及那不勒斯的安茹统治者共同合作。在教廷大分裂时期(1378—1415 年),由于法国支持那不勒斯王权而佛罗伦萨人民支持教皇,他们分别站在了不同的、互为敌对的阵营。圭尔夫主义在佛罗伦萨的影响日渐式微。尽管在当时佛罗伦萨的当权派阿尔比齐(Albizzi)家族眼里,或者在他人眼里,佛罗伦萨仍然属圭尔夫派,但他们当中很多人其实是被一种公民职责所引领,只不过当时的人们显然还并不清楚什么是新人文主义文化。

　　尤其是在佛罗伦萨与米兰"僭主"(tyrant)展开斗争期间,佛罗伦萨人民真正需要的,是一种能够让他们摆脱法国、那不勒斯以及教皇的束缚,能让他们真正为自由而战的信仰,而布鲁尼恰好提供了佛罗伦萨人民之所需。布鲁尼并不是通过抛弃圭尔夫派过时的爱国主义来达成人民的夙愿。针对圭尔夫派与吉伯林派(Ghibelline)之间的纷争,布鲁尼将源头追溯至古罗马时期,视其为西塞罗党派与恺撒党派之间古老纷争的延续,由此从中世纪法国与教皇之争的框架中解脱出来。早在《佛罗伦萨颂》里,布鲁尼便主张党派首领的职能应该相当于"古罗马的监察官(censors)、雅典的阿雷帕古斯(Areopagus)[①]、斯巴达的民选监

　　[①]　古代雅典城邦最古老的司法机构,因在阿雷帕克山上开庭而得名,又译作"阿留帕克"。——中译者注

察官（ephors）"。在后来的《对话集》（*Dialogues*）第二部分中，布鲁尼借他人之口重申了自己在《佛罗伦萨颂》中对圭尔夫派的赞誉之词：

> 那篇演说中让我尤为满意的是：你证明了我们党派有着高贵的起源，因此它完全拥有足够的权力来掌管这座城市。但是在谈到有关恺撒党派的问题时，你一会儿列举他们的罪行，一会儿哀叹古罗马人民失去的自由，你所表达的厌恶之情让我们深感不快。

布鲁尼通过《对话集》中他人之口，力图强调他所做的努力何其重要，试图把佛罗伦萨城市从中世纪意识形态的框架中重新拉回到古典政治里。

几年后（1420 年或之后不久），当圭尔夫党派领袖决定重新修订并更新党规时，做这项任务的首选之人非布鲁尼莫属，布鲁尼顺理成章地肩负起创作《圭尔夫党新法条序言》的职责。值得注意的是，《序言》开篇就明确了圭尔夫派与教会的关系。布鲁尼指出，涉及神圣宗教事务方面，圭尔夫党派从属于罗马教会；但在世俗问题上，圭尔夫派自由决断。圭尔夫派的民事政策值得赞誉，

> 因为它致力于自由，失去了自由，共和国将不复存在；失去了自由，生活的意义便荡然无存。

《序言》中只字未提圭尔夫派与法国之间的联系，取而代之的是对"共和主义"与"自由"的抽象、普遍的理想。

圭尔夫党派法规中包含的古典辞藻与布鲁内莱斯基（Brunelleschi)努力为该党派设计的古典式外观议事厅相得益彰。圭尔夫派的办公场所是一栋哥特式建筑,如同其法规条文以及过时的政治组织一样,让人恍如隔世。布鲁内莱斯基刻意为该建筑设计了直角窗户、圆形拱顶、浮雕和壁柱等,无一不是在向世人证明,这就是古典化创新。[①]布鲁内莱斯基竭力想要用古罗马的一切来替代法国哥特式形式,这恰好也是布鲁尼想要做的事情。布鲁尼试图让佛罗伦萨人民摒弃法国的骑士精神,转而接受古罗马的共和主义并将之作为榜样。

在巴龙看来,佛罗伦萨共和国为抵御米兰"僭主"(以及之后反对那不勒斯国王拉迪斯劳的战争)展开的自由之战,调和了两种迄今为止互为独立的思想类型:一种是丝毫不亚于中世纪圭尔夫主义的公民爱国精神;另一种是崇尚古典文化的人文主义精神,这些崇古者之前始终有意识地与同时代的公民活动保持距离。然而在战争的热火中,这两种意识形态彼此交融,由此催生了一种新现象,巴龙称之为"公民人文主义"(civic humanism)。

1966年,西格尔发表了一篇批判"巴龙论点"(Baron thesis)的文章,表明布鲁尼应当被视为"西塞罗式修辞",而非巴龙所谓的"公民人文主义",在此之前,巴龙论点在英语国家几乎没有受到过任何质疑。[②]在很多读者看来,巴龙成功地回应了西格尔的挑战,通过重新追溯布鲁

---

① Cornel von Fabriczy, *Filippo Brunelleschi, sein Leben und seine Werke*, Stuttgart, 1892, p. 291.

② Jerrold Seigel, "Civic Humanism or Ciceronian Rhetoric," *Past and Present* 34, 1966, pp. 3 - 48; Jerrold Seigel, *Philosophy and Rhetoric in the Italian Renaissance*, Princeton, N. J., 1968; H. Baron, "Leonardo Bruni: 'Professional Rhetorician' or 'Civic Humanist'?" *Past and Present* 36, 1967, pp. 21 - 37.

尼著作的写作时间捍卫了自己之前的论点。① 即便我们认可巴龙对著作时间的推断,这也并不足以支撑起他的所有论断。塞德尔梅耶在一篇扩展评述巴龙著作的文章中指出,尽管他无意质疑巴龙对布鲁尼著作创作时间的推断,但巴龙试图将文艺复兴时期的文化从整体上解释为佛罗伦萨与米兰战争的结果,对此他表示怀疑。② 塞德尔梅耶指责巴龙在政治事件与思想史之间建立直接的因果关系,他进一步指出,尤其是在 1397 年和 1402 年这两个关键的时间点上,米兰公爵詹加莱亚佐·维斯孔蒂(Giangaleazzo Visconti)之死导致佛罗伦萨侥幸躲过了臣服于米兰的危机,但仅凭这点,根本不足以引发佛罗伦萨在精神道德层面上的重生与再定位,而巴龙却恰恰视其为孕育"公民人文主义"的摇篮,并认为这影响了整个 15 世纪。不仅如此,塞德尔梅耶认为,巴龙所谓的"公民精神"(civic spirit)根本不是全体公民共有的精神,它只不过是平民上层(popolo grasso),即由大商人和工业家构成的佛罗伦萨上层统治阶级才有的精神。支持佛罗伦萨政府外交政策并不等同于就拥有了这种"公民精神",不支持政府外交政策的人也未必都是一些不具备"公民精神"的人。

萨索在评论巴龙著作时,对巴龙的论点表示部分认同,但他指出,巴龙忽略了佛罗伦萨寡头集团的社会基础,像布鲁尼这样的人文主义

---

① 韩金斯在《柏拉图著作的拉丁译文》(James Hankins, "Latin Translations of Plato in the Renaissance," Ph.D. diss., Columbia University, 1984)第二章中通过新发现的可靠证据证明了巴龙的论点,布鲁尼的《佛罗伦萨颂》和《对话集》第二部均创作于 1402 年之后,即在米兰公爵维斯孔蒂逝世后。

② Michael Seidlmayer, "Die Entwicklung der italienischen Frueh - Renaissance: Politische Anlaesse und geistige Elemente (Zu den Forschungen von Hans Baron)," in *Wege und Wandlungen des Humanismus*, ed. H. Baron, Goettingen, 1965, pp. 47 - 74.

者所谈论的佛罗伦萨自由,绝不仅仅是巴龙看到的那种表面价值。[1]

对于佛罗伦萨城邦文化中出现的根本性转变,巴龙给出的解释未免有些言过其实了。巴龙将这种城邦文化转变的根源完全归于一场突如其来的政治军事事件,即詹加莱亚佐·维斯孔蒂的猝死让佛罗伦萨人民从被米兰征服的危机中得以解脱。诚然,巴龙关于"公民人文主义"内涵的阐释极具影响力,大多数学者相信布鲁尼自身也确实认可他所信奉的共和价值及世俗城邦价值。然而,另有学者认为,布鲁尼无论是在公开场合还是在私底下,在其一生中都经常提及这种价值,这与布鲁尼的性格并不相符,因此布鲁尼极有可能是个伪君子,是诡辩家,是受雇于寡头统治集团的宣传分子。寡头集团颁布的那些政策表面上看似致力于公共利益,但实际上只是借助这种崇高的理念来掩盖他们暗谋私利的实质。[2] 与此同时,布鲁尼还蔑视下层阶级,比如对梳毛工人起义(Ciompi)的轻视,以及对那些不顾贤人顾问团的反对、坚决叫嚣着与卢卡开战的佛罗伦萨市民的不满。布鲁尼将佛罗伦萨描绘成一个无比团结的共同体,这一切都与事实截然相反。[3] 因此,我们需要对此做

---

[1] Gennaro Sasso, "Florentina Libertas e rinascimento italiano nell'opera di Hans Baron," *Rivista storica italiana* 69, 1957, pp. 250–276, esp. pp. 261, 270.

[2] 威特对赫尔德《政治与修辞》(Peter Herde, "Politik und Rhetorik in Florenz am Vorabend der Renaissance," *Archiv fuer Kulturgeschichte* 47, 1965, pp. 141–220)中所做观点的总结,参见 Ronald Witt, *Coluccio Salutati and His Public Letters*, Geneva, 1976, p. 73, n. 1;有关"巴龙论点"的评价,除上文提到的之外,还可以参见 Charles Trinkaus' review, *Journal of the History of Ideas* 17, 1956; Charles Trinkaus, "Humanism, Religion, Society: Concepts and Motivations of Some Recent Studies," *Renaissance Quarterly* 29, 1976, pp. 676–713; Myron Gilmore's review, *American Historical Review* 61, 1956, pp. 622–624; B. G. Kohl's review essay on Baron's *From Petrarch to Leonardo Bruni*, in *History and Theory* 9, 1970, pp. 121–127。

[3] Eric Cochrane, *Historians and Historiography in the Italian Renaissance*, Chicago, 1980, pp. 6–7.

进一步的深入研究。布鲁尼从古典著作中汲取的思想显然为显贵阶层的处事方式提供了绝佳理由。15 世纪人文主义者关于"绅士"(gentle-men)提出的基本理念,或许在今人眼里仍是传统守旧的,只不过是根据特殊情况稍加调整而已。但我们不要忘记,对于那个时代的人而言,他们还未能完全摆脱经验主义、哥特式文化以及圭尔夫主义思想的束缚,因而人文主义者提出的"绅士"观念无疑是崭新且新鲜的。

布鲁尼在其早期著作,特别是在《佛罗伦萨颂》和《斯特罗齐葬礼演说》中,关于共和主义以及自由的言辞显然存在矛盾,加上 1434 年美第奇政权成立后,布鲁尼有意留任佛罗伦萨共和国国务秘书一职,这不禁让人怀疑布鲁尼式公民人文主义是否真的只是纯粹的修辞。

这种矛盾犹如前美第奇政权与美第奇政权之间所谓的差异。实际上,伴随 1434 年美第奇家族的回归,摆在佛罗伦萨人民面前的问题并不是在共和制与君主制之间加以抉择。随着研究的深入,历史学家普遍认为,佛罗伦萨共和国在 1434 年之前几乎就已经受控于一个家族——阿尔比齐家族,这和 1434 年后的美第奇家族统治并无区别。[①]自 1382 年起,佛罗伦萨政府无论被称作寡头(oligarchy)也好,显贵(patriciate)也罢,实际上都是在玛索·德利·阿尔比齐(Maso degli Albizzi)的审慎领导下。1417 年老阿尔比齐逝世后,领导权由其子里纳尔多(Rinaldo)接替,但父子两人性格迥异。里纳尔多对外鼓励冒险(比如与卢卡开战),对内则成功地建立起僭主统治,他一手策划了扣押科西莫·德·美第奇及其党羽,并于 1433 年对他们处以流放。

---

① Nicolai Rubinstein, *Government of Florence under the Medici*, Oxford, 1966, chap. 1.

1434 年,科西莫回归佛罗伦萨后,这次轮到里纳尔多及其追随者遭遇流放。然而,美第奇家族重返佛罗伦萨政坛并非意味着要颠覆佛罗伦萨共和制度。科西莫是受佛罗伦萨人民之邀而终止流放的,目的是将佛罗伦萨从里纳尔多及其党羽的僭政下解救出来。在赶走了阿尔比齐家族后,科西莫政权采取的统治方式其实与里纳尔多如出一辙:从形式上看似是保留了共和政府,但最终目的仍然是掌握实权。在美第奇家族统治的最初几年里,佛罗伦萨始终都陷于战争之中(直至 1440 年),加上之前里纳尔多为了实现自己完全掌控佛罗伦萨的野心,竟然不惜与佛罗伦萨最大的敌手米兰公爵结盟,这便为科西莫提供了有必要在佛罗伦萨长期采取紧急措施的合理借口。[1] 在此情况下,美第奇家族会依靠像布鲁尼这样的人的支持,也就不足为奇了。因为这些人天生就倾向于支持有望稳定统治的政府,更何况该政府还拥有科西莫这样一位审慎的领导者。在长期为阿尔比齐家族和美第奇家族效力后,布鲁尼清楚地知道,佛罗伦萨共和国的未来在科西莫手里会更加安全。由此,我们有足够的理由相信布鲁尼会全力支持美第奇政府的到来。同理,为了迎合美第奇家族统治的现实,布鲁尼不惜改变其早期共和主义的理想。[2] 这种观念上的转变折射出思想上的发展,合理地解释了为何布鲁尼会转向亚里士多德主义。或许早在美第奇家族回归之前,作为国务秘书的亲身经历已经对布鲁尼的政治思想产生了影响。

布鲁尼在 57 岁时成为佛罗伦萨共和国国务秘书,持续 16 年之久,

---

[1] Nicolai Rubinstein, *Government of Florence under the Medici*, pp. 22–25.

[2] 据巴龙的研究观察,"布鲁尼年轻时对佛罗伦萨民主自由生活的骄傲之情后来在美第奇家族君主统治的几年里荡然无存"。参见 Hans Baron, *Crisis*, 1966, p. 428。

而在此之前的 12 年里,布鲁尼始终潜心学术。因此,布鲁尼的盛年岁月就像西塞罗一样,在学术与政务之间交替"穿梭",在人类有限的精力里真正实现了两者兼顾。

4 在阿雷佐的青少年时期

(1370—约 1391 年)

布鲁尼生于阿雷佐,其父亲是一名谷物商人。[①] 布鲁尼的家庭背景并不利于日后职业生涯的发展。由于布鲁尼在佛罗伦萨没有家族裙带关系,所以在与佛罗伦萨显贵家族成员交往时,那些人总会将布鲁尼视为一个来自郊外城镇、出身平凡的外乡人。

布鲁尼同时代的人一般都称他为"莱奥纳尔多·阿雷蒂诺"(Leonardo Aretino),布鲁尼自己当然对于这个称谓的由来非常清楚。1406 年布鲁尼写了封信,从教廷寄给他在佛罗伦萨的友人,信中清楚地说明了这个问题。新当选的教皇格里高利十二世(Gregory XII)面临一项非常棘手的任务,他需要给在阿维尼翁的对手教皇本笃十三世(Benedict XIII)回复一封极其重要的书信。因此,格里高利十二世将所有文字高手召集至罗马教廷,让他们竞相起草初稿。布鲁尼在寄给佛罗伦萨友人的信中谈及此事,说他在这次起草书信的竞争中拔得头筹,布鲁尼尤其强调:"阿雷佐城,尽管遭一些人鄙视,但这次胜人一

---

① Hans Baron, "The Year of Leonardo Bruni's Birth and Methods for Determining the Ages of Humanists Born in the Trecento," *Speculum* 52, 1977, pp. 582 – 625.

筹。"①阿雷佐城的起源与伊特鲁里亚（Etruscan）有关，布鲁尼日后在研究伊特鲁里亚古文明时，经常强调这一前罗马文化对意大利的影响。

除了出生地之外，学界关于布鲁尼青年时期的情况所知甚少，仅能通过布鲁尼的回忆录《时事评述》（*Rerum suo tempore gestarum commentarius*）窥得一斑，布鲁尼在该著作中记录了直至其逝世前发生的事情。②

布鲁尼在开篇写道，"当我还是孩童时"，就有两位教皇竞相争取各国的支持。显然，布鲁尼认为从西方教廷大分裂事件谈起，有助于读者以更清晰的视角认识其所处的时代。事实上，布鲁尼在担任教廷秘书期间（1405—1415 年），始终都在为早日结束教廷分裂努力发挥着重要的作用。

在随后几页中，布鲁尼再度写道，"当我还是孩童时"，恰逢意大利人刚开始大肆扩充他们的军事力量。③ 此处，布鲁尼试图将读者的注意力吸引到他认为是那个时代最关键的事件上。一百多年以来，外国势力——主要是法国的骑士——始终控制着意大利。在《论骑士》中，布鲁尼不断强调意大利同胞应该效仿古罗马人的军事组织结构，让骑兵军官享有更高一级的军衔，不过同时还需注意，绝不能让他们像那些傲

---

①　1406 年 12 月 23 日，布鲁尼致信友人尼克利，参见 *Ep.*, ed. Mehus II: 4 = Luiso II: 3；本书第四部分收录了布鲁尼起草的致本笃十三世的书信。——中译者注

②　参见皮埃罗（Carmine di Pierro）为布鲁尼《时事评述》所作序言，L. A. Muratori ed., *Rerum italicarum scriptores*, vol. 19, Milan, 1731, p. 410。

③　"当我还是孩童时，我们（意大利人）第一次光复了祖辈骁勇善战的大名，由大批意大利人组建的骑兵队（equestris militia）开始作战。随着骑兵队人数的不断增长，他们的战斗力愈发卓越大胆，没有人会再想雇佣外国骑兵，任何发动战争并想要获胜者最终都会来倚仗意大利骑兵队。"参见布鲁尼《时事评述》（p. 430）。关于 militia 及其内在含义到底应该根据古典含义还是中世纪骑士之义，可参考布鲁尼著作《论骑士》，详见后译文。

慢的法国贵族一样藐视市政权力。这种对军事组织的高度关注与布鲁尼整体的政治理念息息相关,因为只有在此基础上,才能够实现既不受外敌侵扰又能保有共和自由的目标。①

1384 年,布鲁尼约 14 岁,在阿雷佐发生的一个事件显然在年纪尚幼的布鲁尼心里留下了不可磨灭的印象,因为在后来的《时事评述》中,布鲁尼对该事件的描述极为详细。读过塔奇曼《遥远的镜子》②的读者想必都会记得那位远征的英雄昂盖朗·德·库西(Enguerrand de Coucy),他带兵增援安茹公爵路易(Louis of Anjou),后者正试图加紧控制那不勒斯王位。当库西的部队行进至托斯卡纳时,塔尔拉蒂(Tarlati)率领着被处以流放的吉伯林党羽说服了库西帮助他们夺回阿雷佐城,当时该城是由亲佛罗伦萨的阿雷佐圭尔夫党统治,防御不堪一击。布鲁尼对那天晚上奇袭的描述非常生动,那段可怕的经历似乎历历在目。入侵者成功控制了城市,但布鲁尼高度赞赏了年轻的城市捍卫者的英勇表现,他们成功地撤退回城堡中,在那里顽强坚持了数月,击退了一波又一波由法国人和吉伯林同党组织的围攻。

吉伯林派最终攻占了阿雷佐城,布鲁尼的父亲不幸被逮捕,不过这表明布鲁尼父亲从属于圭尔夫党,并且在当时还是个小头目。布鲁尼也成为被扣押者中的一员,但与父亲分开关押。据布鲁尼自述,在他牢房的墙上挂着一幅注视着他的彼特拉克的肖像画。因此,布鲁尼人生第一次政治经历就是落入阿雷佐的吉伯林派僭主及其法国支持者的手

---

① 布鲁尼代表佛罗伦萨政府向托伦蒂诺(Niccolò da Tolentino)致敬的演说辞,参见 G. Griffiths, "The Political Significance of Uccello's *Battle of San Romano*," *Journal of the Warburg and Courtauld Institutes* 41, 1978, pp. 314 – 315。

② Barbara W. Tuchman, *Distant Mirror*, New York, 1978, pp. 407 – 412.

中受苦受难,他的慰藉之源便是以爱国主义和憎恶法国(Gallophobia)而著称的彼特拉克。

次年,安茹公爵路易之死促使库西改变计划,在返回法国之前他决定放弃阿雷佐城,并将该城转卖给了佛罗伦萨人,以此来冲抵各种花销,同时也是为了保障他的回乡计划得以顺利进行。

或许有学者会认为,阿雷佐臣服于佛罗伦萨的事实会让布鲁尼变成一个反佛罗伦萨者,但其实我们只要稍微转变一下视角,便能清楚地明白布鲁尼并不会这么做。直到库西决定离城回乡时,阿雷佐城里那些年轻的圭尔夫派捍卫者们依然没有放弃反抗与斗争。无论是阿雷佐的圭尔夫派也好,还是佛罗伦萨人也好,都不希望法国人离开后阿雷佐城落入该城的吉伯林派手中。但阿雷佐的圭尔夫派势单力薄,因此城堡内的捍卫者们意识到他们需要佛罗伦萨人的援助。因此,阿雷佐的圭尔夫派同意接受佛罗伦萨人的统治,以此换取免于遭受城内吉伯林派和外国的奴役。年轻时期的亲身经历让布鲁尼明白,是佛罗伦萨帮助阿雷佐人民从法国及本国僭主的奴役中获得了解放。[1]

5 在佛罗伦萨接受教育和早期著作
(约1391—1405年)

1385年,阿雷佐沦为佛罗伦萨的领地。次年,布鲁尼父亲逝世时

---

[1] 《时事评述》中记载的另一段发生在布鲁尼青年时期的事件同样值得关注:佛罗伦萨共和国与米兰统治者詹加莱亚佐·维斯孔蒂之间的持续斗争,最终以维斯孔蒂1402年猝死而告终。布鲁尼在《佛罗伦萨人民史》中用最后三卷的篇幅描述了佛罗伦萨的实力,然而在《时事评述》中却只有简洁、客观的总结。

布鲁尼只有 16 岁。随着布鲁尼母亲于 1388 年离世[①],阿雷佐再也没有什么让布鲁尼留恋的了。布鲁尼花了几年的功夫学完拉丁语后准备进入大学,他搬到了佛罗伦萨,国务秘书萨卢塔蒂收留了布鲁尼,对他视如己出。[②] 布鲁尼在学校学了两年人文学科(liberal arts)和四年法律,直至 1398 年,他严格遵循着绝对标准的学术道路。但之后,他放弃了原来的发展路线,转而开始学习截然不同的内容。

希腊学者克里索洛拉斯的到来为想学希腊语的人们提供了机会。布鲁尼在《时事评述》中称之为他人生中一个重要的转折点:

> 当时,我正在学习民法,尽管对于其他学科,我也并非一无所知,因为我天生就对学习抱有极大的热情,并且我还竭尽全力地在学习辩证法和修辞学。当克里索洛拉斯来到佛罗伦萨时,我脑海中有两种思想开始斗争:一种认为放弃学习法律是非常可耻的事情;但另一种认为如果放弃这样一个学习希腊语的天赐良机,那简直如同犯罪。在这朝气蓬勃的年纪,我常常扪心自问:
>
> "当你有机会见到荷马、柏拉图、德摩斯梯尼以及其他诗人、哲学家、演说家,并有机会与他们展开对话,你还会举棋不定吗? 他们的著作让人醍醐灌顶,他们的研究充满真知灼见,与他们相伴对话定会让你深受启迪,你还会犹豫要放弃这个天赐良机吗? 七百多年来,在全意大利至今无人通晓希腊语,然而我们必须承认,所

---

①　Hans Baron, "The Year of Leonardo Bruni's Birth," p. 610.

②　萨卢塔蒂于 1404 年 8 月 6 日致信教皇英诺森七世(F. Novati ed., *Epistolario di Coluccio Salutati*, vol. 4, Rome, 1911, p. 107),该书信的中译文参见本书附录一。——中译者注

有知识体系全都源自希腊人。学会希腊语有助于你增长知识,有机会让你树立名望,它将带给你无限的乐趣! 教民法的老师不计其数,所以你总会有机会学习民法;但懂得希腊语的老师仅此一位,如果他离开了,那就再也没有谁能够教你希腊语了。"

在经过这样一番自我开导后,我决定走向克里索洛拉斯。白天所学让我怀揣着学习的热情,即便在夜晚入眠时我仍会孜孜求学。①

布鲁尼跟随克里索洛拉斯学习了两年,直至后者于 1400 年离开了佛罗伦萨。布鲁尼夜以继日刻苦学习希腊语的成果很快便得以体现:他翻译出了色诺芬的著作《论僭政》(*On Tyranny*)以及圣巴塞尔的一篇关于学习希腊语与青年教育的价值的著作,并且在效仿阿里斯提得斯(Aristides)《泛雅典演说》(*Panathenaic Oration*)的基础上,创作了一篇赞誉佛罗伦萨城的演说《佛罗伦萨颂》。

布鲁尼翻译的圣巴塞尔的著作使他陷入了当时佛罗伦萨全民争议的话题中。一些修道院僧侣强烈谴责让年轻人接触到非基督教文化,认为这样会教唆年轻人败坏道德。这场大争论的触发者是一位名叫卡马尔杜冷西安·乔万尼·达·圣米尼亚托·德·安吉利斯(Camaldulensian Giovanni da Sanminiato de Angelis)的人。但他的言论很快便遭到了佛罗伦萨国务秘书萨卢塔蒂的驳斥。多亏了布鲁尼的译作,萨卢塔蒂才能够援引教父圣巴塞尔的原话,坚决主张基督教年轻人需要学习古典文化,这是他们教育中不可或缺的一部分。萨卢塔蒂在反

---

① *Commentarius*, ed., Di Pierro, pp. 431 – 432.

驳时写道:"我希望你去读一读布鲁尼翻译的圣巴塞尔的对话,那样你就会改变主意了。"①

　　在被萨卢塔蒂批驳后,兄弟会向乔万尼·多米尼奇(Giovanni Dominici)寻求帮助,后者是多明我会修士,并且是一位广受尊重的神学家,因为致力于主张教会统一而备受关注。乔万尼·多米尼奇写了本名为《萤火虫》(*Lucula noctis*)的著作,以此证明,除了那些资历老道的学者之外,让其他任何人阅读未经审查的异教诗人之作,都是非常危险的。对此,萨卢塔蒂写了很长的回复,可惜直至他 1406 年逝世时,该回复都未能全部写完,并且在 1905 年出版之前,一直无人知晓。②

　　1406 年 11 月,教皇英诺森七世(Innocent VII)逝世,乔万尼·多米尼奇被派至罗马,他与萨卢塔蒂之间的这场争议随之悬而未决。在枢机主教团为选举新教皇召开闭门会议前夕,佛罗伦萨政府委任乔万尼向枢机主教团表达了对教会统一的渴望。乔万尼后来成了教皇格里高利十二世的顾问,布鲁尼认为这是导致罗马教廷大分裂的一个关键原因。

---

　　① *Epistolario*, ed. Novati, 4: 170 - 205,该《书信集》中收录了萨卢塔蒂当时回复修士乔万尼·达·圣米尼亚托的书信内容。根据诺瓦蒂的推测,布鲁尼大约在 1398 年至 1404 年间翻译了圣巴塞尔的著作(pp. 184 - 186, n. 1);伍德沃德(W. H. Woodward)在他翻译的布鲁尼《书信研究》(*De studiis et litteris, Vittorino da Feltre*, p. 120n.)的引言中指出,布鲁尼翻译圣巴塞尔著作的意图"就是为了直接反驳乔万尼"。事实确实如此,只不过布鲁尼要反驳的是乔万尼·达·圣米尼亚托,而非乔万尼·多米尼奇。伍德沃德的著作最初于 1897 年出版,诺瓦蒂的研究成果(四卷本布鲁尼《书信集》)直至 1911 年才出版。

　　② 多米尼奇 1405 年的著作《萤火虫》现存埃德蒙德·亨特(Edmund Hunt)版本(Notre Dame, 1940)。亨特指出在《萤火虫》中存在大量平行及复制的段落,由此证实该著作是乔万尼为了回应萨卢塔蒂对乔万尼·达·圣米尼亚托的批驳信而著。亨特版引言中总结了争议的内容,包括萨卢塔蒂未尽之作(回复乔万尼·多米尼奇)中的观点。诺瓦蒂在《书信集》中首次公开出版了这些内容(Novati ed., *Epistolario*, 4: 205 f.)。

布鲁尼著作《对话集》第一部大约完成于 1401 年,描述了他第一次在佛罗伦萨生活期间发生的事件,《对话集》第二部或许最晚创作于 1405 年 11 月①,而布鲁尼的《佛罗伦萨颂》则是在这两部《对话集》中间完成的。《对话集》呈现了萨卢塔蒂及其弟子如何探讨佛罗伦萨人相对于古代诗人所具有的美德;《佛罗伦萨颂》则向人们展示了如何利用古典研究来提升佛罗伦萨的威望,并理应为此受到政府的认可与支持。

但是,布鲁尼并没有遇到一个马上能让他展现其所受的古典教育的机会,因此,布鲁尼有段时间又重新开始法律执业,直至 1405 年早期,他被波焦举荐到教廷任职。②

6 在教廷任职
(1405—1415 年)

布鲁尼曾先后在英诺森七世、格里高利十二世、亚历山大五世以及约翰二十三世这四位教皇身边任使徒秘书,这段经历值得我们做更深入的研究。这是布鲁尼人生中第一份正式工作,35 岁到 45 岁正值布鲁

---

① Hans Baron, "Chronology and Historical Certainty: The Dates of Bruni's *Laudatio* and *Dialogi*," in Hans Baron, *From Petrarch to Leonardo Bruni*, pp. 102 - 137;巴龙在《危机》中同样也讨论了这两部著作创作时间的问题。

② Poggio Bracciolini, *Oratio in funere Leonardi Aretini*, ed. Stephanus Baluzius, in *Miscellanea Varia*, 4:8 - II;还可参见 Poggio Bracciolini, *Opera omnia*, reprinted in Turin, 1966, 2:655 - 672;波焦继续说道:"布鲁尼过去常和我抱怨——因为我们是亲密的朋友——若非迫不得已,他绝不会违背自身意愿放弃众人称羡的人文主义研究,转而重拾早被他抛弃的法学。尤其是布鲁尼现在刚出版了一批著作——这些作品文笔老道、举世称赞。"(p. 9)隔了几行后,波焦声称自己能为布鲁尼在教廷里谋职。萨卢塔蒂对布鲁尼大力举荐并致信教皇是在布鲁尼已经获得教廷职务之后的事了。

尼思想的成熟期,因此,这份教廷工作对布鲁尼的影响绝对不容小觑。

布鲁尼于 1405 年 3 月抵达罗马,这件事本身不足为奇,因为当时有许多人文主义者都会去教廷谋求一官半职。[①] 波焦·布拉肖利尼那时已经在教廷担任缩写员(abbreviator)。[②] 帕多瓦的维尔吉利奥(Vergerio of Padua)是萨卢塔蒂在佛罗伦萨学术圈内的另一名成员,布鲁尼还将自己《对话集》第一部敬献给了他。维尔吉利奥在布鲁尼到罗马后不久,也来到了罗马教廷。另外还有为米兰服务的安东尼奥·洛斯基(Antonio Loschi),他曾和萨卢塔蒂通过书信互打口水仗,后来也去了罗马。[③]

教皇秘书的主要任务就是根据教皇及枢机主教的要求起草教皇谕令。信件对象涵盖的范围极广,从各国政府到各级人物,上至皇帝,下至政府官员,以及大主教和教区牧师。几个世纪以来,负责处理教会政务的人必须精通法律和行政,但自教廷大分裂起,教廷迫切需要那些能够体察并妥善传达教皇政治目标的人。[④] 因此,人文主义教育被给予高

---

① George Holmes, *The Florentine Enlightenment*, London, 1969, pp. 48-49, 84.
② 是布鲁尼建议波焦赴罗马的(*Ep.*, ed. Luiso, I: 2)。萨卢塔蒂于 1404 年 2 月写信给波焦,对他受教皇卜尼法斯九世任命表达祝贺及建议。波焦当时是否真的已经在卜尼法斯九世手下任起草员(scriptor)仍待商榷(Novati, *Epistolario*, 3: 653, n. 1 and 4: 5-8)。波焦作为起草员的第一次签名是在 1405 年 9 月(Reg. Vat. 334, fol. 59)。1411 年 11 月 14 日,波焦取代了布鲁尼,成为教皇约翰二十三世的起草员。1415 年,仍然是在约翰二十三世手下,有记载显示波焦身兼秘书、起草员和缩写员之职(Reg. Lat. 182, fol. 30)。1423 年 5 月,波焦被马丁五世再度任命为秘书,并在后来尤金四世、尼古拉五世、加里斯多三世(Calixtus III)任教皇时继续在教廷工作。参见 Walther von Hoffmann, *Forschungen zur Geschichte der kurialen Behoerden vom Schisma zur Reformation*, 2 vols., Rome, 1914, 2: 109。
③ Hans Baron, *Humanistic and Political Literature in Florence and Venice at the Beginning of the Quattrocento: Studies in Criticism and Chronology*, Cambridge, Mass., 1955, reprinted New York, 1968, chap. 2.
④ Von Hoffmann, *Forschungen*, I: 144.

度重视,这同时也解释了为何英诺森七世后来会那么欢迎著名人文主义国务秘书萨卢塔蒂的门徒布鲁尼。萨卢塔蒂特意写信向教皇举荐布鲁尼,信中称"此人适合处理重大事务"。

　　教皇对布鲁尼的第一印象是,就秘书一职而言,布鲁尼看上去过于年轻,因为该职务要求具备多年的职业经验和文学技巧。[1] 教皇最初对布鲁尼的冷淡态度反倒让另一位竞争者雅各布·迪·安哲罗·达·斯卡佩里亚(Jacopo di Angelo da Scarperia)信心倍增,因为他不仅比布鲁尼年长,而且已经在教廷工作过四年。布鲁尼在罗马待了大概一个月,正当他对竞争教廷秘书一职愈发感到无望时,法国贝里公爵(duke of Berry)致信教皇,声称在阿维尼翁的教皇本笃十三世愿意退位,但前提是他的对手罗马教皇也要退位。

　　罗马教廷需要尽快给贝里公爵回函,但通常情况下,教廷并不会委任教廷秘书来起草此类信件,因为无论秘书对教廷的日常事务有多么熟悉,他们也并不清楚如此棘手的问题的历史重要性。此类书信更加需要那些熟悉修辞技巧的人去完成。所以,教皇决定把这个任务交给两位秘书候选人。布鲁尼和斯卡佩里亚都是克里索洛拉斯在佛罗伦萨收的徒弟,他们通过起草回函来一决高下,胜出者即能获得秘书职务。最终,布鲁尼更胜一筹,但这也意味着布鲁尼在教廷的职业生涯伊始,便要面对解决教廷分裂这一棘手难题。从写给萨卢塔蒂汇报情况的书信中可以看出,布鲁尼认为这是他人生中的一件大事。[2]

　　我们并不清楚布鲁尼最初去罗马时,他所设想的人生是怎样的。

---

① 布鲁尼于 1405 年 4 月致信萨卢塔蒂(*Ep.*, ed. Mehus I: 1 = Luiso I: 3)。

② 布鲁尼于 1405 年 4 至 5 月期间致信萨卢塔蒂(*Ep.*, ed. Mehus I: 2 = Luiso I: 4)。

一方面,在成功就职后,布鲁尼或许期待着日后能被委以最高级别的重任。另一方面,布鲁尼无疑希望能够有更多的时间同罗马城内志同道合的朋友们一起增进文学兴趣,参加一些学术性项目。

但无论布鲁尼最初抱有何种设想,不久便接踵而至的战争与革命使布鲁尼的一切设想都化为泡影。有三股权势力量互相争夺着罗马城的最高统治权,它们分别是教皇、那不勒斯国王以及罗马市民。罗马同其他城市一样,也有自己的公社政府(communal government),其位置与古罗马共和国一样坐落于卡比托利欧山丘(Capitoline)之上。在很多方面,罗马市政府与教皇之间的关系类似于城市公社与试图统治公社的领主(signore)之间的关系。城市公社为了争取权力,在关键时刻会发动政变,通过革命来推翻统治者。从教会史上看,英诺森七世担任教皇时(1404—1406 年)恰逢罗马城发起政变骚乱。此时,布鲁尼的工作是为统治者服务,而罗马市民正以"共和自由"的名义向君主统治权威发起挑战。布鲁尼在不久前刚写下《佛罗伦萨颂》,讴歌佛罗伦萨市民以古罗马共和精神为榜样,捍卫城邦自由;现在轮到罗马市民高举自由的大旗,布鲁尼或许也应该对罗马市民表现出些许同情与共鸣。为了更好地理解布鲁尼在当时政治环境下的政治立场,我们有必要先大致回溯一下教皇与罗马城市公社之间的历史渊源。

教皇对城市施行君主式统治的历史其实并不长久,也就在相对近期才逐渐发展起来。14 世纪教廷迁至阿维尼翁,即"巴比伦之囚"(Babylonian captivity)时达到巅峰,这也是意大利人民都在抱怨他们有个法国教皇的原因之一。第一任阿维尼翁教皇是克莱芒五世(Clement V),罗马人民授予他"元老"(Senator)头衔,或许是因为罗马人民试图以这种方式来说服教皇留在罗马。克莱芒五世也确实努力通过任

命来管理城市,可惜并不成功。继任的约翰二十二世(John XXII,
1316—1334 年在位)不仅拥有元老头衔,而且还被任命为执政团首长
(Captain)、教区长(Rector)及地方行政长官(Syndic),其他所有政府
人员都要听命于他。约翰是以世俗人员而非教会首脑的身份来担任这
些职务的。然而不可否认的是,在约翰任教皇时期内,罗马市政府至少
从理论上而言,已经听从于教皇的权威了。但约翰实际上是代表那不
勒斯国王罗伯特(King Robert of Naples)在行使这种权威。约翰的继
任者本笃十二世(Benedict XII,1334—1342 年在位)决定罢免所有由
国王派来的官员,这意味着之后所有的市政官人选都要直接由教皇来
任命。尽管此举遭到了反对,但也正是本笃十二世在任教皇时期迈出
了决定性的一步,将自治公社的最后一点权力全部收归执政团(signo-
ria)。① 1347 年,科拉·迪·里恩佐发动起义,声称要恢复古罗马共和
制度,试图让公社重获自治权。尽管这场起义最后以失败告终,但直至
1367 年,没有一个教皇认为搬回罗马是安全的。到了 1378 年,法国与
罗马两位教皇的相互争斗已经极大削弱了罗马教廷势力,同时还造成
欧洲大部分地区人民不再忠于罗马教皇,这不得不让罗马教皇更加依
赖意大利人,因为只有意大利人还依然对他忠诚。

卜尼法斯九世(Boniface IX,1389—1404 年在位)成功夺回了对罗
马城的控制权,之后每隔六个月,教皇就会任命一位元老来管理罗马。②
卜尼法斯的成功很大程度上得益于他与那不勒斯国王拉迪斯劳(King
Ladislas of Naples)之间的联盟,后者则成功地将与他竞争王位的法国

---

① Guy Mollat, *Les papes d'Avignon*, 10th rev. edn. Paris, 1965, pp. 247-248.
② Mandell Creighton, *A History of the Papacy from the Great Schism to the Sack of Rome*, 6 vols., New York, 1907, I: 164.

对手赶出了那不勒斯。① 诸如奥诺拉托·达·丰迪(Onorato da Fondi)
和乔万尼·达·维科(Giovanni da Vico)这样的大领主都纷纷臣服于教
皇。当科隆纳家族(Colonna)在城内起义反叛时,卜尼法斯镇压了起义,
虽然最后科隆纳家族投降,但教皇于 1401 年 1 月还是答应了他们的领地
要求。② 在与佛罗伦萨结盟后,卜尼法斯收复了博洛尼亚、佩鲁贾等教廷
领地,在 1402 年詹加莱亚佐·维斯孔蒂去世后,还收复了阿西西。

　　然而,教皇卜尼法斯九世不断扩大的世俗权力只不过是昙花一现。
1404 年卜尼法斯逝世后,罗马人民再度在科隆纳家族的带领下发动起
义。起义军被奥西尼家族(Orsini)带领的教廷军打败后,转而向那不
勒斯国王拉迪斯劳寻求支援③,这便使得拉迪斯劳能够以凯旋姿态进入
罗马城。占据强势地位的拉迪斯劳提出要为新当选的教皇英诺森七世
(Innocent VII)服务。1404 年 10 月 27 日,国王与教皇在重新分配权
力的问题上达成协议,同意将罗马市民之前享有的诸多特权还给他们,拉
迪斯劳则对罗马事务具有决定权,留给教皇的只不过是一些表面权力而
已。④ 就这样,英诺森被迫交出了卜尼法斯时期教廷所取得的一切。

　　这便是 1405 年 3 月布鲁尼抵达罗马时的教廷情况。布鲁尼在《时
事评述》中写道:"罗马人民滥用了他们近来获得的自由。"⑤这是布鲁

---

　　① Mandell Creighton, *A History of the Papacy from the Great Schism to the Sack of Rome*, I: 165.

　　② Mandell Creighton, *A History of the Papacy from the Great Schism to the Sack of Rome*, I: 168.

　　③ Mandell Creighton, *A History of the Papacy from the Great Schism to the Sack of Rome*, I: 184.

　　④ Mandell Creighton, *A History of the Papacy from the Great Schism to the Sack of Rome*, I: 187.

　　⑤ Bruni, *Commentarius*, ed. Di Pierro, p. 922; M. Creighton, *A History of the Papacy from the Great Schism to the Sack of Rome*, I: 188.

尼多年后在回想当时情形时得出的结论。在写给萨卢塔蒂的书信中，布鲁尼的言辞体现出一名时政观察者看待时事的态度，当时正值 8 月初，布鲁尼在信中写道：

> 我们始终守卫在这里，这也是为何我几乎没有时间写信。罗马政府是如此善变、刚愎自用、肆意妄为，使得整座城市没有一处安宁。昨天破晓之前，罗马人就已行军出城了，在那不勒斯王室军力的帮助下，他们试图想要占领米尔维安桥（Milvian bridge）。该桥顶部的塔楼是由教皇军驻守的，目的是阻止任何没有教皇允许的人跨过此桥。双方在米尔维安大桥激战了数小时，最后，正当我方教皇军眼看快要撑不住的时候，骑兵部队赶来增援，迫使罗马民兵落败而逃。大部分人都受了伤，一些人战死。
>
> 罗马人跑回城内后，他们依然莽撞地盘踞在卡比托利欧山上，并召集众人集合。这一天犹如大节一样，普通民众有美酒助兴，到处充满节日气氛。突然，所有人都拿出了武器、撑开了大旗，他们的目标是要进攻教皇宫殿——梵蒂冈。
>
> 我们的人都已准备好武器抵御进攻，他们各就各位，备受鼓舞，内心坚定，准备背水一战。在哈德良陵墓的正前方，起义军趁我方守卫疏漏，开挖了一条战壕。夜幕降临才使得战事停息，那一夜，守卫遍布全城。我完全不知道这一切最终将如何收场……①

从这封信中可以看出，布鲁尼当时的立场是同情教皇军、反对罗马民众

---

① 布鲁尼于 1405 年 8 月 4 日致信萨卢塔蒂（*Ep.*, ed. Mehus I: 4 = Luiso I: 5）。

的。作为《佛罗伦萨颂》的作者,布鲁尼刚讴歌完古罗马共和国的美德,却对当时的罗马人民没有丝毫同情,称政府领袖善变、刚愎自用且莽撞。

两天后,罗马上层显贵组成了一支代表团广泛听取民众意见,商讨如何解决与教皇之间的分歧,代表团中还包括两位之前由教皇任命至"七人管理委员会"(council of Seven)的成员。代表团当天并未商讨出结果。在回家途中,教皇侄子卢多维科(Ludovico)派人俘获了代表团成员,并将他们带到了教皇跟前。成员们面对教皇的指控,纷纷为自己辩护,教皇勃然大怒并将他们统统处死。整座城市再度掀起暴动,尽管教皇军本可以镇压住罗马人民起义,但鉴于那不勒斯王国军队有可能也会介入,教皇及其身边顾问最终决定离开罗马。布鲁尼在给萨卢塔蒂的信中客观地详述了该事件的经过。布鲁尼在 8 月 4 日那天还是站在教皇军一边叱责罗马民众,但他此刻却毫不犹豫地矛头一转,将 8 月 6 日当天发生的一切都归咎于教皇侄子卢多维科。同时,布鲁尼清楚地表明,就那天发生的事情而言,教皇本人绝对没有半点牵连。[1]

1405 年 8 月搬离罗马后,直至次年 3 月,这当中的七个月教廷都暂设在维泰博(Viterbo)。布鲁尼在维泰博的日子并不开心。接连三周他都高烧不退,还抱怨维泰博的酒也一塌糊涂。刚进入教廷工作的布鲁尼根本没有料到自己会到这样一座乡间小镇生活。教皇在罗马以及教皇国内创下的丰功伟绩如今却因为教皇侄子的肆意妄为而功亏一篑。布鲁尼为此或许甚至犹豫过是否要辞去教皇秘书一职。我们从萨卢塔蒂写给教皇的书信中至少可以得知,萨卢塔蒂说布鲁尼当时的行

---

[1]　布鲁尼于 1405 年 8 月致信萨卢塔蒂(*Ep.*, ed. Mehus I: 5 = Luiso I: 7)。

为愚蠢至极。① 不过布鲁尼很快就投身于忙碌的工作中去了。

只要罗马的市政长官与那不勒斯国王联盟对抗教皇，教廷就没有重新搬回罗马城的希望。然而到了 8 月下旬形势发生了变化，罗马城内发生了一场反对市政官与那不勒斯联盟的革命暴动。8 月 23 日，设在卡比托利欧山上的政府向市民投降，罗马市民新设了三个被称作"贤人"（buon uomini）的政府职位②，他们还派使节去维泰博向教皇请求支援。教皇立马令保罗·奥西尼（Paolo Orsini）率领教皇军奔赴罗马，迫使那不勒斯撤退。1406 年 1 月，罗马公民使团恳请教皇英诺森搬回罗马。虽然教廷最终于 3 月 13 日重回罗马，但这次教廷要和罗马市民约法三章，事先制定好一系列的防范措施，以免类似事件再次发生。布鲁尼的工作就是负责起草其中部分约定条款。

最根本的措施就是让罗马市民把权力还给教皇。③ 这份协议虽然不是由布鲁尼起草的，但在同一天——1406 年 1 月 21 日——起草的与之相关的另一份协议则是出自布鲁尼之手。协议开篇序言也同样表明了教皇想要收复罗马城统治权的决心，随后，布鲁尼写道：

> 鉴于罗马人民怀揣极大的衷心与诚意，一致同意我们及罗马教会仍然是他们永远真正的主人，对罗马城直接享有全权统治，作为这种最高权力的拥有者，教廷（在市政议员和其他罗马市民的再三恳求下）宣布：倘若罗马人民没有意愿，罗马教会享有的该直接

---

① 布鲁尼于 1406 年 3 月 11 日致信尼克利（*Ep.*, ed. Mehus I: 10 = Luiso I: 14）。

② M. Creighton, *A History of the Papacy from the Great Schism to the Sack of Rome*, I: 192.

③ Reg. Vat. 334, fols. LXIIv‑LXIIIr.

统治权绝不会交予或让渡给任何强大的君主或个人或团体；如果有一天教皇或教廷决心放弃该直接统治权，那么罗马城的统治与管理应当转交到罗马人民自己的手中。[①]

这份文件中提到的"强大的君主"显然是指那不勒斯国王拉迪斯劳。教皇与罗马城市代表之所以能够达成和解，那是因为两者都担心同一件事情，即罗马会落入像拉迪斯劳那样的入侵者手中。无论是传统的君主制还是共和制在罗马都不适用，因为在罗马还可以有第三种模式：教皇统治。包括布鲁尼在内的那些参与起草协议文件的人都一致主张：将共和国的权力交到教皇手中是必要且正确的做法，目的就是防止外国君主对罗马造成更大的危险。

　　布鲁尼另外还起草了三份与罗马统治相关的文件，起草的日期都在1月21日同一天。其中一份文件的内容主张，像伽利奥托·诺曼尼（Galeotto Normanni）这样与拉迪斯劳国王合作的人应当被永远流放，再也不许回到罗马。[②] 另一份文件则承诺，那些有关犯罪和轻罪的城市法令法规始终都不可侵犯，换言之，除了法令条文中规定的内容之外，不会追加其他更严厉的惩罚。为了保障实施，还另外附加了一条重要规定：上述法令中不包括重罪或穷凶极恶的残暴罪行。这么做的目的就是让普通市民放心，不必担心教皇在恢复统治后会对他们采取报复

[①]　Reg. Vat. 334, fol. LXVIIIv.

[②]　Reg. Vat. 334, fols. LXVIIIv‑LXIXr. 1404 年 11 月，拉迪斯劳进入罗马，骑着马耀武扬威地穿过整座城市时，他授予了伽利奥托骑士身份。之后伽利奥托还获得了"自由骑士"（Knight of Liberty）的头衔。参见 M. Creighton, *A History of the Papacy from the Great Schism to the Sack of Rome*, I: 188。

性惩罚。^① 这绝不是什么独裁暴政，而是法治统治。布鲁尼在 1 月 21 日起草的四份文件中最后一份的内容是，关于在罗马买卖属于教会资产的规定。

但是，除罗马之外的其他教皇国城市及领地又是怎样的情形呢？对此，教廷于 2 月 1 日颁布了一道圣谕，谈及了针对这些地方的管理。^② 圣谕开篇便指出，在英诺森之前的历任教皇将太多的牧区授予了某些集体和个人，这侵害了教皇的主权。尤其是在 14 世纪，教廷迁至阿维尼翁，导致各牧区上的世俗机构蓬勃发展。^③ 代表教皇被任命到各地方上的官员在当地并未对中央集权构成威胁；实际上，阿尔伯诺茨主教（Cardinal Albornoz）正是通过这套机制来加强集权。当教皇与某个自大的城镇或地方君主达成妥协，并授予他们牧区或牧师头衔时，他们表面上看似受制于教皇，实则暗地里掌控实权，其后果就是世俗权力被迅速侵蚀。因此，英诺森七世在其人文主义秘书的帮助下，准备扭转这种形势，弗朗切斯科·达·蒙特普尔夏诺（Francesco da Montepulciano）在这个问题上发挥了很大作用。2 月 1 日颁布的圣谕直接宣布之前授予的诸牧区都无效，所有土地、城镇、城堡以及其他地方都应当重新收归罗马教廷。英诺森在生前没能看到这场雄心壮志的改革得以实现，后来切萨雷·博尔贾（Caesar Borgia）动用了所有资源才迫使各教区臣服。但实际上，这项艰巨的任务被派给了布鲁尼、蒙特普尔夏诺等受过良好人文主义教育的秘书们。他们之所以被器重，是因为他们在为

---

① Reg. Vat. 334, fol. LXIXv.

② Reg. Vat. 334, fols. LXXXIv – LXXXIIv.

③ Peter Partner, *The Lands of St. Peter*, Berkeley, 1972, esp. p. 344；Michael Mallett, *The Borgias*, London, 1969, pp. 33 – 34.

领土国家奠定基础方面有着出色的表现。他们在教廷所做的工作其实与在世俗君主国抑或在共和国所做的事情并无太大的差异。

在 1 月 21 日宣布完所有与罗马及教皇领地统治相关的约定后,教皇回归的计划进展迅速。1 月 27 日,克雷莫纳的巴托洛缪(Bartholomew of Cremona)获得授权,代表教皇掌管该城市。[①] 教皇本人则于 3 月 13 日搬回梵蒂冈。[②]

在强化教皇对其领地上各地方政府的权力管控方面,布鲁尼发挥了一定作用。4 月,布鲁尼被派去马尔凯(Marches)和罗马涅(Romagna)地区征收税赋。[③] 1406 年 8 月 30 日,布鲁尼签署了一份文件,将"我们教廷"的城市佩鲁贾督政官(podestà)职位授予了维罗齐奥·德·潘多尔菲尼(Verocchio de' Pandolfini)。[④] 到了 9 月末,布鲁尼又忙于处理蒂沃利(Tivoli)的事务。[⑤]

与此同时,罗马城内诸多事情也需要布鲁尼着手解决,比如重建大学[⑥]、处理城内犹太居民的案子尤其是医疗纠纷[⑦],以及司法任命等[⑧]。

1406 年 11 月英诺森七世逝世后,最关键的问题就是要让枢机主教们明白,这是个结束教廷分裂的机会,为了教廷能够重新团结,他们

---

① Reg. Vat. 334, fols. XXIIv – XXIIIr.

② M. Creighton, *A History of the Papacy from the Great Schism to the Sack of Rome*, I: 192.

③ 布鲁尼于 1406 年 4 月 6 日致信尼克利(*Ep.*, ed. Mehus I: 11 = Luiso I: 15);路易索根据梵蒂冈档案(Reg. Vat. 334, fol. LXXXIIIv)重新分析了该文本,认为写作日期应该为 1406 年 4 月 19 日。

④ Reg. Vat. 334, fol. 179r.

⑤ Reg. Vat. 334, fols. 189r, 197r.

⑥ Reg. Vat. 334, fol. 181r – v;参见 G. Griffiths, "Leonardo Bruni and the Restoration of the University of Rome," *Renaissance Quarterly* 26, 1973, pp. 1 – 10。

⑦ Reg. Vat. 334, fols. 15v – 17v, 73 r – v, 120v – 121r, 121v, 130v – 133v.

⑧ Reg. Vat. 334, fols. 71v – 72r, 216 r – v.

不能再推选下一任教皇了。为此,布鲁尼的朋友维尔吉利奥(Verge-rio)以该主题发表了一场激情雄辩的演说①,另外佛罗伦萨特使乔万尼·多米尼奇也做了同主题的演说。布鲁尼在一封书信②中描述了枢机主教们的心态以及多米尼奇演说诉求的本质。

然而,罗马枢机主教们还是继续选出了新一任罗马教皇格里高利十二世,他宣誓时说,一旦当选就会立即与在阿维尼翁的对手教皇展开谈判,而布鲁尼则被要求继续担任秘书,并起草寄给法国教廷的公函。③

在格里高利十二世的手下,布鲁尼的工作依然是确保教皇各领地能够有效地掌控在教皇治下。教廷纪录表明,布鲁尼要处理斯波莱托(Spoleto)、卡斯特罗(Città di Castello)、蒂沃利、列蒂(Rieti)等属地的政务④,还起草了教谕声讨那不勒斯于1407年4月发生的叛乱⑤,代表教皇与奥西尼家族达成协议。通过这些文件纪录,我们可以想象那些罗马的王公贵族或者佣兵队长是怎样在布鲁尼面前恭敬跪地,宣誓效忠的场景,因为布鲁尼代表了教皇。⑥

教廷需要同时采取经济和行政措施来恢复势力,所以,布鲁尼参与的工作就是向各地方上的主教及教会催讨欠债,发放赎罪券,向教士征

---

① C. A. Combi, "Un discorso inedito di Pier Paolo Vergerio il Seniore da Capodistria," *Archivio storico per Trieste, l'Istria e il Trentino* 1, 1882, pp. 351 – 374.

② 布鲁尼致信科尔托纳(Cortona)君主弗朗切斯科(Francesco)(*Ep.*, ed., Mehus II: 3 = Luiso II: 2)。

③ 即1406年12月11日罗马教皇格里高利给阿维尼翁教皇本笃十三世的信。

④ Reg. Vat. 335, fols. 253r, 265v, 269r, 270r, 291v, 298r, 342v.

⑤ Reg. Vat. 335, fols. 313v – 314r.

⑥ Reg. Vat. 335, fols. 356 ff.;与奥西尼家族协议(Capitula Pauli de Ursinis)签订日期为1407年3月12日及5月18日。在这些协议文件的底端并没有秘书的名字,但在档案(fol. 362v)中有段声明:"我,布鲁尼,作为教皇秘书写下上述内容。"参见A. Theiner, *Codex diplomaticus dominii temporalis S. Sedis*, 3 vols., Rome, 1861 – 1862, vol. 3, no. C, pp. 160 – 165。

收额外补贴,用来支持罗马教皇统一教会的伟大事业。但这并不是说教廷把最重要的工作都分派给了布鲁尼,因为大部分起草机要外交公函的任务都是由蒙特普尔夏诺完成的,他比布鲁尼年长些,同样也是一位人文主义者。

作为教廷秘书,尽管工作比较单调,而且需要频繁出差,但布鲁尼仍然还是挤出时间追求学术。大概就是在这几年间,布鲁尼翻译了多部普鲁塔克的人物(包括马克·安东尼、保卢斯·埃米利乌斯、格拉古兄弟、皮洛士、昆图斯·塞多留和德摩斯梯尼等)传记。[1]其中,《安东尼传》一定是在 1406 年萨卢塔蒂逝世之前译出的,因为该译本是献给萨卢塔蒂的。另外,我们可以知道布鲁尼 1412 年还在同时翻译德摩斯梯尼和西塞罗的传记,并且应该在年底前就完成了《德摩斯梯尼传》的翻译。[2]

布鲁尼先后在英诺森七世和格里高利十二世手下担任秘书,他最重要的工作就是促进教廷统一,以及恢复教廷在教皇国辖地内的权威。但格里高利与那不勒斯国王拉迪斯劳结盟,反对比萨公会议(Council of Pisa),因为该会议对他们的权力构成了威胁,但两人的结盟却导致包括罗马在内的大部分教皇国都遭到了拉迪斯劳的侵袭。格里高利非但没能促使教会统一,他对拉迪斯劳的依赖最终还导致教皇国分崩离析。值得注意的是,1408 年布鲁尼并没有跟随枢机主教们一起离开教皇格里高利,尽管他早就看清了教皇政策中潜在的危险后果。

至于布鲁尼为何始终都对格里高利忠心耿耿,我们只能揣测。在

---

[1]　Edmund Fryde, " The Beginnings of Italian Humanist Historiography: The *New Cicero* of Leonardo Bruni," *English Historical Review* 95, 1980, p. 537.

[2]　Edmund Fryde, " The Beginnings of Italian Humanist Historiography: The *New Cicero* of Leonardo Bruni," p. 538.

多年后写下的《时事评述》中，布鲁尼解释说自己对格里高利的大多数政策都是认可的，除了后者在协商统一教会问题上的所作所为。[1] 布鲁尼最终离开教廷的原因，是佛罗伦萨政府决定不再效忠于格里高利，并且命令所有佛罗伦萨臣民都必须马上离开罗马教廷，否则将受到严厉的惩罚。[2] 布鲁尼在当时写给一位友人的信中说，个人忠诚是唯一让他留在格里高利身边的纽带。[3] 佛罗伦萨政府的命令为布鲁尼离开教廷提供了一个体面的理由，但布鲁尼信中暗示自己的离开纯粹是为了遵守命令，这一点与他之前多次让他的朋友们敦促佛罗伦萨政府发布召回令的做法显然形成了反差。[4] 或许事情的真相是，布鲁尼已经看清了格里高利不可能成功，但无论是从他所坚持的个人忠诚上看，抑或是考虑到背弃合法教皇的行为会破坏自己的名声，布鲁尼都会犹豫不决。当时他正在写《时事评述》，康斯坦茨公会议（Council of Constance）否决了在比萨选出的教皇亚历山大五世及其继任者约翰二十三世，并认定格里高利才是真正的教皇，直至 1415 年。

布鲁尼在里米尼（Rimini）离开了格里高利，并于 1409 年 3 月去了佛罗伦萨，不过他并没有在佛罗伦萨就职。没过多久，布鲁尼收到并且接受了比萨枢机主教向他发出的工作邀请，并于 4 月抵达比萨。亚历山大五世在比萨当选教皇（1409 年 6 月—1410 年 5 月）后，布鲁尼便

---

[1] *Commentarius*, ed. Di Pierro, p. 439.

[2] *Commentarius*, ed. Di Pierro, p. 439.佛罗伦萨政府该命令写于 2 月 18 日，引自 E. Martène and U. Durand, *Veterum scriptorium et monumentorum historicorum, dogmaticorum, moralium amplissima collectio*, 9 vols., Paris, 1724 - 1733, 7: 961。

[3] 布鲁尼于 1409 年 3 月致信艾米利亚的彼得（Peter of Emilia）（*Ep.*, ed. Mehus III: 10 = Luiso III: 4）。

[4] 瓦索利引用了布鲁尼写给波焦和尼克利的信件内容，参见 Vasoli, "Leonardo Bruni," col. 623。

继续担任教皇秘书一职①，他跟随亚历山大从比萨到皮斯托亚（Pistoia），在那里一直待到教皇成功收复博洛尼亚。亚历山大在包括布鲁尼在内的教廷人员的陪同下，于 1410 年 2 月迁至博洛尼亚。2 月 22 日，布鲁尼在博洛尼亚为教皇亚历山大五世起草了最后一封公函。②在亚历山大手下，布鲁尼绝大多数的工作内容都是关于铲除波西米亚的胡斯派宗教异端。③

　　亚历山大的后继者是约翰二十三世（1410 年 5 月—1415 年 5 月在位）。从 1410 年 5 月至 11 月，布鲁尼继续在约翰身边担任秘书。后来因为瘟疫肆虐，教廷被迫撤离博洛尼亚，布鲁尼也趁机重返佛罗伦萨，并接受了国务秘书的职务，尽管他对这份工作并没抱多大的热情。布鲁尼和一位友人解释说，他是为了"避免更大的弊端"才会接受佛罗伦萨国务秘书一职的，不过布鲁尼没有做进一步的说明。1410 年 11 月至次年 4 月④，布鲁尼仅在佛罗伦萨政府工作了几个月而已。我们无从知晓布鲁尼当时为何不喜欢在佛罗伦萨任国务秘书，但当教廷于 1411 年 4 月途经佛罗伦萨回罗马时，布鲁尼最终还是选择了回教廷工作。根据波焦的说法，那是因为教廷收入更加丰厚⑤，但布鲁尼自己却解释说，真正吸引他回去的原因是他更想和在教廷的老朋友们一起共事。⑥

---

① Vasoli, "Leonardo Bruni," col. 623.

② Reg. Vat. 339, fol. 94 r - v.

③ 1409 年 12 月 20 日在皮斯托亚颁布的教皇诏令中关于铲除布拉格宗教异端的内容（Reg. Vat. 339, fols. 18r - 19r）。

④ Luiso, pp. 72 - 73.

⑤ Poggio, *Oratio in funere Leonardi Aretini*, ed. Baluzius, 9: 2.

⑥ 布鲁尼于 1411 年 1 月 27 日致信皮佐帕索（Pizolpasso）（*Ep.*, ed. Mehus V: 3 = Luiso III: 23）。

此后，布鲁尼一直都在为教皇约翰工作，不过身份和之前有所不同。早在1410年7月，教皇便批准了布鲁尼结婚①，所以波焦接替了布鲁尼原先担任的教皇抄写员及私人秘书（scriptor et familiaris）的工作。② 但是根据1413年和1414年的教廷纪录可知，布鲁尼当时在教廷一直都很积极活跃。③

1412年，布鲁尼与托玛莎·德拉·菲奥莱雅（Tommasa della Fioraia）成婚，托玛莎的父亲是佛罗伦萨一个贵族家族的成员，曾是佛罗伦萨政府高官。这桩联姻对布鲁尼极其重要，因为他自己甚至都算不上佛罗伦萨公民。事实上，布鲁尼的岳丈西莫奈（Simone）④在佛罗伦萨党争中站在了获胜的一方，他们拥护并支持比萨教皇抵抗那不勒斯国王，这次站队的胜利为布鲁尼未来的职业生涯奠定了基础。

不过，对于布鲁尼而言，婚姻绝不仅仅意味着政治或社会地位的提高。布鲁尼在修订他翻译的亚里士多德《家政学》（Economics）注疏时已经说得很明白，他认为夫妻之间对彼此的忠诚与尊重应该是对等的，并强调婚姻（而非禁欲）才是人类的自然本性。布鲁尼直至42岁才终于开始

① Reg. Lat. 145, fol. 210v.
② Reg. Lat. 157, fol. 299v, 日期不详，但大致在1411年11月。
③ Reg. Vat. 346.
④ 西莫奈曾以大使身份出访热那亚（1395年）、罗马（1402年）、两次出使博洛尼亚（1406和1412年）、赴比萨觐见教皇亚历山大五世（1409年）。他分别于1382、1402、1410年出任执政团（Prior），1384年任圭尔夫党派领袖（Captain），1400和1408年任沃尔泰拉地方长官（capitano）。1409年，他以战事委员会成员身份协助教皇抵抗拉迪斯劳，1420年佛罗伦萨收购利沃诺港时，他是主要负责人之一（Luiso, p. 77, n. 100）。我们从布鲁尼那儿几乎无从知晓其妻子和婚姻生活的状况。布鲁尼通信中唯一一次谈及婚姻的是在他写给波焦的信中抱怨婚礼太贵，佛罗伦萨女性的裙子太过精致（Ep., ed. Mehus III: 17 = Luiso III: 27）。

自己的婚姻生活,妻子托玛莎或许要比他年轻很多。^①　不过在当时,夫妻间年龄相差悬殊的现象很常见,这与古代权威作家给出的婚姻建议相吻合,因为他们建议男性应当晚些成家,直至他在政治和经济上积累了足够的条件,那样他就可以教导比自己年轻许多的妻子履行家庭职责。

在那些年里,教廷和佛罗伦萨面对的最关键的问题就是那不勒斯国王拉迪斯劳。在教皇约翰的领导下,与拉迪斯劳竞争那不勒斯王权的法国安茹公爵路易、教廷军的指挥官保罗·奥西尼,以及弗朗切斯科·斯福尔扎(Francesco Sforza)组成联盟,迫使拉迪斯劳放弃罗马。然而盟军指挥官之间缺乏团结,导致拉迪斯劳在恢复兵力后再次出军,最终重新占领了教皇国领地。拉迪斯劳率军进入托斯卡纳大区,并在阿雷佐建立总部。教皇被赶出罗马后,来到佛罗伦萨寻求庇护,然而佛罗伦萨城内既有支持教皇的,也有倒向拉迪斯劳的,派系斗争迫使教皇也无法在佛罗伦萨久留^②,约翰只好暂居在城外的圣安东尼教堂(church of St. Anthony)。

拉迪斯劳的军队势不可挡,在一切都看似无望时,布鲁尼陪同教皇在绝望中决定向皇帝西吉斯蒙德(Sigismund)求援,后者坚持要重新召开一次宗教会议以解决教会问题。当时有三位教皇并存,虽然比萨宗教会议废黜了格里高利和本笃,但这两位教皇根本不承认这点,只要他们还有信众,那么对约翰而言他们就是威胁。至于拉迪斯劳,这位在全意大利境内几乎所向披靡的国王是支持格里高利的。可想而知,约翰

──────────

①　1444 年布鲁尼逝世时享年 74 岁,妻子托玛莎于 9 年后离世(Luiso, p. 77, n. 100)。关于典型的婚配年龄,可参考 David Herlihy and Christiane Klapisch-Zuber, *Les Toscans et leurs familles*, Paris, 1978。

②　*Commentarius*, ed. Di Pierro, p. 441.在梵蒂冈档案馆中发现多封由布鲁尼起草的教廷书信,落款是在佛罗伦萨城外的圣安东尼教堂(Reg. Vat. 346, fol. LIII f.)。

的处境有多绝望,他别无选择,只得答应西吉斯蒙德重开宗教大会,约翰还曾试图争取将会议地点安排在神圣罗马帝国地盘之外。在布鲁尼看来,约翰最致命的决定就是在会议地点上做出了让步①,一旦决定在康斯坦茨召开宗教会议,便注定了约翰要被废黜。

布鲁尼陪同约翰去了康斯坦茨(并对该城市做了一番著名的描述)②。当约翰被废后,布鲁尼成功逃离康斯坦茨,回到佛罗伦萨。因此,布鲁尼并没有参与康斯坦茨会议上重建教会团结的工作。

7 作为普通公民在佛罗伦萨从事学术工作
(1415—1427 年)

1415 年,布鲁尼重回佛罗伦萨。作为一名学者,布鲁尼迎来了学术创作的巅峰时刻。但如果我们就此认为,布鲁尼当时将重返佛罗伦萨视为其人生转折点的话,未免失之偏颇。1416 年 1 月,布鲁尼写信给还在康斯坦茨的波焦,说自己虽然享受在佛罗伦萨的宁静生活,但他经常会有想要立刻回到教廷的强烈欲望,因为在那里有很多挚友。不过布鲁尼还是听从了波焦的建议,除非波焦给他准确消息,否则切勿急于回到教廷。③

---

① *Commentarius*, ed. Di Pierro, pp. 441 - 442.

② 布鲁尼于 1414 年 12 月 31 日在康斯坦茨致信尼克利(*Ep.*, ed. Mehus IV: 3 = Luiso IV: 3)。

③ 那封信写于 1414 年 1 月 2 日(*Ep.*, ed. Luiso VI: 4)。那些主张 1415 年标志着布鲁尼为了人文主义研究而舍弃教廷职业生涯的学者,其主要依据是布鲁尼写于 1415 年 3 月的书信(*Ep.*, ed. Mehus IV: 11 = Luiso III: 13)。然而根据路易索的研究,布鲁尼其实在 1409 年离开格里高利十二世时就已经有意识地放弃教廷工作了(Luiso, pp. 63 - 64, n. 54)。

事实上,布鲁尼后来再也没回康斯坦茨。1417 年 11 月,马丁五世(Martin V)在康斯坦茨宗教大会上当选教皇,在 1419 年 2 月他暂居佛罗伦萨期间,布鲁尼还出任了教皇的秘书。[①] 不过这并没有占据布鲁尼太多的时间,教廷纪录里仅有两份当时由布鲁尼起草的公函。[②] 1420 年 9 月,当马丁五世离开佛罗伦萨回罗马时,布鲁尼拒绝了跟随教皇同回罗马。[③] 因此,布鲁尼最后为教廷服务的时间止于 1420 年。

然而,布鲁尼在 1411 年的决定却截然相反。布鲁尼当时刚被任命为佛罗伦萨国务秘书,但他还是决定辞职并陪同约翰二十三世回到罗马。与那时不同,布鲁尼在 1420 年时尽管没有工作(直至 1427 年才任国务秘书),但他还是推却了马丁五世抛出的橄榄枝[④],选择留在佛罗伦萨。布鲁尼之所以会做此决定,一方面是因为他当时已经成婚,其佛罗伦萨妻子已为他生下一个儿子;另一方面,布鲁尼很清楚佛罗伦萨与马

---

① 詹诺佐·曼内蒂(Giannozzo Manetti)是当时唯一一提到过布鲁尼曾为马丁五世工作过的人(*Oratio funebris in obitu Leonardi Aretini*, in Mehus 1: LXXXIX‐CXIV, esp. XCIV),但布鲁尼于 1419 年 3 月 15 日写给萨切蒂(Sacchetti)的信证实了曼内蒂的说法(Luiso IV: 17),并且在路易索发现的另外两封(分别写于 1420 年 2 月 29 日和 8 月 27 日)由布鲁尼为马丁五世起草的书信中(Luiso, p. 94, n. 60)也同样能够证实这种说法,参见 Hans Baron, "Leonardo Bruni: 'Professional Rhetorician' or 'Civic Humanist'?" p. 31, n. 23; Hans Baron, "The Year of Leonardo Bruni's Birth," pp. 595‐596。

② Reg. Vat. 349, 罗莎(Lucia Gualdo Rosa)将之标记为 fols. 37v, 86v(Luiso, p. 196, referring to p. 94, n. 60)。

③ 关于教皇马丁五世在佛罗伦萨逗留的具体日期,参见 Luiso, p. 93, n. 59;最晚在 1431 年时,有传闻说布鲁尼正在计划重回教廷工作。参见安德里亚·菲奥奇(Andrea Fiocchi)于 1431 年 9 月写给布鲁尼的信(Reg. Vat. 370, fol. 47v, published by G. Mercati, *Ultimi contributi alla storia degli umanisti*, Studi e testi no. 90, Vatican City, 1939, pp. 117‐118)。

④ Manetti, *Oratio Funebris*, in Mehus 1: XCVI.

丁五世的教廷之间分歧日益增大。① 至于经济方面,得益于约翰二十三世的慷慨大方②,布鲁尼已经积累了一笔可观的财富,加上佛罗伦萨政府决定减免布鲁尼很多税务,布鲁尼在经济方面游刃有余。③

除了获得纳税豁免权之外,布鲁尼还获批了佛罗伦萨公民权。布鲁尼在申请公民权时解释说,他希望有安全和闲暇,这样才能保障自己全身心地投入学术研究。④ 这种审批公民权的流程与其他法案一样,需要通过全套立法程序。首先,需要得到执政团(Signoria)及其顾问团的批准,接着,需要在人民大会(Council of the People)和公社大会(Council of the Commune)上获得大多数人的认可。布鲁尼最终于1416 年 6 月 26 日获批佛罗伦萨公民权。在政治方面获得如此多的有力支持,这极大地鼓舞了布鲁尼,他决心在佛罗伦萨继续自己的职业生涯。

与此同时,布鲁尼早已投身于学术工作中。在 1415 至 1416 年间,

① 布鲁尼在《时事评述》中带着骄傲之情记述了他是如何努力提醒教皇不要忘记自己对佛罗伦萨的亏欠(*Commentarius*, ed. Di Pierro, pp. 445 – 446)。

② 马丁内斯在《佛罗伦萨人文主义者的社会世界》(L. Martines, *The Social World of the Florentine Humanists*, Princeton, 1963, pp. 117 – 123)中分析了布鲁尼的财富情况,仅 1427 年的财产申报评估纪录(catasto)中布鲁尼填报的财产退税文件就长达 11 页;波焦在布鲁尼葬礼演说上提到过教皇约翰二十三世对布鲁尼的慷慨大方(*Oratio in funere Leonardi Aretini*, in Mehus 1: CXX – CXXI),曼内蒂也提到过布鲁尼很富有(1: XCVI)。

③ 1416 年 6 月 26 日发布的这条规定(provisione),参见 Emilio Santini, "Leonardo Bruni Aretino e i suoi *Historiarum Florentini pupuli libri XII*," pp. 5 – 6。

④ 布鲁尼生于阿雷佐,但后来佛罗伦萨吞并了阿雷佐,使得布鲁尼成为佛罗伦萨的臣民而非公民。我们要明白,布鲁尼在早期著作如《佛罗伦萨颂》中虽然表达了对佛罗伦萨的爱国主义情怀,但他当时根本还不是佛罗伦萨人。在教廷时,他常被称作"阿雷蒂诺的莱奥纳尔多"(Leonardus de Aretio)。1405 年底在写给萨卢塔蒂的一封信中(*Ep.*, ed. Mehus X: 5 = Luiso I: 12),布鲁尼说自己的名字应该写成"莱奥纳尔多·阿雷蒂诺"(Leonardus Aretinus),而不是"阿雷蒂诺的"(de Aretio)。布鲁尼在教廷期间,有意识地捍卫着自己阿雷佐的血统。

布鲁尼已写出了《西塞罗新传》。与之前布鲁尼翻译的普鲁塔克的其他人物传记不同,这部《西塞罗新传》对西塞罗这位历史人物做了全新的评估,其素材来源完全没有依赖普鲁塔克。起初,布鲁尼的写作动机是他想在原有的中世纪译本上做些改进,但后来布鲁尼发现自己越来越不满意普鲁塔克所写的内容。因此,布鲁尼转而寻找其他资料来源,比如萨卢斯特关于喀提林战争(Catilinarian war)的记述,以及西塞罗自己的演说,在此基础上塑造出一位"新西塞罗"(Cicero novus)。这标志着布鲁尼以史学家身份开始独立创作了。[①]

同年,布鲁尼还写了《佛罗伦萨人民史》(History of the Florentine People)第一卷。[②] 布鲁尼在这部著作中同样展现了自己的学术独立性,强调佛罗伦萨人民继承了伊特鲁里亚文明,以及佛罗伦萨建于罗马共和国时期的重要意义。[③] 1418 年,布鲁尼的《论曼图亚城的起源》(On the Origins of the City of Mantua)同样也是对传统观点提出了质疑,并强调伊特鲁里亚起源说。此外,布鲁尼关于第一次布匿战争的述评也创作于 1418 年,其目的是告诉佛罗伦萨人,罗马帝国是罗马共和国的产物,它如何起源自罗马战胜迦太基(Carthage)。布鲁尼将最近(1406 年)发生的佛罗伦萨征服比萨的战争比作罗马帝国与迦太基之间的战争,显然是为了表明佛罗伦萨以罗马为榜样,注定要开启征服四方的帝国路线。

在接下来的几年里,《佛罗伦萨人民史》的写作进度非常迅速,第二

---

① Fryde, "The Beginnings of Italian Humanist Historiography".

② 布鲁尼于 1416 年 1 月 2 日致信波焦(*Ep.*, ed. Mehus IV: 4 = Luiso IV: 4)。

③ 关于《佛罗伦萨人民史》第一卷中包含的政治思想的阐释,可参见 Donald J. Wilcox, *The Development of Florentine Humanist Historiography in the Fifteenth Century*, Cambridge, Mass., 1969, chap. 2。

卷于 1419 年,第三卷于 1420 年,第四卷于 1421 年,第五卷和第六卷在 1426 至 1428 年间完成。[①] 前六卷于 1429 年出版。

布鲁尼一边忙于创作历史著作,另一边也没有放弃自己的哲学兴趣。布鲁尼于 1417 至 1418 年间翻译完了亚里士多德的《尼各马可伦理学》,并于 1425 年写下了《道德哲学引论》。

15 世纪 20 年代,布鲁尼的另一部作品是《论文学研究》(*On the Study of Literature*),他关于人文主义教育理念的阐述成为经典。布鲁尼于 1421 年和 1422 年完成的两部作品在今天分别可以被归入经济学和社会学领域,但布鲁尼自己则认为那是道德哲学之作。在《论骑士》中,布鲁尼试图证明 miles(该拉丁术语在中世纪时被用来特指骑士)制度起源于古代,而非中世纪。在今人看来,布鲁尼的论证并没有什么说服力,但其目标很明确,布鲁尼是为了说服同时代的掌权者,尤其是为了向该书原来的敬献者里纳尔多·德利·阿尔比齐表明,他们应当时刻将自己视为人民公仆。

布鲁尼在同年完成的另一项工作是翻译了伪亚里士多德著作《家政学》,布鲁尼的译本取代了先前中世纪的经院版译本,更加通俗易懂。正如布鲁尼在致科西莫·德·美第奇的前言中所写,他希望人们明白亚里士多德的权威早就肯定了追求财富的意义。在该译本中,布鲁尼同样还肯定了婚姻的价值。

运用亚里士多德的权威来肯定世俗活动的价值,这种做法可以追

---

① Hans Baron, *Crisis*, 1955, p. 611, n. 14 and p. 618, n. 4。威尔克斯在《佛罗伦萨人文主义史学的发展》(Donald J. Wilcox, *The Development of Florentine Humanist Historiography in the Fifteenth Century*, p. 3, n. 7)中也接受了巴龙对于创作日期的推算;此外,乌尔曼在《布鲁尼与人文主义史学》(Ullman, "Leonardo Bruni and Humanist Historiography")中也谈到了《佛罗伦萨人民史》的创作历史。

溯至阿奎那。但布鲁尼并没有提出一种与这位经院哲学集大成者相悖的哲学观,而是运用了极具说服力的人文主义语言来为世俗生活辩护,他为意大利文艺复兴时期的统治阶级提供了另一种用于替代修道思想的、可敬的生活方式。

8 任佛罗伦萨国务秘书
(1427—1444 年)

在《时事评述》的结尾处,布鲁尼总结并肯定了自己所从事的公职工作。不过,如果让布鲁尼对自己那些年所从事的公职工作和学术工作权衡比重的话,不知他会如何评判。但如果从其创作的质和量两方面来看,学术工作无疑耗费了布鲁尼大部分的时间和精力。

1427 年底,布鲁尼就任公职后,他依然继续创作《斯特罗齐葬礼演说》。布鲁尼在该作品中充分表达了自己的共和主义思想,主张是佛罗伦萨政治自由之风气鼓励了人才创作。布鲁尼在 1436 年左右创作的《但丁传》中,运用历史的想象研究,成功地将但丁刻画成一位为国奋斗、为民服务的公民诗人。《彼特拉克传》也是该时期的作品,布鲁尼通过这两部传记,将但丁和彼特拉克加以对比。《斯特罗齐葬礼演说》《但丁传》《彼特拉克传》三部作品清晰地阐述了巴龙所谓的"公民人文主义"思想。

15 世纪 30 年代末是美第奇政权兴起的头几年,布鲁尼大多数时间都在从事希腊研究。他于 1418 年开始翻译《尼各马可伦理学》,1421年又着手翻译《家政学》(当时人们认为该著作的作者是亚里士多德),

随着《政治学》译本的收工，布鲁尼终于完成了亚里士多德道德哲学三部曲的翻译工作。布鲁尼在谈及《政治学》的书信中表明，他从研究亚氏政治现实中汲取了经验教训，进一步强化了他从工作经验中所学到的内容。

布鲁尼在评述色诺芬《希腊史》（*Hellenica*）时，分析了希腊城邦国家的命运。作为同向研究，布鲁尼于 1439 年左右用希腊语写成的《论佛罗伦萨的政制》进一步表明了布鲁尼在 1427 年时还抱有乐观共和主义思想。但到了 15 世纪 30 年代末，这一思想已经让位给了分析客观主义或怀疑论。

《佛罗伦萨人民史》后六卷也是布鲁尼在担任国务秘书期间创作的作品，时间跨度从 1343 年至 1402 年，正好涵盖了佛罗伦萨从雅典公爵僭政中获得解放，再到摆脱詹加莱亚佐·维斯孔蒂威胁的那段历史。①作为国务秘书，布鲁尼的工作是帮助佛罗伦萨在对抗詹加莱亚佐的儿子菲利波·马里亚·维斯孔蒂（Filippo Maria Visconti）的过程中维持自身地位。所以，布鲁尼一有空就研究佛罗伦萨在半个世纪以来成功享有自由的方法，这种共和自由精神自佛罗伦萨摆脱早期危机后达到了巅峰。

与此同时，布鲁尼开始记述他自己时代的事件。布鲁尼并没有提及他作为国务秘书的职责，或是关于政策上的争议（尽管我们可以从布鲁尼对卢卡战争的讨论中，大致知道当时有两种对立的政策），不过布鲁尼在评述中还是表明了他所认为的（或是他希望留给后人思索的）最难忘的事件。其中包括：1433 年皇帝西吉斯蒙德的加冕；1434 年至

---

① 巴龙指出："在整个文艺复兴早期，佛罗伦萨人民对于这两段历史事件的记忆塑造了他们的性格与思想。"参见 Hans Baron, *Crisis*, 1966, p. 42。

1443 年教皇尤金四世暂居佛罗伦萨；以及 1439 年召开的佛罗伦萨会议(Council of Florence)①，罗马教会和希腊教会实现了统一。不过这些关于教会和国家的最高事件并没有占据过多篇幅，因为佛罗伦萨与米兰之间的战争在持续进行，直至 1440 年安吉亚里战役(Anghiari)以佛罗伦萨大获全胜而告终。作为国务秘书，佛罗伦萨与米兰的较量可以说是布鲁尼所面临的关键问题。在布鲁尼看来，要想把握好当时发生的各类五花八门的事件，取决于能否将它们与关键问题联系起来。

1414 年那不勒斯国王拉迪斯劳逝世后，菲利波治下的米兰(菲利波于 1412 年至 1447 年任米兰公爵)成为佛罗伦萨最强劲的敌手，这与之前 1378 年至 1402 年菲利波的父亲詹加莱亚佐统治时期的情况差不多。1422 年，佛罗伦萨人民与菲利波达成了协议，双方同意各自在自己的领域范围内行使权力，佛罗伦萨在托斯卡纳，米兰则在伦巴第大区。但菲利波继而占领了弗利(Forlì)和伊莫拉(Imola)，从佛罗伦萨翻过了亚平宁山脉，并于 1424 年 7 月 24 日在扎戈纳拉(Zagonara)击败了佛罗伦萨。布鲁尼将当时他所看到的形势背景描述为：

> 佛罗伦萨人民此刻还在继续抵抗米兰公爵菲利波的战争。菲利波已经变得非常强大，他轻而易举地恢复了其父亲时期的权力，将热那亚(Genoa)也纳入囊中。无论是在海上还是陆上，菲利波都是那么强大可怕，他手下有众多杰出的将领以及一支庞大的骑兵团，他似乎正在计划着抢占弗利和伊莫拉。抵抗米兰的战争已

---

① 1439 年至 1445 年在佛罗伦萨举行的天主教会议，与巴塞尔会议、费拉拉会议合称天主教第十七次公会议。——中译者注

经打响。然而佛罗伦萨派去扎戈纳拉的军力被打败了。敌人乘胜
追击,菲利波手下的将军们占领了很多在亚平宁原本属于佛罗伦
萨的地盘。[1]

佛罗伦萨只得赶紧与威尼斯结盟,而在此后 20 多年里,威尼斯一
直都是佛罗伦萨外交政策中的关键一步。双方结盟很快就有了成效:
1426 年,威尼斯的雇佣兵队长卡尔马约拉(Carmagnola)从菲利波手
中成功夺回了布雷西亚(Brescia)的控制权,并劝诱菲利波于 1428 年 4
月在费拉拉(Ferrara)签订了一个有利于威尼斯的和平协议。[2]

布鲁尼此时(1427 年 12 月)已经开始了佛罗伦萨国务秘书的工
作[3],这并不算是一个开启政治生涯的好时机。战争需要巨额开销,为
了支付战争费用,佛罗伦萨政府想出一个罕见的权宜之计,在对佛罗伦
萨市民及其属民的房产和个人财产进行详细的评估后,决定据此加征
财富税。[4] 这直接导致了属地沃尔泰拉(Volterra)人民的反叛,也成为
布鲁尼上任后遇到的第一个大难题。

为了镇压沃尔泰拉叛乱,佛罗伦萨政府派出了雇佣兵队长尼科

---

① *Commentarius*, ed. Di Pierro, p. 447.

② Gutkind, *Cosimo de' Medici*, p. 142; Perrens, *Histoire de Florence depuis ses
origins jusqu'à la domination des Médicis*, Paris, 1877 - 1883, 6: 303; Bayley, *War
and Society in Renaissance Florence: The "De Militia" of Leonardo Bruni*, Toronto,
1961, p. 95.

③ 关于佛罗伦萨国务秘书一职的职责以及在布鲁尼任职时期该职务的改革情况,
可参见 Demetrio Marzi, *La Cancelleria fiorentina*, Rocca San Casciano, 1910,
pp. 188 -198;关于布鲁尼正式进入佛罗伦萨政府任职的时间,马尔茨指出,显然在 1427
年 11 月 27 日举办过一场临时选举,并于次月有一场最终选举(p. 190)。

④ 关于财产评估情况(catasto),可参见 Herlihy and Klapisch-Zuber, *Les to-
scans*。

洛·达·福特布拉乔(Niccolò da Fortebraccio),他在沃尔泰拉成功重建了佛罗伦萨的权威。于是,佛罗伦萨决定取消沃尔泰拉人民在过去享有的相对自治权,包括他们对近郊领地(contado)的控制权。几年后,在1431年,佛罗伦萨政府授权布鲁尼通知沃尔泰拉人民,重新恢复了他们的特权。[①]

镇压沃尔泰拉反叛导致了佛罗伦萨与邻邦卢卡之间的战争。由于福特布拉乔已经完成了佛罗伦萨派给他的任务,但又不愿意接受佛罗伦萨就此削减对他的经济支援,所以福特布拉乔对卢卡的领地发起了突袭。佛罗伦萨执政团中一些审慎睿智的首长试图劝阻福特布拉乔的行动,然而盲目爱国的佛罗伦萨民众却热情高涨,对执政团的劝说和忠告丝毫不予理睬。

一个多世纪以来,卢卡始终都是佛罗伦萨人民野心勃勃的目标。即便是审慎的布鲁尼也认为吞并卢卡是佛罗伦萨外交政策中合乎自然的目标。[②] 然而,作为国务秘书的布鲁尼必须要为佛罗伦萨政府的所作

---

① 1431年,布鲁尼以国务秘书身份代表佛罗伦萨执政团起草了一封给沃尔泰拉人民的公文,内容为希望沃尔泰拉人民能重新忠诚于佛罗伦萨政府。诸多文献中都有该公文的副本,包括佛罗伦萨和中央国家图书馆(MS. II.II.76, fols. 46v–47r)。

② 布鲁尼在《佛罗伦萨人民史》第六卷开篇就记录了一位名叫皮尼奥·托萨(Pinio Tosa)的佛罗伦萨骑士的演讲,他主张应该立刻吞并卢卡,当时是1329年,布鲁尼随后评述道:"然而,佛罗伦萨人摒弃了皮尼奥的主张,部分是出于嫉妒,部分是畏惧出兵的成本。他们错误地相信佛罗伦萨根本不用费一兵一卒就能拿下卢卡。在一番持久争论后,佛罗伦萨人做了错误的判断,放弃了(吞并卢卡)这项未尽之事业。"尽管这些内容是布鲁尼早期写的,但值得注意的是,根据乌尔曼研究,《佛罗伦萨人民史》第六卷出版于1429年,当时布鲁尼已任国务秘书,而佛罗伦萨正在展开另一场对卢卡的战争。布鲁尼随后描述了卢卡是如何逃脱了佛罗伦萨的掌控,他写道,仿佛这就是某种命运,卢卡注定会成为另一场冲突火药桶,"因为卢卡,佛罗伦萨人投身于伦巴第的战争。同样,又是为了卢卡,佛罗伦萨人与马斯迪诺·德拉·斯卡拉(Mastino della Scala)开战。仍然是为了这个卢卡,佛罗伦萨随后又与比萨爆发战争……"参见 E. Santini ed., *Rerum italicarum scriptores*, Città di Castello, 1914, pp. 141, 149。

所为辩护。在面对挑起卢卡战争的问题上,他把一切责任都归咎于民众,坚决认为执政团和自己都是反对进攻卢卡的。

然而,菲利波·马里亚·维斯孔蒂从伦巴第派来的雇佣兵队长却屡屡挫败了佛罗伦萨的侵略野心,先是弗朗切斯科·斯福尔扎,后来又派了尼科洛·皮奇尼诺(Niccolò Piccinino)。所以,本来一开始是进攻卢卡的战争,到后来却转变成了佛罗伦萨与米兰之间的新战争。

1432 年,佛罗伦萨在圣罗马诺(San Romano)战役中击败米兰与锡耶纳的军队,从而弥补了佛罗伦萨在卢卡战争中的失利。[1] 双方于 1433 年 5 月达成和平协议。[2] 6 月,布鲁尼代表佛罗伦萨执政团发表致辞,赞誉胜利归来的佛罗伦萨军队指挥官尼科洛·达·托伦蒂诺(Niccolò da Tolentino)。谈及"崇高且辉煌的胜利"时,布鲁尼动情地说道:

> 那一天,这座城市才算真正开始从长久的苦难中得以解脱,重新获得生机与活力,找到了真知与希望。[3]

"主战派"的领导人是里纳尔多·德利·阿尔比齐,但托伦蒂诺是美第奇派系的人。[4] 科西莫的势力日益强盛,再加上有托伦蒂诺军事力量的支持,科西莫愈发成为里纳尔多的眼中钉。1433 年 9 月 7 日,

---

[1] G. Griffiths, "The Political Significance of Uccello's *Battle of San Romano*," *Journal of the Warburg and Courtauld Institutes* 41, 1978, pp. 313 - 316.

[2] 关于 1433 年 4 月 26 日缔结的《费拉拉和平协议》(Peace of Ferrara),可参见 Bayley, *War and Society in Renaissance*, p. 109。

[3] 布鲁尼歌颂托伦蒂诺的颂词,参见 Oreste Gamurini ed., *Orazione di Leonardo Bruni Aretino detta a Nicolò da Tolentino*, Florence, 1877。

[4] 关于托伦蒂诺是美第奇派系的人的证据,参见 G. Griffiths, "The Political Significance of Uccello's *Battle of San Romano*," p. 315。

科西莫被俘，从 1433 年 9 月至次年 9 月，科西莫一整年都被流放至威尼斯。

与此同时，教皇尤金四世被赶出罗马，于 1434 年来到佛罗伦萨。教皇努力想要收复博洛尼亚，这导致佛罗伦萨再度卷入与米兰的纷争中。佛罗伦萨派托伦蒂诺翻过亚平宁山，对抗米兰的雇佣兵队长皮奇尼诺。托伦蒂诺被迫参与了伊莫拉战役，不幸于 1434 年 8 月 28 日被俘，沦为米兰公爵的阶下囚，其死因甚是蹊跷。至此，里纳尔多和菲利波都不必再担心这位有科西莫做靠山，并且得到布鲁尼赞誉的雇佣兵队长了。[1]

科西莫在被流放一年后重返佛罗伦萨，他将反美第奇派的主要领导成员统统处以长期流放，以此确保对佛罗伦萨城的掌控。然而，这场大规模的肃清行动并没有影响到布鲁尼继续担任其国务秘书一职。毕竟布鲁尼本来就不是佛罗伦萨古老家族中的成员，他作为国务秘书的日常职责也不过就是名公务员，受雇执行命令，而非政策的制定者。布鲁尼在过去确实扶持过阿尔比齐家族，但他同样也扶持过美第奇家族。[2] 里纳尔多在放逐科西莫的时候，认为没有必要解雇布鲁尼。科西莫在放逐里纳尔多的时候，同样也认为没有理由解雇布鲁尼。相反，科西莫在与布鲁尼长期接触后明白，布鲁尼是值得他信任和依靠的人。

直至 1444 年去世前，布鲁尼一直都担任国务秘书，但他的名字却

---

[1]　G. Griffiths, "The Political Significance of Uccello's *Battle of San Romano*," p. 315.

[2]　布鲁尼将自己翻译的亚里士多德《家政学》(1421 年) 和柏拉图的《书简》(1427 年) 敬献给科西莫·德·美第奇，但将《论骑士》(1421 年 12 月) 敬献给了里纳尔多·德利·阿尔比齐。

很少出现在佛罗伦萨外交政策的记述中。① 布鲁尼似乎并没有在佛罗伦萨政府中扮演独当一面的重要角色，否则不可能连他的朋友或后世作家都侦察不到。

不过仔细研究档案后可知，科西莫在处理外交关系上赋予布鲁尼的职权远比我们通常认为的要多得多。马尔茨指出，至少在布鲁尼晚年，他所受到的重用是萨卢塔蒂当年无法比拟的。② 布鲁尼在政治判断上有很大的话语权，这或许与他经济地位和社会地位的迅速提升有关。③ 在《时事评述》中，布鲁尼公开表明了自己的地位。自皮奇尼诺于1440 年威胁到佛罗伦萨安全，造成危机之后，布鲁尼说他自己就被安排加入了战事十人委员会（ Council of Ten ），与"重要人物们"一起负责指挥佛罗伦萨的军事行动。危机时刻容不得平庸之辈，佛罗伦萨需要最"杰出者"承担起责任。④ 其中包括内里·卡博尼（ Neri Capponi ）、科西

---

① 可参见波焦、曼内蒂在布鲁尼葬礼上的演说；卡瓦尔坎蒂（ Giovanni Cavalcanti ）的《佛罗伦萨史》（ Istorie fiorentine ）；马基雅维利的《佛罗伦萨史》；阿米拉托（ Scipione Ammirato ）的《佛罗伦萨史》；佩伦斯（ F. T. Perrens ）的《佛罗伦萨史》；古特坎的《科西莫·德·美第奇：国父》（ Cosimo de' Medici, pater patriae, Oxford, 1938 ）；贝利的《战争与社会》。关于该时期外交政策较为全面的论述，参见 Bayley, War and Society in Renaissance, pp. 59 - 177。

② 马尔茨将布鲁尼荣获的权威与前任国务秘书的稍显谦卑加以对比，他写道："萨卢塔蒂德高望重，但他从来不会踏出国务秘书办公室半步去提供建议；他也从来不会直接置身于政治事务中。"（ Marzi, Cancelleria della Repubblica fiorentina, p. 192 ）布鲁尼在职期间，从国务秘书处共派发出的四卷公文现存于佛罗伦萨，其中三卷在国家档案馆，分别是 Missive Ia Cancelleria, 32 (1428 - 1429), 33 (1429 - 1434), 35 (formerly 34, 1434 -1437)。另一卷在国家中央图书馆，MS. Panciatichiano 148，包含了1434 年至1444 年间从国务秘书处派发的公文。若要对布鲁尼任国务秘书时所发挥的影响力予以恰当评价，则有待对这些公文做进一步详细的分析，包括他对佛罗伦萨大使的指导建议，以及对其他与佛罗伦萨外交政策相关文件的深入分析。

③ 马丁内斯分析了布鲁尼快速积聚的财富（ Martines, The Social World, pp. 117 - 123 ），指出布鲁尼先是入赘富裕家庭（ p. 199 ），并于1431 年成功安排其子与富裕、尊贵、古老的佛罗伦萨卡斯特拉尼（ Castellani ）家族联姻（ pp. 200 f. ）。

④ Commentarius, ed. Di Pierro, p. 456.

莫·德·美第奇和安哲罗·阿恰约利（Angelo Acciaiuoli）。事实上，这
是布鲁尼第二次进入战事十人委员会。波焦在布鲁尼葬礼演说上特意
强调了布鲁尼生前是何等官居要职：他不仅两次出任战事十人委员，而
且他还曾经三次成为圭尔夫派十六人旗手团成员，一次进入了执政团。
据波焦看来，如果布鲁尼能活得再久一点的话，他将会被选为佛罗伦萨
最高首脑"正义旗手"（Standard Bearer of Justice）。[①]

当皮奇尼诺离开佛罗伦萨，前往位于阿诺河上游的卡森蒂诺
（Casentinuo）后，佛罗伦萨的危机才稍微得以缓和。在卡森蒂诺波皮
（Poppi）的伯爵是最后一批反对并入佛罗伦萨的封建领主（feudal
hold-outs），他们答应皮奇尼诺会支持他。战争在安吉亚里城附近达到
白热化。内里·卡博尼率领佛罗伦萨军队，加上教皇军的增援，占据了
有利的防御地形。皮奇尼诺的进攻注定了他将以失败告终。据布鲁尼
记述，倘若佛罗伦萨及其盟军乘胜追击的话，皮奇尼诺的部队恐怕将全
军覆没。在挫败了波皮伯爵后，佛罗伦萨顺理成章地拿下了卡森蒂诺，
该地此前从来都不是佛罗伦萨的领地。况且这一仗打完，佛罗伦萨人
民终于摆脱了近20年来始终困扰他们的米兰威胁。

布鲁尼把安吉亚里战役作为《时事评述》的完美收官，他希望后人
能认为其政治生涯也像这场胜仗一样圆满结束。如果从古罗马对外征
服的规模上来看，这次胜利看似微不足道，但对于佛罗伦萨城邦而言，
获得对阿诺河上游的控制权无疑为城邦安全提供了重要的保障。布鲁
尼自豪地认为，这次胜利应归功于他所在的战事十人委员会。

安吉亚里战役的胜利也使得科西莫不必再害怕里纳尔多会颠覆其

---

① Poggio, *Oratio in funere Leonardi Aretini*.

政权,因为里纳尔多将他的未来孤注一掷地赌在米兰公爵身上,认为米兰会获胜。有意思的是,布鲁尼在记述安吉亚里战役时甚至都没有提及里纳尔多也在场。显然,布鲁尼并没认识到安吉亚里战役巩固了美第奇政权;与之相反,布鲁尼认为这是佛罗伦萨共和国的胜利,因为它帮助佛罗伦萨解除了限制其自由的外部危机,此后的佛罗伦萨将享受共和自由的氛围。在打败米兰后,美第奇家族起初也确实放松了对佛罗伦萨的控制①,但布鲁尼并不知晓,这种宽松的政治氛围不过是暂时而已。

9 布鲁尼的声望

布鲁尼逝世时,《名人传》(*Lives of Illustrious Men*)的作者韦斯帕夏诺·达·比斯蒂齐年仅 23 岁,但他还是留下了一段弥足珍贵的描述:

> 莱奥纳尔多先生深沉稳重,他身形不高,偏中等身材。他身披一件带厚重圆帽的披风,长度几乎拖曳到地上,衬里袖子翻卷向上,披风外面还加了一件非常长的玫瑰色斗篷,头上则戴了一顶同样是玫瑰色的圆帽,帽檐翻边很合时尚。他沿街踱步,步态沉稳。他非常和善亲切,了解许多有关马格纳(**Magna**)的趣闻轶事,他曾随委员会一起去过那里。他少言寡语,但对那些他认为值得信赖

---

① N. Rubinstein, *The Government of Florence Under The Medici 1434 – 1494*, Oxford, 1997, p. 16.

的人却格外热情。他脾气易怒，时常发火，但很快又会平复下来。①

严肃、和善、着装讲究、保守但随和，易怒但睿智，这就是与布鲁尼同时代的人对他的评价。波焦认为，布鲁尼在他人看来比较忧郁和难处，不过波焦进一步补充说，这些不过是布鲁尼性格上天生的缺陷，而他所具备的德性完全能够掩盖这些缺陷。② 布鲁尼在持续脑力劳动方面有着惊人的能力。他为人绝对忠诚，经济上精打细算，谦卑甚至有些过度的自制。布鲁尼偶尔也会表现出幽默风趣，最重要的是，他自始至终都在为不朽之名竭力奋斗。

　　毋庸置疑，布鲁尼早年艰苦的生活影响了他的性格。由于故乡阿雷佐城政治局势动荡，布鲁尼延迟入学，这也是为何布鲁尼完成全部学业后，其年龄要远大于其他同学。在此期间，虽然布鲁尼并不是完全没有经济来源，但即便是 1405 年被任命为教皇秘书后，布鲁尼在很长一段时间里依旧过着经济无保障的艰难岁月。或许是长期以来不得不自力更生的贫苦生活，加上随后仰人鼻息的日子，促使布鲁尼日后在性格上尤其自傲与自控，为人处世和蔼但矜持，并且尊重权威。此外，布鲁尼的性格在很大程度上还受到了萨卢塔蒂的影响。布鲁尼以尊贵的萨卢塔蒂为榜样，视其为"父亲"，根据布鲁尼对古罗马人美德的定义，在萨卢塔蒂身上具备严谨、道德正直、独立自强、庄重等最主要的性格特征。

　　要了解布鲁尼及其作为文学人物的形象，最好的方式就是看一看与布鲁尼同时代的人是如何在葬礼上赋予他哀荣。

---

　　① *Vite*, ed. Greco, 1: 479; 此处"马格纳"指布鲁尼参加康斯坦茨公会议时顺带旅游之地。

　　② *Oratio in funere Leonardi Aretini*, ed. Mehus 1: CXVL.

　　1444 年 3 月 14 日,布鲁尼在佛罗伦萨逝世。根据五年前立下的
遗嘱,布鲁尼表示如果他逝于佛罗伦萨,他希望生后被葬在圣十字大教
堂(Santa Croce),找一块与他身份相配的地方,素色大理石陵墓,无需
浮华。[①] 布鲁尼在一封信中提过,自己有次偶遇一辆满载着大理石雕像
和柱子的货车,这些东西都是用于他在教廷认识的一位同僚的墓[②],布
鲁尼认为,装饰华丽的陵墓象征着虚荣和荒谬。

　　我们在圣克罗齐看到的布鲁尼之墓绝不浮华,但也没有过于简单。
佛罗伦萨执政团委派美第奇宫的建筑师伯尔纳多·卢塞利诺(Bernar-
do Rossellino)来设计布鲁尼的墓,其古典风格简约但不失优雅,非常切
题,因而成为文艺复兴时期陵墓之典范。

　　布鲁尼的葬礼是一场精心安排的公共仪式,多位见证人都记录下了
当天的情景。诗人纳尔杜斯·纳尔迪乌斯(Naldus Naldius)记述道:

　　　　有些饱学之士建议人们在布鲁尼的葬礼上重新采用很久以前
　　古人常用的葬礼仪式。鉴于布鲁尼天赋异禀和博学多才,他应当
　　被授予桂冠,在集会前人们还应当为布鲁尼举办葬礼演说,以回顾
　　并赞誉其生平往昔。这样做不仅能让布鲁尼名垂千古,同时也能
　　激励听众们为荣誉奋斗。称颂布鲁尼的任务落在了詹诺佐·曼内

---

　　① Vito R. Giustiniani, "Il testament di Leonardo Bruni," *Rinascimento*, n.s., 4,
1964, pp. 259 - 264;在布鲁尼的葬礼上,人们在向上帝和圣母玛利亚赞许完布鲁尼的灵
魂后说道:"布鲁尼生前希望自己死后能被埋在佛罗伦萨的圣克罗齐教堂,在一处与他身
份相适宜的地方安放陵墓,墓碑为素色大理石造,无需浮华;但是如果他逝于阿雷佐城,抑
或逝于在阿雷佐领地上他所拥有的宅子中,那么布鲁尼希望自己能被埋葬在阿雷佐的圣
马利亚德尔波波罗教堂(Santa Maria del Popolo),用素色大理石为他专门打造一块新墓
置于适宜之地,上面简短地刻上他的名字。"(pp. 260 - 261)
　　② 布鲁尼 1431 年致信波焦(*Ep.*, ed. Mehus VI: 5 = Luiso VI: 6)。

蒂身上,他写的演说辞内容丰富且优雅。曼内蒂站在灵柩前方进行葬礼演说,布鲁尼身着深红色的绸衣安详地躺着,胸口捧着他的荣誉之作《佛罗伦萨人民史》。当曼内蒂在演说中说道,至高的荣誉将被授予布鲁尼,作为对其杰出美德的嘉奖,布鲁尼将获桂冠时,演说者亲手将桂冠放置在布鲁尼头上,阿波罗花环紧扣于布鲁尼的额头上,在场所有人都默默注视着……有很多大使都参加了布鲁尼的葬礼,他们是由各国君主以及罗马教皇派来的,当时他们都逗留在佛罗伦萨。此外,代表教廷出席葬礼的所有饱学之士也都仔细聆听着曼内蒂的演说……①

波焦在布鲁尼的葬礼演说上,称他为"我们的时代以及众学者中最璀璨的星辰"②。曼内蒂在演说中,视布鲁尼与佛罗伦萨最伟大的文学三杰,即克劳狄安(Claudian)、彼特拉克和萨卢塔蒂,同等重要。③ 还有保罗·科特西,尽管这一位的名声随时间推移逐渐被淡忘,但科特西曾经也是佛罗伦萨文化圈的一员。科特西认为,布鲁尼著作的措辞还未能完全达到西塞罗的水准,不过他依然肯定了布鲁尼对复兴古拉丁语,尤其是散文韵律方面所做的贡献。韦斯帕夏诺赞誉布鲁尼是那个时代最伟大的人物之一,并且也肯定了布鲁尼在复兴拉丁语方面做出的巨大贡献。

显然,至少在佛罗伦萨,布鲁尼被视为那个时代的伟人,当然他也是最伟大的文人之一,其原因显而易见。布鲁尼重建的措辞用语是当时所有高水平作品效仿的典范。布鲁尼也是那个时代最高产的作家。

---

① *Vita Janoctii Manetti*, quoted by Mehus 1: XLVI - XLVII.
② *Oratio in funere Leonardi Aretini*, in Mehus 1: CXVI.
③ *Oratio in funere Leonardi Aretini*, in Mehus 1: CXIV.

布鲁尼生命中大部分时间都在书写佛罗伦萨——这座"收养"他的城市的历史,他的史作能够与李维的罗马史比肩。此外,布鲁尼还积极投身政治生活,他是佛罗伦萨的国务秘书,多年来始终都是佛罗伦萨在全世界面前的代言人。

然而,布鲁尼的名气早已不仅局限于佛罗伦萨,他是国际性的知名人物。韦斯帕夏诺指出,布鲁尼的声望享誉意大利境内外,甚至传到了英格兰,许多法国人和西班牙人远道而来,特意为了拜会布鲁尼。[①] 布鲁尼是好几任教皇身边的亲信,他的通信对象全都是当时显赫之辈,包括阿拉贡国王阿方索(King Alfonso of Aragon)、卡斯蒂利亚国王约翰二世(King John II of Castile)、格洛斯特公爵汉弗莱(Duke Humphrey of Gloucester),以及米兰大主教皮佐帕索(Pizolpasso)和博洛尼亚大主教阿尔贝加蒂(Albergati)等著名的君主和教士。此外,几乎全意大利的有识之士都与布鲁尼有通信往来,比如维罗纳的瓜里诺(Guarino Veronese)、皮埃尔·坎迪多·德琴布里奥(Pier Candido Decembrio)、弗拉维奥·比昂多、安科纳的西里亚克(Ciriaco d'Ancona)以及弗朗切斯科·菲勒尔福(Francesco Filelfo)。埃涅阿斯·西尔维乌斯(Aeneas Silvius),即后来的教皇庇护二世(Pius II)在略述布鲁尼生平时,他在列举了诸多当时的名人后(包括上述的所有人)总结道:"约翰·拉斯卡里斯(John Lascaris)和安东尼奥·帕诺米塔(Antonio Panormita)这两位都是大名鼎鼎的人物,但布鲁尼的名气却盖过了他们所有人。"[②]

---

① *Vite*, ed. Greco, 1: 478.
② *De viris illustribus*, ed. Graziosi, p. 24.

　　此外，布鲁尼著作抄本的传播情况同样也能够反映出他的重要性和影响力。对于文人而言，著作销量是最真挚的嘉奖。据权威统计，布鲁尼是 15 世纪最畅销的作者。[①] 据比韦斯帕夏诺记录，在佛罗伦萨有专门的抄书团受雇抄写布鲁尼的著作，并且从未间断，这些抄本被销往佛罗伦萨内外。[②] 抄本数量已经充分证实了韦斯帕夏诺的说法。布鲁尼有三本著作保存完好，每本著作的抄本大致有两三百本左右，远超出文艺复兴时期任何一部作品。[③] 布鲁尼所有著作的抄本数量无疑是数以千计，令文艺复兴时期其他作者都望尘莫及。

　　布鲁尼的著作无论从哪方面来看，都堪称文学作品中的成功典范。布鲁尼的著作被人们广泛选编收录[④]、评述[⑤]、用于讲座资料[⑥]以及被视

---

　　① 根据克里斯特勒的研究，将 *Iter Italicum*（Leiden, 1963－1967）前两卷索引中布鲁尼名下的条目与其他人文主义者名下的条目加以比较，便可得此结论。

　　② *Vite*, ed. Greco, 1: 478.

　　③ 约瑟夫·索德克（Josef Soudek）对布鲁尼翻译的伪亚里士多德《家政学》译作进行抄本普查后，罗列出该译作有 231 部抄本（Soudek, "Leonardo Bruni and His Public," with addenda in "A Fifteentli-century Humanist Bestseller"）；叔坎罗列出 306 部布鲁尼翻译的圣巴塞尔《敬告青少年》（*Epistola ad adolescentes*）的抄本（L. Schucan, *Das Nachleben*）；韩金斯对文艺复兴时期柏拉图著作拉丁译本进行抄本普查后，罗列出至少有 232 部抄本都包含了布鲁尼翻译的柏拉图对话录。

　　④ 将布鲁尼著作收录在内的文选集，可参见 L. Bertalot, *Eine humanistische Anthologie*, Berlin, 1908; reprinted reprinted in his *Studien*；Sesto Prete, *Two Humanistic Anthologies*, Studi e testi no. 230, Vatican City, 1964。

　　⑤ 参见约翰·道格（Jone Doget）关于布鲁尼《裴多篇》译著的评述（London, British Library, Add. MS 10344）；索德克罗列了布鲁尼版伪亚里士多德《家政学》译著的评述（Soudek, "Leonardo Bruni and His Public," p. 136）；关于布鲁尼翻译的《伦理学》的评述可参见 Bertalot, *Studien*, 2: 274。另外在那不勒斯国家图书馆还发现了布鲁尼《伦理学》译著的匿名版评述（MS. VIII.G.12, fols. 3v－87v）。

　　⑥ 波利齐亚诺（Poliziano）的学生在上亚里士多德道德哲学讲座课时使用的显然是布鲁尼版《家政学》译本，参见 Soudek, "Leonardo Bruni and His Public," p. 77。关于布鲁尼翻译的圣巴塞尔《敬告青少年》译本的使用情况，可参见 Schucan, *Das Nachleben*, pp. 86－89。根据布鲁尼自己的说法，其翻译的《伦理学》被用作大学教科书。

为写作的标准范式①。它们被译成多国语言，包括意大利语、法语、英语、德语，尤其是西班牙语。在大学和人文主义学校，无论文化水平高低，都规定一律要学习布鲁尼的作品。②

即便印刷术被发明之后，布鲁尼的声望依旧持续不减。③ 他的历史著作被多次加印，无论是拉丁文原版还是白话文翻译版。④ 他的《书信集》至少被印了 7 次，《论文学研究》被印了 5 次，《对话集》和《反对伪君子的演说》（Oration against the Hypocrites）至少各印了一次。布鲁尼翻译的亚里士多德道德哲学著作三部曲：《政治学》《家政学》《尼各马可伦理学》或许是布鲁尼最畅销的作品⑤，大有取代中世纪译本之势，这些译作有时候与布鲁尼的《道德哲学引论》一起，甚至有时候与经院哲学评注放在一起印。⑥

---

① 15 世纪英格兰地区将布鲁尼著作视为写作风格的典范，参见 Roberto Weiss, "Leonardo Bruni Aretino and Early English Humanism," *Modern Language Review* 36, 1941, pp. 443‒448。

② 可参见索德克和叔坎在上述文章中对布鲁尼著作的读者情况分析。

③ 本段落中的数据统计汇总根据如下目录得出：英国博物馆《印刷书籍总目录》（*General Catalogue of Printed Books*, Lodon, 1965 ‒）；巴黎国家图书馆《印刷书籍总目录》（*Catalogue général des livres imprimés*, Paris, 1897 ‒）；马德里国家图书馆《16 至 18 世纪西班牙图书馆馆藏印刷品总目录》（*Catálogo colectivo de obras impresas en los siglos XVI al XVIII existentes en las bibliotecas Españoles*, Madrid, 1972 ‒）；普普士图书馆总目录《意大利图书馆首目录》（*Primo catalogo collective delle biblioteche italiane*, Rome, 1962 ‒）；《印刷书籍总目录》（*Gesamtkatalog der Wiegendrucke*, Leipzig, 1925 ‒ 1940; Berlin, 1931）；上述目录基本覆盖了 15、16 世纪绝大部分的印刷作品，但所有数据只是暂定的。

④ 布鲁尼著作《意大利之歌》（*De bello italico*）被加印 5 次；《布匿战争》（*De bello punico*）加印 11 次；《佛罗伦萨人民史》（*Historiae Florentini populi*）加印 3 次。

⑤ 布鲁尼翻译的《尼各马可伦理学》印刷 21 次；《家政学》14 次；《政治学》17 次。

⑥ 例如，布鲁尼的《政治学》译本与阿奎那评注本同印过至少 5 次，分别为 1492 年在罗马，1500、1558、1568 和 1595 年在威尼斯；还与经院哲学家费迪南·德·罗亚（Ferdinand de Roa）评注本同印过一次（1501 年在萨拉曼卡）。参见 Soudek, "Leonardo Bruni and His Public," pp. 90 f.。

  然而，自 16 世纪中叶起，人们对布鲁尼著作的兴趣骤减，至少就印刷数量上来看是这样的。自那以后，布鲁尼研究似乎完全过气了。在 17 世纪的法国、18 世纪初的汉堡和法兰克福，以及法国大革命前夕的托斯卡纳学院等地，只有少数人在关心布鲁尼。[1] 总体而言，布鲁尼的大名基本上已经无人问津，直至 19 世纪晚期意大利民族主义运动兴起后，人们才重新燃起了对文艺复兴时期意大利人文主义者的研究兴趣。

  到底是什么原因造成了 16 世纪中叶起布鲁尼人气骤降？时代的变化使得人们不再与布鲁尼的思想观点趋同。在那个权力崇拜和绝对主义的时代，人们更愿意聆听马基雅维利的犀利忠告，而不是沉浸在布鲁尼的共和主义情感中。布鲁尼的思想观点显然已不再符合时代需要。布鲁尼的拉丁语在他那个时代是佼佼者，但到了 16 世纪初，即便是小学生都能指出其拉丁语语法上的谬误。[2] 布鲁尼的译作是其声名远扬的基础，但随着人们对希腊语文献和文化知识的不断增加，更优秀的译作取代了布鲁尼译本。[3] 布鲁尼的教育理念与后继者们精心设计并经过测试的理念相较，也显得粗糙不堪。简言之，布鲁尼已成为过往。

  然而，布鲁尼不该就此遭世人遗忘。如果说 16 世纪的人们都是更

----

① 米乌斯(Lorenzo Mehus)是科尔托纳伊特鲁斯坎学院(Academia Etrusca)的成员，其整编的布鲁尼书信集沿用至今，克鲁斯卡学院(Accademia della Crusca)在重印但丁《神曲》时，一并重印了布鲁尼的《但丁传》。

② 最典型的评价出自伊拉斯谟在《西塞罗》(Ciceronianus)中的对话者之口，他评价道："布鲁尼在措辞方面简洁利落，几乎与西塞罗比肩，但其语言风格缺乏活力。在某些地方，他鲜有保留住罗马人演说语言的纯正。不过，布鲁尼仍是一位优秀的博学者。"参见 P. Mesnard ed., *Opera Omnia Des. Erasmi*, vol. 1, pt. 2, Amsterdam, 1971, p. 662。

③ 布鲁尼翻译的《尼各马可伦理学》后来被阿伊罗普洛斯(Argyropoulos)的译本所取代，参见 Bertalot, *Studien*, 2: 274；布鲁尼翻译的《政治学》则被皮埃尔·韦托利(Pier Vettori)和丹尼斯·兰宾(Denys Lambin)的译本取代。

加出色的拉丁语学家,那是因为布鲁尼教会了他们模仿的技巧;如果说布鲁尼的《佛罗伦萨人民史》被马基雅维利的著作取代,那也是因为马基雅维利的史书建立在布鲁尼的基础之上;如果说布鲁尼的译作在后人面前相形见绌,那同样也是因为布鲁尼向他们展示了翻译的技巧。正所谓"前人栽树后人乘凉",布鲁尼已经铺垫好了"知识大道",后人不过是在其基础上加以改进而已。

政治论说

导读①

1 布鲁尼与修辞术

　　布鲁尼将演说和书信都视为表达其政治思想的工具。布鲁尼最具代表性的演说作品有《佛罗伦萨颂》和《斯特罗齐葬礼演说》。布鲁尼认为,相较于演说,书信体的形式更便于呈现政治分析,代表性的书信著作有《论骑士》《驳对佛罗伦萨人民进攻卢卡的批判》《论佛罗伦萨的政制》,以及与翻译亚里士多德《政治学》相关的一系列书信。

　　在演说类作品中,布鲁尼运用的是古人所界定的修辞艺术。为了便于理解布鲁尼与古人所谓的修辞之意,我们首先应当从脑海中摒弃现代观念中对"修辞"的偏见与贬低,因为在现代人看来,"修辞"意味着"虚伪矫饰",并附带欺骗的意味。但对于人文主义者而言,如同对于20世纪前在西方传统熏陶下成长的大多数人一样,"修辞"是一种艺术(art),且是最高贵的艺术之一。无论对于文人抑或政客,它都是一种

---

① 各辑的导读均由格里菲茨(G. Griffiths)教授撰写,后文不再一一说明。

必备的技能。如果说语法教会了人们如何正确地书写和讲话,那么修辞就教会了人们如何优雅地书写和讲话。事实上,修辞就是一种能够控制他人的说服力量,比如柏拉图认为,修辞堪比脆弱的人类手里握着一件强大无比的"武器"。不过大多数人对于修辞持有道德中立的态度,他们认为修辞的好坏取决于人们如何去运用它:如果用得好的话,它能造福;用得不好的话,它同样也能作恶。

修辞到底是一种怎样的艺术?究其源头,修辞是在他人面前说服听众的说话艺术(art of speaking)。古代雅典人发现某些词和思想组合在一起表达,意思会更加清晰,也更能说服他人。如果某个提议在表达方式上更加强调且更符合逻辑顺序,更能凸显重要的词和思想,在会话中更好地融入隐喻和比喻,在遣词造句上更加押韵悦耳,那么它将更易被人类思维所接受。比如说"为了让人们热爱祖国,祖国应当旖旎可爱"(柏克语),这种表达显然要比直白地说"美丽的国家激发爱国主义"要更加有力。因为第一种表达的两个分句中,用词和韵律上的对称押韵强化了思维逻辑,它所释放的说服力丝毫不亚于常用的三段论(syllogism)。在雅典这样的城邦国家中,这种说服性的说话艺术的效用很快就广为人知。谁能左右人心,谁便掌握了政治力量。事实上,早在公元前4世纪,关于修辞的理论和技能就已经被汇编成册,成为日常教育训练课程中的一部分。

根据亚里士多德的说法,修辞被分为三类(或者说有三大动因):第一种是在政治集会上使用的审议型(deliberative);第二种是在法庭上使用的法务型(judicial);第三种是在诸如葬礼等仪式场合上使用的表现型(demonstrative,epideictic)。① 这三类修辞在西塞罗的影响下,按照不同的主题汇编成中世纪手册。稍有不同的是,古典时代仅用于演说的修辞规则到了中世纪时期已被扩展运用于书信上。

在中世纪作家看来,所谓"书信"(epistolae)是指官方的、外交的以及用于公共交流的书信,而非西塞罗认为的非正式性私人书信。中世纪书信严格受制于一套起初是为了雄辩而制定的写作规则,因此基本上没有给道德观念或私人情感的表达留有任何余地。②

1345 年,彼特拉克发现了西塞罗书信集中的《致阿提库斯的信》(*Letters to Atticus*),标志着现代文学中一种新体裁的开端。这种新体裁肇端于彼特拉克,之后由萨卢塔蒂和布鲁尼等人效仿西塞罗的书信风格,书写、收集起并出版他们的"私下"信件。彼特拉克很少会写公文或外交类信件,因为他既不是职业的口授记录者(dictator),也从没在秘书厅(chancery)任过职。

萨卢塔蒂和布鲁尼则写过不同类型的书信。一些私人信件虽然是在私下场合写的,但目的也是出版,还有一些则是他们自己亲手写的公文,以及作为国务秘书授权他人听写的书信。此外,布鲁尼和其他人文主义者还将"演说"运用于更广泛的目的,而中世纪的记录者们却严格地将演说限用于大使演讲。威特指出,布鲁尼在《佛罗伦萨颂》中,通过

---

① Aristotle, *Rh.* 1358b, 7, cited by Cicero, *Inv. Rhet.* 1.5.7;迪克森在《修辞学》导论部分对该主题的介绍简单明了,并对三类修辞做了定义,参见 Peter Dixon, *Rhetoric*, London, 1971, pp. 22-23。

② 关于中世纪修辞学艺术,参见 Ronald Witt, "Medieval 'Ars Dictaminis' and the Beginnings of Humanism: a New Construction of the Problem," *Renaissance Quarterly* 35, 1982, pp. 1-35。

演说的形式,第一次明确地表达了他一贯的共和政治观和历史观。①

自古典城邦国家时代以来,佛罗伦萨是第一个为亚里士多德和西塞罗所界定的三类修辞提供实践机会的地方。在那些为数不多的保留共和制并由各种议事会(council)统治的城邦里,审议型修辞的重要性显然不言而喻,佛罗伦萨即为典型。当佛罗伦萨执政团(Signoria)需要就重要事项做出决定时,他们便会召集知名人士开会提议。会议上提出的观点被留存下来,这也是在欧洲召开的审议会(deliberative assembly)留存至今最古老的资料,该多卷本纪录被称为《建议与咨议》(*Consulte e Pratiche*),存放于佛罗伦萨档案馆。《佛罗伦萨人民史》第十一卷中记录了在这些会议上发表的某次演讲②,布鲁尼同时还逐字逐句记录下莱纳尔多·詹菲利亚齐(Rainaldo Gianfigliazzi)的一次演说,内容是詹菲利亚齐认为佛罗伦萨在对抗米兰公爵时应当采取的措施。

佛罗伦萨法院(court)是法务型修辞实践的地方。比如布鲁尼自己写过一篇《自我辩护》(*Pro se ipso ad presides*)的发言,反驳他人控诉自己因为拒绝出售某处房产而构成违约。

不过布鲁尼最擅长的当属表现型修辞。根据古典理论,此类修辞既可用于赞颂,亦可用于叱责。布鲁尼在写这类体裁的作品时会有意识地注意措辞,最典型的就是他将讴歌佛罗伦萨城市的作品称为"颂"(laudatio)。古典理论还规定了适合赞誉的内容,比如外部环境、物理

---

① Ronald Witt, "Medieval 'Ars Dictaminis' and the Beginnings of Humanism: A New Construction of the Problem," p. 35.

② Ed. Santini, pp. 276-278.

属性以及性格特征。① 这些都是布鲁尼认为适合在《佛罗伦萨颂》中谈到的内容。当然,布鲁尼也运用了表现型修辞中的叱责功能,比如他那篇攻击尼克利的文章《无耻之徒》(*In nebulonem maledicum*)。

尽管布鲁尼热衷于古代修辞理论,但在创作《佛罗伦萨颂》和《斯特罗齐葬礼演说》时,布鲁尼还是效仿了更加具体的典范。前者是在模仿阿里斯提得斯(Aristides)的雅典颂的基础上写成的,后者则是效仿了修昔底德记录的伯里克利葬礼演说。后世评论家常常会诟病人文主义者的这类仿作,但正如巴龙指出的那样,关键是要看人文主义者在效仿古典作家并将之运用于当下社会后,到底有何新的发现。② 布鲁尼正是通过这种仿古的创作,观察到了佛罗伦萨的另一面,如果没有受过古典教育,这些都将是被遗漏的东西。

仿古创作对于布鲁尼而言,不仅仅是老生常谈,抒发对佛罗伦萨的爱国之情。布鲁尼甚至借此改造了中世纪公社形象,将佛罗伦萨由一个卷入圭尔夫派和吉伯林派党争的公社,塑造成一个在世界史上占有一席之地的城邦国家,而布鲁尼参照的标准恰恰就是古典时代的伟大城邦。

---

① *Rhet. Herr.* 3. 6.10,无论是中世纪还是布鲁尼及其同时代的人都认为这是出自西塞罗的作品。

② Hans Baron, *Crisis*, 1966, pp. 195 – 196.

2《佛罗伦萨颂》①

　　《佛罗伦萨颂》开篇便对佛罗伦萨城大加赞许,赞美其地理位置优越、城市整洁干净、建筑优雅、具有帝国风范、领土管辖得当,以及农业发展水平。在第二部分,布鲁尼转而讨论了佛罗伦萨起源的问题。布鲁尼认为,因为佛罗伦萨城是由罗马人在共和国时期建立的,所以佛罗伦萨人民天生就享有自由;同样地,他们也反对所有皇帝和僭主。作品第三部分讨论了佛罗伦萨的外交政策。布鲁尼告诉读者:佛罗伦萨总是站在弱者一方,佛罗伦萨人民总会为难民提供避难之所,并向邻邦伸出援手;佛罗伦萨人民信守承诺,践行古罗马人的美德,尤其是在不久前,佛罗伦萨抵御了来自米兰公爵詹加莱亚佐·维斯孔蒂(Giangalea-zzo Visconti)的威胁,捍卫了全意大利的自由。

　　在第四部分,布鲁尼详细讨论了佛罗伦萨内部的制度结构,尤为清晰地反映出布鲁尼的政治观念。另外,布鲁尼在《斯特罗齐葬礼演说》以及他晚年所作的《论佛罗伦萨的政制》中都有关于佛罗伦萨政治制度的描述,我们可以将这几篇著作放在一起加以比对。根据巴龙的推测,《佛罗伦萨颂》大约写于1403年至1404年间,《斯特罗齐葬礼演说》大约是在1427年、1428年布鲁尼上任佛罗伦萨国务秘书前夕完成的,

----

　　① 巴龙在著作《从彼特拉克到布鲁尼》收录了该作的拉丁语版(Baron, *From Petrarch to Leonardo Bruni*, pp. 232 – 263);完整的英译本参见 Kohl and Witt, *The Earthly Republic*。

《论佛罗伦萨的政制》则写于 1439 年左右①。这三部作品恰好为我们呈现出布鲁尼从早期到中期再到晚年政治思想发展的演进脉络。

值得注意的是,布鲁尼在《佛罗伦萨颂》第四部分开头便称赞佛罗伦萨的政制实现了完美的和谐,这种和谐得益于法律在这座城市里逐步得到完善。布鲁尼通过观察后非常满意地指出,在佛罗伦萨如果想要推行某项议案,事无巨细都必须事先得到代表"群众"(multitude)的更大的议事会的批准才行。然而,几年后的布鲁尼对于佛罗伦萨政制的看法已有所改变,尤其是在允许人民意志挫伤当政者智慧方面。最能体现人民与长官之间冲突的事件当属如何对待卢卡的政策问题上,不过布鲁尼在《佛罗伦萨颂》里声称,佛罗伦萨始终都与这些邻邦为伍,共同开展抵御僭主的斗争,事实上,佛罗伦萨人民天生就不会发起任何非正义的战争。

布鲁尼对佛罗伦萨政治制度的描述非常经典。与此同时,他还不忘详细阐释了一番佛罗伦萨圭尔夫党派的历史起源,以及圭尔夫派首领肩负的责任。在佛罗伦萨这样一座本应钟情自由的城市里,却专门设立了一个机构以确保城市权力始终都能掌控在圭尔夫派手中,其目的就是防止佛罗伦萨的统治权力落入吉伯林派,这种做法似乎本身就有悖于自由之说。不过布鲁尼显然已将城市自由与圭尔夫派牢牢绑定在一起,并尝试为这种挂钩寻找古典依据。他提出:圭尔夫派首领就好比是斯巴达的民选监察官(ephors)和古罗马的监察官(censors)。另外,布鲁尼还辩称圭尔夫派是西塞罗时期古罗马共和党派的后裔,而非

---

① 关于该作的写作日期,参见 Hans Baron, chap. "Chronology and Historical Certainty: the Dates of Bruni's Laudatio and Dialogi," in Hans Baron, *From Petrarch to Leonardo Bruni*。

起源于教皇联手法国君主抵抗霍亨斯陶芬王室（Hohenstaufen）争夺西西里王国（Sicily）的时期。①

自由与正义是佛罗伦萨政制追求的两个核心理念，但是佛罗伦萨追求的正义并非基于平等（equality）原则，而是以公平（equity）为特征。布鲁尼声称在任何地方都不曾像佛罗伦萨那样，贵族与平民之间的关系如此平等（exequata）。为了证明自己的主张，布鲁尼指出，仰仗财富和权力的权势者如果被发现欺负弱者的话，佛罗伦萨共和国会自动支持弱者，对权势者处以更严厉的惩罚，以此来保护弱者的财产和人身安全不受侵犯。布鲁尼所说的这些内容在佛罗伦萨历史上确实发生过，1293 年至 1295 年的《正义法规》（Ordinances of Justice）规定，伤害了平民的贵族将被处以高于正常数额五倍的罚款。也就是说，通过施加不平等的惩罚方式来弥补实际性（贵族与平民间的）不平等。仅在这层意义上，才有布鲁尼所说的"平等"（equalization）。布鲁尼最后总结道，只有当强者受其权势的保护，弱者受到共和国的保护，而两者又都惧怕惩罚时，才能实现"某种均衡"（quaedam aequabilitas）。

3《斯特罗齐葬礼演说》

完成《佛罗伦萨颂》大约 24 年后，布鲁尼在创作《斯特罗齐葬礼演说》时又谈及了相同的主题。1427 年 5 月，南尼·德利·斯特罗齐（Nanni degli Strozzi）在与米兰公爵维斯孔蒂的军队作战时，受重伤身

---

① 参见布鲁尼《对话集》第二部。

亡。米兰公爵当时正掀起一场针对佛罗伦萨和威尼斯的战争,因此这种冲突可视为共和制与君主制之间的对抗。南尼·德利·斯特罗齐尽管是佛罗伦萨阵营中的一员,但事实上他是服务于费拉拉侯爵(marquess of Ferrara)的将领及外交官。他所属的斯特罗齐家族分支自1378年被佛罗伦萨流放后,就在费拉拉安了家。根据布鲁尼的说法,南尼·斯特罗齐在费拉拉出生、长大,在很长一段时间里他都是费拉拉军队的统领,大部分在他指挥下的军队是费拉拉雇佣兵。虽然斯特罗齐家族的放逐令后来被取消了,但南尼从来都不是佛罗伦萨公民。[①] 布鲁尼借助斯特罗齐这种身份的人的葬礼来讴歌佛罗伦萨共和国,乍看之下确实让人感到有些困惑。

或许我们可以尝试换种角度来解释布鲁尼这样做的原因。斯特罗齐家族即便遭到流放,在布鲁尼看来,他们也始终都是佛罗伦萨人。至于费拉拉,尽管其统治体制与米兰君主制如出一辙,但作为佛罗伦萨的盟友,费拉拉始终都没有放弃与米兰维斯孔蒂家族斗争的传统。南尼由于在战场上表现优异而荣升为骑士,在帮助维罗纳(Verona)摆脱米兰控制、重获自由的战役中,立下过汗马功劳。佛罗伦萨人民将佛罗伦萨与自由挂钩,该理念覆盖的范围极广,包括佛罗伦萨及其所有盟友,无论盟友城邦实际采用的是何种政体形式。

南尼·德利·斯特罗齐于1427年6月逝世,但《斯特罗齐葬礼演说》几乎是在他逝世后一年,直至1428年春天才得以完成。布鲁尼则于1427年12月出任佛罗伦萨国务秘书一职。布鲁尼原本只是为了怀

---

① Baron, "The Oration Funebris on Nanni degli Strozzi: its Date and Place in the Development of Bruni's Humanism," Appendix 8 to *Crisis*, 1955, 2: 430–439.

念斯特罗齐个人,但出于新职务职责所在,布鲁尼将重心从缅怀转移到赞美佛罗伦萨城邦上来。[1]

布鲁尼晚年在创作《论佛罗伦萨的政制》时再度谈及政体这个主题。但不同的是,《斯特罗齐葬礼演说》是布鲁尼思想中期时的作品,彼时恰好又是他在佛罗伦萨政治生涯(出任佛罗伦萨国务秘书一职)的开端,并且还是 1434 年美第奇家族掌权前夕。

《斯特罗齐葬礼演说》这部作品无论对于文化史还是政治思想史而言,都具有非常重要的意义。[2] 任何从事文艺复兴研究的学者都该注意到,布鲁尼在创作《斯特罗齐葬礼演说》时认为,古典文化正在复兴。关心人文主义发展史的学者同样会注意到,布鲁尼对于人文学科(studia humanitatis)的重视。当然,尤其值得注意的是,这种思想上的转变与当时政治氛围息息相关。"我们的自由,"布鲁尼声称,"所有人都享有同等的自由……任何人都有获得官职及加官进爵的希望……"担任公职无需贵族出身,恰恰相反,贵族没有资格出任最高官职。一个自由公民获得参与政府事务的机会将极其有效地激发出他的内在天赋。"因此,在我们的城市里……公民的天赋和勤劳就显著夺目,对此,你丝毫不必感到惊讶。"布鲁尼的这番话是否在暗示,佛罗伦萨的政治氛围激发出各种各样的天赋——文学、艺术以及政治天赋? 巴龙通过极具说服力的研究证实了这种观点。即便有人会不认同布鲁尼在字里行间的暗示,但不可否认的是,布鲁尼确实在强调个体都有机会去积极地发挥自身潜能,这也是《斯特罗齐葬礼演说》超越《佛罗伦萨颂》之处。布鲁

---

① Baron, *Crisis*, 1966, p. 412.

② 关于《斯特罗齐葬礼演说》思想的完整分析,详见 Baron, *Crisis*, 1966, chap. 18。

尼反复强调了对权势者施加限制的重要性，以此才能防止当权者伤害弱者。①

　　要想享有平等的机会与自由，这与政体结构密不可分。理想的情况是："不能由一人或少数人来统治……对君主制的赞美是那么虚无缥缈和不切实际……少数人的统治也同样如此。因此，唯一剩下的合法统治形式就只有平民（popular）政体。"布鲁尼此处无疑是倾向于平民政体的，这与他翻译完亚里士多德《政治学》后写下的同主题信件，以及在《论佛罗伦萨的政制》中表达的观点形成了鲜明的反差。

　　布鲁尼的演说效仿了修昔底德借伯里克利之口的葬礼演说。布鲁尼为我们树立了榜样，既效仿古人又极具人文主义特征。与伯里克利一样，布鲁尼巧借葬礼演说来关注城邦，讴歌那些不惜牺牲自我，为了保家卫国而倒下的热血战士。布鲁尼与修昔底德一样，将个人的公共生活置于私人生活之上。因为对个人而言，国家是"个体实现幸福的前提与保障"。布鲁尼精心设计了整场演说，目的就是升华城邦生活价值的理念。这绝对不是基督教思想。因此，效仿古典作品不应被视为对古代权威的谄媚，布鲁尼借此是在呼吁民众重燃对城邦的敬爱，以及参与公共生活的热情。

---

　　① 据巴龙研究，在《斯特罗齐葬礼演说》中"首次清晰地呈现出人文主义运动和佛罗伦萨城邦之间存在紧密关联的观念"（*Crisis*, 1966, p. 417）。随后巴龙指出，布鲁尼在《佛罗伦萨人民史》第一卷（1415 年）中便已提出，获得公共荣耀的机会能激发诸种美德（virtue），但布鲁尼在《斯特罗齐葬礼演说》中初次将该思想用于佛罗伦萨公民个体身上。参见 Baron, *Crisis*, 1966, p. 425。

4《论骑士》

布鲁尼在这部作品中考察了一个语言学上的难题:术语 militia 的起源以及与该术语相关的制度。既有的古典演说分类法会限制布鲁尼自由地探讨这个学术难题,因而布鲁尼采取了书信体的形式来撰写该著作。

之所以将《论骑士》归入布鲁尼政治思想类著作中,是因为它不仅仅是一部单纯展示布鲁尼博学的学术之作。在《论骑士》中,布鲁尼立场鲜明地表达了对以法兰西为代表的中世纪政治社会结构的厌恶,同时呼吁人们接受公民对民政当局应尽普遍义务的古罗马思想。士兵都有机会晋升骑士阶级(equestrian order),但任何藐视城市文职官员权威的骑士都将被取消资格。

《论骑士》最初是打算敬献给里纳尔多·德利·阿尔比齐(Rinaldo degli Albizzi)的。① 阿尔比齐是古老的显贵家族,自 1340 年以来基本上控制着佛罗伦萨政局。② 圭尔夫党是阿尔比齐家族控制政局的重要

---

① 拉丁语版原文收录于 C. C. Bayley, *War and Society in Renaissance*, pp. 369 - 389。贝利发现在最原始的手稿中,致里纳尔多·德利·阿尔比齐的字样明显被划掉了。同一部手稿中存在修正之处,故贝利认为这应该出自布鲁尼本人之手(pp. 361 - 362)。布鲁尼在 1421 年创作《论骑士》时正值阿尔比齐家族执掌佛罗伦萨,里纳尔多在 1433 年下令放逐科西莫·德·美第奇。科西莫于次年重返佛罗伦萨并掌权,里纳尔多因此在流放中度过余生。布鲁尼在 1427 年当选国务秘书,作为科西莫的亲信留任。1434 年后,布鲁尼极有可能想要抹去自己曾打算把该作献给里纳尔多的痕迹。

② Gene A. Brucker, *Florentine Politics and Society, 1345 - 1378*, Princeton, 1962; Gene A. Brucker, *The Civic World of Early Renaissance Florence*, Princeton, 1977.

工具,其创建之初的目的是帮助那些与法兰西国王安茹的查理
(Charles of Anjou)并肩作战的佛罗伦萨人维持他们获得的权力。他
们试图从霍亨斯陶芬家族手中夺取西西里王国,在获得成功后(1265
年至 1267 年),查理为一大批以圭尔夫派名义作战的佛罗伦萨商人进
阶了骑士头衔。① 因此,或许骑士身份的源头能够一直追溯至阿尔卑斯
山北麓的“蛮族”(barbarian)。

不过在 15 世纪初期曾有过一场旨在改革骑士团(knightly order)
的运动,并在 1420 年因大规模修订圭尔夫派的统治法规而达到巅峰。②
里纳尔多当时是法规修订委员会(commission)成员之一,布鲁尼则受
雇负责类似编辑的工作。③ 这项工作涉及对骑士团的起源做一番历史
性探源,《论骑士》大约就创作于这个时期。④

里纳尔多本人不久前(1418 年)晋升为骑士(knighthood)。⑤ 这一
表述说明什么呢?意大利人并不使用术语 knighthood;当需要指称“骑
士”阶层时,意大利人会用出自 miles 的 militia 一词。militia 在古代拉
丁语中仅代表普通的士兵,但在中世纪时期逐渐被用来指称“骑士”。

① Gaetano Salvemini, *La dignità cavalleresca nel Comune di Firenze*, Florence, 1896(reprinted Turin, 1968), p. 36. 维兰尼《佛罗伦萨编年史》中确认了这一事实 (vol. 7, p. 21)。特尔里奇在《意大利史文献》中记载了许多国王授予骑士头衔的例子 (Terlizzi, *Documenti di storia d' Italia*, vol. 12)。

② Bayley, *War and Society in Renaissance*, p. 209.

③ 法规序言修订本参见 *Commissioni di Rinaldo degli Albizzi*, vol. 3, pp. 621 – 625。佛罗伦萨档案馆里保留着精装版的修订法规。

④ 贝尔泰利在对贝利的书评中描述了 1420 年至 1421 年的形势可能促发布鲁尼创作《论骑士》,并且认为该著作的写作时间应该不晚于 1421 年 12 月(贝利认为是 1422 年),参见 Sergio Bertelli's review, *Rivista storica italiana* 76, 1964, pp. 834 – 846。此外,贝尔泰利并不认同贝利关于布鲁尼创作《论骑士》的背景形势分析。关于写作年代,可参考 Baron, *Crisis*, 1966, p. 553, n. 17.

⑤ Bayley, *War and Society in Renaissance*, p. 210, citing *Commissioni di Rinaldo degli Albizzi*, 1 : 295.

布鲁尼的任务准确而言就是挖掘 militia 的古代源头。布鲁尼在著作开篇便坦言，militia 自古典时代以来历经蜕变，古罗马人所说的 miles 与布鲁尼时代的 miles 之间的关系早就变得模糊不清，而布鲁尼又无法获取关于古罗马或中世纪军制的现代学术著作。

因此，阅读《论骑士》最好的方式就是我们假装自己根本不知何为 miles 和 militia。这样我们就能完全站在布鲁尼的视角，跟随他的思路，试图从古希腊哲学家以及古罗马史学家那里探究这一制度的起源。正因如此，英译文并没有翻译出 miles 和 militia，而是保留了原文。如果翻译成 soldier（士兵）的话难免带有误导，因为"士兵"原指计薪服役的人。militia 如果带有与邦克山战役和康科德战役中那些薪酬不高、破衣烂衫的志愿军相关的意味，就有误导性了。

布鲁尼在第一段中便宣称自己从遥远的古代找到了这一制度的源头，然而需要注意的是，布鲁尼这里并非特指中世纪骑士制度特征的起源，他所说的源头乃是一般意义上的捍卫城邦共同体的军事力量。

与亚里士多德《政治学》相似，布鲁尼也从类似"人是政治的动物"[①]的说法开始，只不过他把意指"城邦"（polis）的希腊语"政治的"（political）翻译成了"公民的"（civil），因为拉丁语中该术语意指"城市"（city）。布鲁尼认为，城市决定了我们作为公民的所有职责。当然，布鲁尼所想到的城市肯定是像雅典、罗马或佛罗伦萨那样的城邦（city-state）。布鲁尼用新拉丁语翻译完亚里士多德《政治学》后的几年里，他从这部著作中汲取到一个理念，即城邦是人类实现本性的地方。此外，城邦为所有公民都分配了各自的职责，原则上，那些肩负保

---

① Aristotle, *Pol.* 1. 2, 1253a.

护民众安危的人必须对城市(或国家)忠心耿耿。这与骑士效忠领主(lord)的封建观念完全不同,除非那位领主恰好又是市政官(civil magistracy)。尽管布鲁尼生活在"百年战争"期间,明白意大利在沦为外国军队掠劫的"猎物"后,很多城市早就不在市政权威控制之下,但布鲁尼仍想要阐明,市政权威必须要掌控军力这一原则。

《论骑士》第一部分全都是古希腊哲学家描述城邦的内容,但布鲁尼从他们的描述中并没有找到任何人有 miles 的头衔,不过米利都的希波达摩斯(Hippodamus of Miletus)提到了战士(warrior)是城邦必备的三大元素之一,还有些希腊哲学家也认为每一座城邦(共同体)天生就应当有保护捍卫它的力量。布鲁尼在读到这些言论后便坚信,militia 的起源势必合乎自然。布鲁尼原本只是想探寻骑士起源,但现在他把研究范围扩展为从哲学层面探究所有城邦共同体为何都需要防守。

当布鲁尼将视线从理论转移到现实后,即从原本关注古希腊哲学家探讨城邦的理论构造转而关注城邦的实际构造后,布鲁尼果不其然将罗马视作典范,并参照了李维关于罗马建城的叙述。罗穆卢斯(Romulus)创建无阶级化 militia 的传说[1]很快便吸引了布鲁尼的注意。军人不再像柏拉图所说的护卫者(guardian)那样单独构成一类种姓(caste),换言之,他们都是公民兵(citizen-soldier),而非职业化军人。

高卢的情况与罗马截然不同。在高卢,布鲁尼引用恺撒的话说道,

---

[1]　贝利注意到古罗马共和国具有信奉公民平等的特征(Bayley, *War and Society in Renaissance*, p. 391, n. 20),权威学者蒙森肯定了该观点,参见 T. Mommsen and J. Marquardt, *Manuel des antiquités romaines*, tr. J. Humbert, 7 vols., Paris, 1889 – 1896, vol. 6, part 2, p. 99。

只有德鲁伊祭司（Druids）①和骑士阶层才会受到尊重，而普通民众与奴隶几乎没有差异。我们能够感受到，在布鲁尼心中，当时的法国社会并没有多少改变，仍然赋予骑士诸多重要特权。因此，布鲁尼希望自己的同胞能摒弃法国模式。事实上，布鲁尼非常清楚地阐明了法国模式带来的教训，他说道："没有人像罗穆卢斯那样，深切地希望普通民众也能拥有他们的权利和自由。"为了促使读者有意识地将罗马模式运用到当时的佛罗伦萨中去，布鲁尼随之用了大量篇幅来加强读者的代入感，他说道："我们遵从罗马人的军事制度，任何偏离罗马模式的东西都被认为是粗俗野蛮的。"犹如布鲁尼厌恶来自法国的经院主义，却偏好西塞罗和亚里士多德，布鲁内莱斯基厌恶来自法国的哥特式建筑，却偏好他所认为的古罗马建筑模式。同理，在《论骑士》中，布鲁尼坚持认为佛罗伦萨应当效仿古罗马而非法国，这样才能找到正确的军事组织模式。②

　　尽管布鲁尼很欣赏取消了军人种姓的古罗马模式，但他不得不接受古罗马人拥有骑士阶级这一事实。布鲁尼不得不承认，在骑兵队服役的荣耀只属于那些出身显赫或家产雄厚的人，而不是根据表现是否优异。事实上，骑士头衔逐渐演变成高贵（nobilitas）的代名词，并且这种高贵的荣耀不会因为服役结束、回归公民身份后而终止。但是布鲁尼声称，我们应该将高贵者在和平年代所拥有的荣耀理解为他们的社会地位而已，这和前面所说的 miles 具有的特殊地位毫无关系。欧洲封建时期的世袭高贵不该与军衔军阶相互混淆。那么，eques③ 在和平年

---

　　① 又可译作德鲁伊特，古代凯尔特人中被尊崇为教师和法官的祭司。——中译者注
　　② 布鲁尼在《时事评述》中再度表达了意大利要优于法国的看法。
　　③ 此处应当和 miles 的情况类似，保留拉丁语。如果将之翻译为 knight（骑士）的话，唯恐歪曲了布鲁尼的原意，事实上，这恰好直指布鲁尼努力想要解答的问题。

代是否就无所事事了呢？诚然，如果从冲锋陷阵的角度来看，他们确实不再有用。布鲁尼提出一个特例，这与几个世纪后所谓的"警察"职能相类似。不过，布鲁尼态度坚决地提醒 miles 不得滥用权力侵犯其他公民权益。显然，布鲁尼是针对佛罗伦萨历史上曾经发生过傲慢的贵族不端行径，才会特意提醒。

为了尽力让军队地位和社会地位分开，布鲁尼甚至坚持认为那些荣升为骑士的人应当被称为 eques，而不是 miles。

布鲁尼高度赞许古罗马模式的做法对后来的马基雅维利影响很大。但马基雅维利强烈谴责的雇佣军，布鲁尼却并不关心。14 世纪下半叶雇佣军便已在佛罗伦萨扎下了根，但在《论骑士》中没有任何直接反对雇佣军体系的言论。与马基雅维利不同，布鲁尼认为 miles 应被给予丰厚的酬劳，参军并不是那些拥有世袭财富的人的专享，贫穷者也有权参军，但只有酬劳丰厚，穷人才不会一边当兵一边又想着去经商赚钱。

布鲁尼在作品最后表达了自己对于骑士的看法。一名骑士首先必须牢记自己是 miles，肩负着捍卫国家的重责；另外，他还要牢记自己之所以会被授予骑士荣耀，那是因为同胞的认可，而不是源自他的先祖。

瓦拉反对布鲁尼从古罗马追溯骑士源头，瓦拉认为骑士制度事实上来自法兰西和德意志。[1] 不过，布鲁尼的这部《论骑士》不应被视为史作。[2] 即便蛮族起源说得到证实，但布鲁尼仍然希望证明古罗马模式才是最佳之选，因为只有古罗马制度才符合任何公民都必须忠于民政当

---

[1]　*Elegantia*, in his *Opera*, p. 516, cited by Bayley, *War and Society in Renaissance*, p. 216.

[2]　贝利在其版本注释 1 中引用了许多中世纪探寻骑士制度源头的尝试，布鲁尼文中提到的古代著作中相关制度与实践，皆可参考贝利的注释。

局(civil authority)的原则。

5《驳对佛罗伦萨人民进攻卢卡的批判》

在布鲁尼担任国务秘书最初的几年里,他发现自己卷入了佛罗伦萨对卢卡的战争中。作为国务秘书,布鲁尼的职责就是记录城市执政议事会(governing councils)的争议,并代表佛罗伦萨起草外事通信。这篇《驳对佛罗伦萨人民进攻卢卡的批判》(下文简称《反驳》)属于非典型的此类文章。有一个叫克里斯托弗洛·杜雷梯尼(Cristoforo Turretini)的人以个人名义致信布鲁尼,《反驳》其实就是对他的回信。这位杜雷梯尼在卢卡人民赶走他们的领主保罗·奎尼吉(Paolo Guinigi)后,曾被选为卢卡的国务秘书,并重建了卢卡平民政府。布鲁尼在回信中必须恰如其分地为佛罗伦萨城邦的行为进行辩护。因此,《反驳》可被视为布鲁尼竭尽修辞之所能的官方宣传,但同时又融入了他的个人观点。该文用意大利语写成,目的就是使之广泛流传。

《反驳》大概写于 1431 年,即完成《斯特罗齐葬礼演说》仅三年后,尽管布鲁尼在《反驳》中还是在强调佛罗伦萨政制带有平民色彩,不过这次他所说的平民特征却另有意味。

布鲁尼遇到了一个难题:他该如何为自己竭力反对的扩张政策进行辩护?布鲁尼在《反驳》中指出,在议事会上他是明确反对佛罗伦萨共和国进攻卢卡的。布鲁尼试图以佛罗伦萨政治结构上存在权力分化为由来解决这个难题。他指出,权力分化使得佛罗伦萨出现了双重政策,一个是执政团(Signoria)政策,另一个是人民政策,两者应当加以区分。为了证明这点,布鲁尼求助于修辞和历史。布鲁尼回想自己在写《第一次布匿战争》(*History of the First Punic War*)时发现,尽管罗马元老院当时持反对意见,但人民仍然不顾元老们提出的谨慎政策,最终按民众的意愿发动了布匿战争。布鲁尼此处参照了罗马制度,这表明在他看来,这个难题不只是单纯判断佛罗伦萨对卢卡采取的行动到底是对是错那么简单,这当中折射出一个更大的问题,即执政团与人民之间的关系。在《希腊史评注》(*Commentary on the Hellenica*)前言中,布鲁尼指出古希腊城邦衰败的根本原因就是没能处理好两者之间的关系。

佛罗伦萨的执政团寻求维护和平,但佛罗伦萨人民在激情和偏见的鼓动下,坚持要求发动战争。由于佛罗伦萨是平民政体,所以执政团迫于无奈,选择顺从民众的意愿。那些为权力多元化社会服务的政客经常以此为由,提出任何权力都无法控制民意。不过正如卢卡战争所揭示的那样,或许这只是真正权力者的托词而已,那些口口声声自称免责之人实际上在为自己侵略扩张的行为寻求借口。布鲁尼的言语之下到底掩盖了哪些真相?

十年后,布鲁尼在写《时事评述》(*Commentarius*)时曾简要概述了卢卡战争,他再次将责任归咎到民众头上。通过这篇概述,我们可以比较出布鲁尼是如何尝试以历史学家的客观视角来展现卢卡战争的。

布鲁尼在《反驳》一文中,对于大多数人都具有参与政府决策过程的权利并无异议,不过,布鲁尼指出,政府必须认识到允许民众参与决策的风险,尤其是当民众因感性冲动而失去了理性,最终导致灾难性的战争。1439 年,布鲁尼在写《希腊史评注》前言时,已经将卢卡战争的经验教训上升为理论,并用来解释古希腊城邦走向衰败的原因。雅典以及其他古希腊城邦正是因为同意让那些无知者列席政府会议,让他们用激情蒙蔽了理性,才会盲目陷入招致毁灭的战争。

布鲁尼对于平民政体的保守态度,同样还表现在他另一部著作《论佛罗伦萨的政制》中,该文也大致写于1439年。1434年美第奇家族回归后,佛罗伦萨便一直处于科西莫·德·美第奇的有效统治下。布鲁尼对于平民政体的态度之所以保守,或许可解释为他需要适应美第奇家族统治的现实。然而,布鲁尼在《希腊史评注》前言中关于平民政体的阐述却表明,他并非为了迎合美第奇家族而贬低民众。事实上,布鲁尼在经历过卢卡战争后便开始放弃平民政体,早在科西莫回归四年前,佛罗伦萨民众盲目的爱国行为才是布鲁尼对平民失望的根本原因。

为了便于理解布鲁尼关于卢卡战争的记述,有必要介绍一下几位核心人物。佛罗伦萨雇用了职业军人尼科洛·福特布拉乔(Niccolò Fortebraccio)作为首领来镇压沃尔泰拉(Volterra)的反叛。在成功平息反叛后,福特布拉乔与佛罗伦萨的雇佣关系至少就形式上而言已经解除了,但他却率领三百骑兵,于1429年11月22日对卢卡发起了突袭。于是卢卡领主保罗·奎尼吉向佛罗伦萨执政团抗议,执政团则否认事先与福特布拉乔的突袭有任何牵连。不过最终在佛罗伦萨的议事会上,主战派战胜了主和派,决定向卢卡开战,并由福特布拉乔担任佛罗伦萨军队的指挥官。在攻占卢卡城郊附近的一些城堡后,佛罗伦萨军于1430年2月28日包围了卢卡城。

奎尼吉向威尼斯和锡耶纳请求支援,但在发现援助不够后,奎尼吉转而求助于米兰公爵。为了避免再度与佛罗伦萨公开宣战,米兰决定让斯福尔扎暂停手头工作,全力帮助奎尼吉守住卢卡。斯福尔扎率领三千步兵和三千骑兵,部队于1430年7月20日抵达卢卡境内,很快便逼退了佛罗伦萨的军队。

当佛罗伦萨获得那不勒斯的支援后,战局又发生了新的转变,佛罗伦萨军开始接连收复之前丢失的领地。就在此时有传言称,奎尼吉准备悄悄将卢卡卖给佛罗伦萨。奎尼吉在卢卡的对手趁机以此为由指控并逮捕了他,最后是斯福尔扎派守卫将奎尼吉送至米兰,交给了公爵。卢卡随即建立了共和国,并与佛罗伦萨军队首领(此时乌尔比诺伯爵已取代福特布拉乔)签订了短暂的停战协议。因此,斯福尔扎带兵撤离,卢卡共和国与佛罗伦萨进入了和平谈判时期。然而,与此同时,卢卡又与热那亚结为同盟(协议签于 1430 年 9 月 28 日)。佛罗伦萨在得知此事后旋即终止了与卢卡的和平商议。热那亚人雇了尼科洛·皮奇尼诺(Niccolò Piccinino)帮助卢卡,他于 1430 年 12 月 2 日在圣皮耶特罗(San Pietro)——离卢卡不远处的塞尔基奥河(Serchio)沿岸——打败了由乌尔比诺伯爵率领的佛罗伦萨军。布鲁尼试图用"微不足道的胜利"来贬低卢卡人民此战获胜。卢卡人民认为这次胜利拯救了卢卡,守住了独立,在随后几个世纪里每年都会为之庆祝。即便当美第奇家族在 16 世纪成为托斯卡纳大公后,卢卡也始终不受佛罗伦萨管控,其独立地位一直延续至法国大革命时代。

6《论佛罗伦萨的政制》

《论佛罗伦萨的政制》是布鲁尼用希腊语写的短文,具体的创作日期不详。有学者认为布鲁尼写这部作品的目的是向 1439 年到访佛罗伦萨参加宗教会议的希腊人介绍佛罗伦萨的政制。① 总之,这篇介绍佛罗伦萨政治结构的短文是为了便于希腊人理解。这篇文章因其客观性很强,故可以将之归入政治科学类作品,它与布鲁尼早期所写的同题材作品不同,诸如《佛罗伦萨颂》和《斯特罗齐葬礼演说》等文章都属于修辞类作品。

在《论佛罗伦萨的政制》中,布鲁尼修改了自己关于佛罗伦萨政体类型的观点——早先在《斯特罗齐葬礼演说》中,他还认为佛罗伦萨是平民政制。但在这部作品的开篇,布鲁尼便已将之视为混合政体。根据《斯特罗齐葬礼演说》,佛罗伦萨反对个人专制或少数人统治,是对平民政府情有独钟的城邦。但在《论佛罗伦萨的政制》中,布鲁尼却将佛罗伦萨描述为贵族制与民主制兼而有之的混合政体。

布鲁尼在写给比昂多的信中指出,根据亚里士多德的理论,民主制属于腐败变异政体。关于这点,文章结尾处的一段话值得注意,布鲁尼说道:"随着时代变迁……政治权力便不再属于民众,而是掌握在贵族和富裕阶层的手里,因为他们为城邦做出了诸多贡献。"布鲁尼此处将政治权力与某人对城邦所做贡献联系在一起,这个观点不禁让人想起布鲁尼在阐释亚里士多德《政治学》时曾说过的话:"较之于那些缺乏公民美德,仅凭出身高贵抑或腰缠万贯就高人一等的人而言,那些对社会贡献越大的人应当被赋予更多的权威。"

奇怪的是,不知从何时起,布鲁尼将这一理念运用于佛罗伦萨。与

---

① 在威尼斯马尔恰那(Marciana)图书馆收藏的该著作副本(Marc. gr. 406, coll. 791)为此观点提供了强有力的证明。在副本中有著名柏拉图主义者格米斯托斯·普勒托(Gemisthus Plethon)的抄本注释,普勒托当时出席了宗教大会,参见 F. Masai, "L'oeuvre de Georges Gémiste Plethon," *Bulletin de l'Académie royale de Belgique, Classe des lettres,* 5th ser., 40, 1954, pp. 536 – 555。

亚里士多德一样，他认为人与人之间的差异不在于出身门第和财富，而在于他们的品德。在亚里士多德德性论的有力支撑下，布鲁尼才会在《斯特罗齐葬礼演说》中声称，佛罗伦萨因为鼓励人才，所以值得赞誉。但在《论佛罗伦萨的政制》中，或许布鲁尼的理想再度幻灭，或者说，他至少进一步认清了佛罗伦萨的社会现实。

一 佛罗伦萨颂①

（1404 年）

　　我打算谈论的城市是佛罗伦萨。假若永恒的上帝赋予我雄辩之才华来赞美她，或至少赐予我足够的口才来表达我对她的热爱与渴望，我想只要具备这两种才能中的一种就足以展现佛罗伦萨的伟大与繁华。佛罗伦萨是如此高贵与辉煌，整个世上没有一座城市能出其右，我可以不假思索地说，我此生最大的渴求就是赞美佛罗伦萨。倘若上帝遂我之意赐我文采，毋庸置疑我将会用优雅尊贵的言辞来描绘这座美丽卓越的城市。然而，由于我们想要做的事情与我们凭借自身能力所能做到的事情是两码事，所以只要我们竭尽所能地去实践自己的意图，即使不得所愿也只能说是天资欠缺，而绝非意志不够。

---

　　① Leonardo Bruni, "Panegyric to the City of Florence," trans. by Benjamin G. Kohl, in B. J. Kohl and R. G. Witt eds., *The Earthly Republic: Italian Humanists on Government and Society*, Philadelphia: University of Pennsylvania Press, 1978, pp. 135 - 175, 原著为拉丁文, "Laudatio Florentinae Urbis," in Hans Baron ed., *From Petrarch to Leonardo Bruni*, Chicago, 1968, pp. 232 - 263, reprinted in *Panegirico della città di Firenze, Testo italiano a fronte di Frate Lazaro da Padova*, Presentazione by Giuseppe De Toffol, Florence, 1974。除科尔的英译文外, 另有"The Laudatio of the City of Florence," trans. by Gorden Griffiths, in G. Griffiths, J. Hankins et al. trans. and eds., *The Humanism of Leonardo Bruni*, Binghamton and New York: Medieval and Renaissance Texts and Studies, 1987, pp.116 - 127, 但格里菲茨英译本仅翻译了该作第四部分。

　　实际上，佛罗伦萨的出类拔萃是如此令人敬仰，以至于任何人的口才文采都无法配得上她。但是我们也见过一些贤明且重要的人物甚至论及上帝。尽管上帝的伟大与荣耀是即便最能言善辩者的言辞都无法企及万一的，但这种巨大的落差并没能够阻止他们尝试着竭尽所能去赞美如此至高无上的上帝。因此，尽管我清楚地知道自身能力远不能够展现出佛罗伦萨的无上荣耀，但如果我能将多年习得的能力、经验与技巧都毫无保留地用于颂扬这座城市的话，似乎足矣。许多演说家经常会说他们不知该从何说起，我现在也深有此感，不仅是在言辞上，就是在主题上我也不知所措。原因在于许多事情彼此之间有着千丝万缕的关系，并且任何一件都那样与众不同乃至不分上下，因而很难决定该从哪个主题开始说起。如果考虑到这座城市的美丽与辉煌，似乎从这开头再也恰当不过了；如果考虑到她的强大与富庶，你会觉得这才是应该首先谈及的；如果再思考下她的历史，无论是当代史还是古代史，你又会感慨没有比历史更加重要并适合开题的了；但当你想到佛罗伦萨的风俗制度，你定会判断这才是最为重要的。这些内容让我陷入困境，当我准备言及其中某一方面的时候，我会联想其他并为之吸引，因此我几乎无法决定应从哪个主题切入为好。最终我打算抓住一个最合宜且最富逻辑的话题着手，即便我深信其他话题也全都适合作为文章的开篇。

1

　　正如我们看到儿子长得与父亲如出一辙、有其父必有其子那样，佛罗伦萨子民也与这座高贵伟大的城市达到了高度和谐，以至于让人感到（除了佛罗伦萨外）他们绝不可能生活在其他地方，而这座出于鬼斧神工之手的城市也同样不会有其他居民生活在其中。佛罗伦萨子民以其天赋的才华、谨慎、高雅和伟大超越了其他所有地方的居民，同样，佛罗伦萨城也凭借得天独厚的位置及其外观、建筑和整洁而居于任何城市之上。

我们能够看到佛罗伦萨从一开始就遵从伟大的智慧：她从不自吹自擂抑或虚张声势，这些都是有害且无用之为；相反，她恪守中庸并显出恰如其分的姿态。这座城市既没有坐落于巍峨的高山（这会格外招人注目），也没有建在开阔的平原（这会导致无法设防），如此谨慎的选址让佛罗伦萨兼备了两者的优势。一方面，若是居于高山则不可避免恶劣的气候、狂虐的暴风和骤雨，以及其他会给居民带来的不便与危险；另一方面，若是居于平原则会遭受炙热的阳光、浑浊的空气和湿气。因而佛罗伦萨避开了这些潜在的不利因素，她的位置非常巧妙地落在了这两种极端之间（此为普遍原则），这样既远离了高山的恶劣又绕开了平川的危险。尽管佛罗伦萨了解这两种不利的环境，她自己却拥有宜人舒适的气候。菲埃索莱山脉向北而立，仿佛为城市筑起一道堤防以抵御呼啸的北风和严寒侵袭；城东的风不算强劲，山头也较低矮；在城市的另外两面是开阔的平原，迎接着和煦暖阳与徐徐南风。因此，佛罗伦萨城内气候舒适宜人，一旦离开了佛罗伦萨，无论朝向哪个方向，等待你的都是酷热或严寒。

这座拥有山地和平原的城市被一道绵延的城墙环绕。这城墙的规模恰如其分：它若太过张扬则会令城市相形见绌；它若过于草率则又会让城市等闲视之。对于城内的居民、宏伟的建筑、华丽的教堂，以及整座城市散发出的令人难以置信的恢宏气势，我该如何去言说？佛罗伦萨的一切都拜朱庇特神所赐，她的华美使人屏气凝神。但是较之于孤立欣赏，最好还是在对比中增进了解，因而只有那些曾一度远游他方后又重新回到佛罗伦萨的人才能充分领略到这座繁华之城是如何位于众城之巅。世上再无第二座城市能像佛罗伦萨那样，在诸多重要方面都完美无瑕。它们有的人口稀少，有的建筑平庸，有的则是位置不佳（这相对于前面两点而言算是万幸）。此外，其他城市都脏乱不堪，夜间的污秽到了早上随处可见，人们在大街小巷总会踩到，你能想到比这更加糟糕的事吗？即便这样的城市拥有琼楼玉宇、财富遍地、人稠物穰，我仍然认为它肮脏讨厌，不配得到好评。同样，某些身体残缺的人，即便他享有众多优点也不会感到快乐。因此，脏乱的城市或许能在其他方面可圈可点，但永远不能被认为美丽，而又有谁看不出一座不美丽的城市缺少了最高贵的修饰？

在我看来，没有任何别的城市能够比佛罗伦萨更加干净整洁。毋庸置疑，这座城市在全世界都是独一无二，因为在这里找不到任何碍眼的垃圾、刺鼻的气味或是肮脏的污秽，城里勤劳的居民会确保清除街道上所有的垃圾，映入眼帘的只会是给人的感官带来欢快愉悦的东西。就华美而言，佛罗伦萨可能超越了世上所有城市；就优雅而言，毫无疑问她在古今诸城当中遥遥领先。这种无可匹敌的洁净对于从未见过佛罗伦萨的人而言是难以置信的，因为即便是我们这些住在佛罗伦萨城里的人，也会每天惊叹于她的整洁，并且从不会将这一优点视为理所当然。在一座人口众多的城市里，还有什么比从不用为街道上的垃圾担忧更加了不起的呢？更重要的是，无论多大的暴雨都不会打湿你的鞋子，因为雨水刚落地就顺着设计精良的排水沟渠流走了。因此，在其他城市里只有在私人官邸里才有的整洁与明朗在佛罗伦萨的广场与街道上也都随处可见。

　　也许有的城市也算干净，但没有美丽的建筑；有的城市或许有美丽的建筑，但没有舒适的气候；有的城市虽有舒适的气候，但人口稀少。只有佛罗伦萨可以宣称具备了一座繁华城市应有的一切条件。如果你对古迹古物抱有兴趣，你将会在公共建筑与私人宅院里发现许多古代遗存；如果你在寻觅当代建筑，那再也没有比佛罗伦萨的新建筑更加雄伟壮观的了。其实很难说清那条穿城而过的河流到底带来了更多的实用还是享受，横跨河面的是四座方石砌成的大桥，造桥的位置与间隔是如此令人感到便利，仿佛河流从未切断横贯佛罗伦萨的几条主干道。因此，你能够轻易地步行穿梭于整座城市，仿佛她根本没有被河流分隔开。无论走到哪里，你都能看到漂亮的广场和贵族宅邸里精雕细琢的门廊，街道上也总是熙熙攘攘。傍水而居的屋宅享受着河水的润泽，有些离河较远的房屋与河岸之间形成了街道，大群的人会聚集于此，或做各自的事情，或是享受时光。没有什么比在这里散步更加惬意了，尤其是在冬日的午后和夏日的黄昏。

　　然而我为何只关注城市里这一处地方呢？我必须（像渔夫那样）沿着河岸来回踱步吗？仿佛这里就是佛罗伦萨最繁华的地方，其他各处都无法媲美似的。在这个世上还有什么像佛罗伦萨的建筑那样宏伟壮观的呢？只要与佛罗伦萨进行比较，我就会为别的城市感到叹惜。在其他城市里，或许会有一两条街道布满了重要的建筑，然而其余各处就乏善可陈了，以至于城市居民都羞于将这些地方示人。但是在佛罗伦萨，没有哪条街道哪个街区看不到宽敞华美的建筑。万能的上帝啊，佛罗伦萨的建筑是如此富丽堂皇！这些建筑折射出建筑师的天才创意，身居其内的人们感到莫大的欢乐。在佛罗伦萨所有建筑中，就规模和风格而言没有哪个能超越教堂和神殿，它们不计其数、遍及全城（适合礼拜）。那些在各自教区做礼拜的人也怀揣虔诚之心纷纷来此敬神。事实上，在佛罗伦萨没有哪里能比这些教堂更装饰华丽、富丽显赫。由于神圣的建筑和世俗的房屋都被投入了大量的精力，因而无论是生者所居还是死者所葬都同样引人注目。

　　现在我重新将目光移到了居民私宅，从设计、建造到装修都显露出奢华、气派、尊贵，尤其是富丽高雅。还有什么能够比这些私邸内的门廊、大厅、走道、宴厅以及其他内室看上去更令人赏心悦目呢？宅内空间布置得错落有致，看看那些帘帐、拱门、嵌板屋顶和装饰华丽的悬吊天花，以及（许多宅里）单独开的夏屋与冬屋，真是美不胜收！在人们家里，你能看到漂亮的居室里装点着精美的家具、金银、锦缎绸罗和昂贵的地毯。但我若继续枚举这些事物则会显得愚钝不化，就算我舌灿莲花、口若悬河，我也根本无法描绘出这些宅子的雄伟富丽、五彩缤纷、优雅高贵。如果有谁想要感受这一切的话，那就让他来佛罗伦萨漫步全城吧！但是别让他像匆匆过客或是旅行者那样参观，而是应当闲庭信步、驻足观望，试着与所见之物产生共鸣。在其他城市，很重要的一点就是旅行者不能逗留过久，因为在那些城市看到的都只是表面文章，在那里的游客都被视为陌生人。如果游客们试着像参观城市建筑外观那样去审视内景，那么先前的第一印象会被完全颠覆：豪宅被草棚取代，装饰之下尽是垃圾。然而佛罗伦萨的美却是内外兼修，因此，细看详察只会给别的城市带来羞辱，为佛罗伦萨赢得赞誉。佛罗伦萨的建筑内与外同样有着华美的装饰，各条街道也同样景气繁华，城市每个角落都分享她的美丽，如同血液遍布全身那般，琼楼玉宇也遍及全城。

　　在城市中央有座高耸的宫殿，工匠技艺卓越、气势如虹，建造的目的仅从外观便可知晓。如同在一支庞大的舰队中,一眼便能看出承载着整支舰队领袖的旗舰;同样,这栋建筑在佛罗伦萨也格外引人瞩目,一看便知里面的人就是治理国家的首长。恢宏的气魄与身姿令它引领群雄,其高耸的屋顶也傲居诸楼之上。

事实上,我认为不应该简单地称这一建筑为"堡垒",而是应当叫作"堡垒中的堡垒"。只要你退步离开城墙,便会看到四周环布着许多建筑,这样来看,后者才应当被称作"城",而被城墙包围着的则应叫"堡垒"。诗人荷马在描写雪景时写道:皑皑白雪覆盖了群山峻岭,遮掩了山脊和良田。① 同样,美丽的建筑覆盖了城外的所有地方,包括山峦、丘陵和平原,这些建筑好似出自天工之手,而非凡人之作。这些建筑是多么壮观,设计精致,装饰华美! 这些乡村房舍实际上要比佛罗伦萨城内的屋宅更加宽敞,它们建于开阔的场地,设计者竭力使之令人感到舒适愉悦,居于其中的人不会有谁感觉缺少房间、阳台、花园或景观。这些居室和宴厅的壮观与华丽简直出乎想象,我该如何赞美才好呢? 在住宅周边你会发现葱郁的树林、开满鲜花的草地、美丽的河岸、剔透的喷泉,至关重要的是,这块地方有让人心旷神怡的本性。这里的山岭似乎在欢笑,散发出让游客永不生厌的持久欣喜。既然如此,这块地方理应被视为天堂,她的优雅与美丽在世上无处匹敌。任何来到佛罗伦萨的人,伫立在山巅放眼望去,看着这座繁华瑰丽的城市簇拥于鳞次栉比的民宅中,无不惊叹不已。

佛罗伦萨的美丽不会因为从远观变为近看就褪色,这种情况只会出现在并非真美的事物上。佛罗伦萨的一切都井然有序,散发出熠熠

---

① Homer, *Iliad* 12. 278 - 286.

光辉,越是走近这座城市越会为她的高贵心悦诚服。也就是说,乡间民宅要胜于田野风光,城郊景致又比乡间民宅略胜一筹,而城市风采更要胜过城郊景致。初来乍到者进入佛罗伦萨城时,会忘却城郊的风光,因为城市本身的美妙会让他们目瞪口呆。

现在我打算谈及另一个我认为能够展现佛罗伦萨伟大之处的重要话题。佛罗伦萨经历过数次战争,战胜过非常强劲的敌人。她曾与令人生畏的对手交锋,凭借巧妙的战略、财富和坚韧意志,甚至打败了那些实力远在其上的对手,赢得了看似毫无胜算的战役。近几年来,佛罗伦萨始终在抵御一个强大且富裕的敌人的攻击,斗志昂扬,备受敬仰。这位公爵①的财富和势力威慑阿尔卑斯以北国家和意大利各地。他雄心勃勃,志得意满,所经之地如狂风扫荡,无所不摧。然而这位公爵却遭到了来自佛罗伦萨的顽强抵抗,佛罗伦萨不仅击退了公爵的入侵并牵制其征服的势头,甚至在一场持久战后他被彻底倾覆。关于佛罗伦萨的这些事迹,稍后我将做进一步的详述,现在还是让我们回归正题。

所以我想说,任何人都会为这场战争的规模和历时之久感到吃惊,一座城市怎样能凭一己之力调动大量人力和庞大物资,更不用提战争所需的大量资金,但是这种疑惑和震惊在目睹了佛罗伦萨的雄壮与美丽后便瞬间烟消云散。只要看到过佛罗伦萨,那么一切关于这座城市所取得成就的疑问都会一扫而光。我们发现这种经历发生在每个人的身上,任何来到佛罗伦萨的人都会深有体会。只要他们亲眼见到这座城市建筑物之丰富多样、雄伟壮观,看到高耸的塔尖、大理石的教堂、礼

---

① 暗指佛罗伦萨近期与米兰公爵维斯孔蒂之间的战争。最终因 1402 年 9 月维斯孔蒂猝死,佛罗伦萨获胜并暂时摆脱了来自米兰的威胁。

拜堂的穹顶、金碧辉煌的宫殿、有角塔的外墙、不计其数的别墅,佛罗伦萨的魅力与魄力会立刻改变他们的想法,从此不再疑惑佛罗伦萨如何取得这骄人的成果。人们会立刻相信佛罗伦萨完全有资格占据领地和统领世界。鉴于此,你可以明白这座城市究竟有多么不同凡响,她的美丽壮观远非言辞所及。正如实地观看远胜一份报道,看法意见又不如一份报道。

　　我不知道接下来该怎么说,但我自认为前述内容已充满说服力,仅凭这些就足以证明佛罗伦萨那超乎想象的卓越。一旦见过这座城市就很难再将她伟大的印象从脑海中抹去。只有一种办法能够做到这点,那就是呈现关于这座城市高贵美丽的更强有力的证据,这种证据会削弱甚至消除她伟大事迹带给人们的震惊。打个比方来说,我听闻有位拳击手在数次格斗中展现出难以置信的、无法匹敌的力量。听说他的拳法无懈可击,曾将无数对手掀翻在地。我还听说他曾赤手空拳拽住一辆飞驰的战车,并曾扛着一头公牛行走百码(关于克罗托内的米罗的传说①)。接着我又听说当他站在一块涂满了油的青铜盾上时,没人能够拉得动他(这是波吕达马斯的壮举②)。听到这里我已经瞠目结舌,结果又有人告诉我所有这些听闻都有人亲眼所见。不仅如此,倘若你目睹到这位拳击手的强壮体魄,你将不会再为上述听闻感到吃惊,即使再不可思议的事情也会让你深信不疑。现在如果有人和我信誓旦旦地说起这些事情,我脑海中就会立刻浮现出这个无比强悍的形象,展示着他

---

① 布鲁尼此处对于这位传说中的希腊运动家米罗(Milo of Croton)的描述有可能是出自西塞罗(Cicero, *De senectute* 3. 10. 33)和普林尼(Pliny, *Naturalis historia* 7. 28. 83)。

② 该壮举的描述或许来自关于波吕达马斯(Polydamas)的记述,这位伟大的希腊运动家在公元前408年奥运会上获胜,参见 Valerius Maximus, *Memorabilia* 9. 12. ext. 10。

矫健的身躯、优美的动作和肢体的力量。同样，一旦目睹了这座城市的宏伟壮丽，有关她的伟大的一切怀疑就会烟消云散，用事实让人深信不疑，为此这座城市的建筑必须出类拔萃、壮观至极。如果佛罗伦萨不像传言所描绘的那般壮丽，或者比听者所能想象的更加华美的话，听众怎么可能彻底颠覆自己的看法和判断？让所有人都来称赞这座城市吧，让人们对她赞不绝口吧！任何亲眼见过佛罗伦萨的人都会发现这座城市比他在听闻时所想象的要更加令其惊叹不已。因而我不害怕别人会指责我为了展现佛罗伦萨的伟大而表现得轻率鲁莽。看着佛罗伦萨，我从未能够抑制住对她的仰慕，这种情怀使我无法不去赞颂她的伟大，如果我无法完成这项使命（事实上无人能够如此），也应得到原谅而非谴责。接着还是让我们言归正传。

乡间民宅的外围是围墙环抱的小镇。我该如何描绘这些镇子才好？事实上，与乡间接壤的每个地方都能看到这种令人印象深刻的小镇。城市位居中心，如同庇护者或领主，这些小镇则环绕着佛罗伦萨，各居其位。诗人也许会将之喻为众星捧月，远眺此景真是赏心悦目。这就好比在一个圆盾上环环相向，最里面的那环凸显于圆盾中央。佛罗伦萨的不同地区就像这圆环般环环相扣，城市本身如同那圆盾中心位于全景的中央。城市的外围是城墙和郊区，郊区的外围环绕着乡舍，再往外就是小镇了，最外圈的地区也仍处于更大圆环的环抱中，在小镇之间分布着高耸入云的城堡，那里是农民最安全的避难所。

农民的数目是如此庞大，所有耕田都在开垦，对于年谷丰盈和良田丰收我又该说何才好？其实这些事情人尽皆知，对观者而言更是如此，因而无须旁征博引。但我想再多说两句：要找到像佛罗伦萨这样人口稠密的城市实属不易！许多城市的总人口甚至不及佛罗伦萨的乡郊，此外,佛罗伦萨不仅能够保障居民的生活所需,甚至连奢侈的消费品她都能确保自给自足,因此无论城墙内外,整个佛罗伦萨理应被视为世界上最富庶幸运的城市。

如果有人因佛罗伦萨并非海港城市而指出其不足之处,在我看来他是错的,因为他错将优势认作缺陷。沿海城市也许有利于贸易往来,但同样也易受攻击,其实还有诸多不便之处,甚至不得不经历危险。雅典的柏拉图无疑是所有哲学家中最睿智的。当他在书中谈及一座城市的居民若要生活幸福和睦应当具备哪些条件并避免哪些不利因素时,柏拉图确信很重要的一点就是城市必须远离海洋①,这位智者不认为海岸上或任何遭海浪拍打的城市是幸运的。柏拉图花大篇幅讨论了临海城市会给幸福生活带来多少危害和不便。如果我们想要弄清楚处在临海位置上的城市会有多么糟糕的话,只需想想塔纳(Tana)、特利比松(Trebizond)和卡迪兹(Cadiz)等沿海城市遭受的危险就足够了。这些城市必须非常警惕邻邦的所作所为——他们讨论的政策,在谋划什么,对自己的态度,必须了解他们内部的阴谋和正面争斗;此外,这些城市还必须考虑来自许多陌生而野蛮部族的潜在危险,包括埃及人、叙利亚人、希腊的格鲁吉亚人、西徐亚人(Scythians)、摩尔人、卡迪兹人等等。事实上,有时候很难摸清邻邦的策略,而要搞清楚远方部族的谋划就更难上加难了。陆军通常行动缓慢,但偶尔也会"从天而降",更何况移动迅速的舰队呢?尽管海上进攻较为罕见,但我们无法断定将来绝不会发生,因为在过去确实有过海战。再说,放着安稳平静的日子不过,却偏要投身险境的做法是相当愚蠢的。

①　Plato, *Leges* 704–707, the beginning of book 4.

　　如果你非常喜欢大海和海岸的话，上述这些理由也许无法使你折服，但古代的事例将让你醒悟。读一下古希腊罗马的历史，想想在那些记载里沿海城市遭受了多少厄运和频繁的摧毁。许多城市即便富庶繁华、人口稠密，最终都落入敌舰手里，毫无抵抗之力。那些怀疑论者只要想到这些例子就会开始明白非沿海城市不但不缺一物，而且拥有神意的馈赠。特洛伊是"全亚洲最高贵的城市"，（犹如悲剧作者所言）"是上帝的杰作"①，却两度遭海军攻陷：第一次是因为大力神赫拉克勒斯和忒拉墨涅斯的突袭；第二次是阿伽门农和奥德修斯的诡计。若不是由于其位置靠海为对手提供了良机，如此繁华的城市绝不会被攻克。敌人曾耗费十年用于一无所获的陆地攻击，但最终转为海上突袭，巨大的浪花为他们提供了很好的伪装。而当时特洛伊人认为他们在成功应对敌人久攻不克后保住了自由，他们看不见敌军兵力就自然放松了警惕。"然而满载着阿尔戈斯战士的敌舰趁着恬静的月光已从忒涅多斯悄然出发"②，没过多久，"敌军洗劫了别迦摩，这座城市在熊熊烈火中惨遭蹂躏，特洛伊人方才醒悟敌人是乘船来袭"③。这就是大海的赏赐！这就是沿海城市的最终下场！

　　不过我大可不必搬出这些古代事例，我们都知道繁华的意大利城市热那亚曾在第二次布匿战争中遭到哈米尔卡之子马戈（Mago）④的突袭而被夷为平地。还需要我提起福西亚人（Phocaeans）和西拉古斯人（Syracusans）的毁灭、亚历山大城和雅典毁灭的事例吗？谁不知就在

① Seneca, *Troades* 7 - 8.
② Vergil, *Aeneid* 2.254 - 255.
③ Vergil, *Aeneid* 2.374 - 375.
④ Livy, *Ab urbe condita* 28.46.

罗马统治世界的时候,海盗船却长期出没于大海,许多罗马藩属城市遭到毁灭性的攻击。曾经征服了整个世界的罗马人也无法保全其沿海城市不受蹂躏。除此之外,还有污染的空气、多变的天气、海边多发的疾病和沿海环境的恶劣。考虑到这些因素和其他不利条件,有谁还会为一座审慎的城市避开海边位置而感到惊讶?她宁可远离大海只为避开海上侵袭,只有这样她才如同港口中的船只那般享受安全。

　　一座没有港湾的城市到底缺失了什么呢?尽管我担心自己的观点不被赞同,但我依然会说出我的感受。同其他各方面一样,在这点上佛罗伦萨也受益于哲人指点和上帝眷顾。佛罗伦萨与海岸保持了足够的距离使之得以完全免遭沿海城市遇到的各种困扰,但同时,这样的距离对利用大海而言又足够近。在近海问题上,看似佛罗伦萨输给了临海港口,但就这个问题而言,输家实为胜者。当然,海港城市能得益于港口和海岸,但这些优势总是与危险、烦恼相随。佛罗伦萨与大海间隔的距离既能使她获益又避开了所有不利,她从未被大海带来的厄运困扰,也不受危险的恫吓,而沿海城市却要忍受致病的气候、腥臭的空气、潮湿的水汽和秋季的病灾。可以说,如此带来的效用已尽可能纯粹,既不是危险的,也非彻底的。在我看来,佛罗伦萨与西地中海间隔恰当,同时又能享受毗邻亚得里亚海的惠利,这一绝妙的地理位置怎么赞美都不为过。如果佛罗伦萨位于任何一边海岸上,除了要面对不计其数的烦恼滋扰外,还会因为远离另一面大海而极为不便,她会同时处于两个极端:既离海岸过近同时又过远。不过,佛罗伦萨正好位于两边海岸的中间,她似乎并不满足其一,而是寻求同时利用两个海岸。佛罗伦萨恰似意大利的女王,与第勒尼安海和亚得里亚海保持了均等的距离。佛罗伦萨所处之地气候宜人,与平原和高山相距都不遥远,这里有良田万倾、远山含笑,此外,城市中间另有小河贯穿流淌,这既是一道靓丽风景,又为一种巨大便利。佛罗伦萨充满令人赞赏的华丽、举世无双的美丽、精美绝伦的建筑以及极致的宏伟,城外乡野的优美也是闻所未闻,充满了欢愉与优雅。佛罗伦萨满载着伟大与辉煌,远超意大利各地,就连古罗马各城都居于其下。

如此美不胜收的城市为描绘者提供了丰富的素材,也完全激发起我讴歌她的欲望且不愿停息。也许我的言辞过于松散,为了能够面面俱到,我反而错过了佛罗伦萨最美好的一点。我忙于诉说这座城市的美丽高贵,几乎忘记讨论她的子民、人口规模,以及公民的美德、勤劳和善良,这是佛罗伦萨最宝贵的财富,也是最先浮现于脑海的印象。因此,是时候回到起点,给予佛罗伦萨人民应得的关注。我刚才稍许有些离题,现在应该回到演讲的主题,此刻我当梳理思绪,将那些已提及的内容姑且搁置,集中讨论该谈的话题,这样才不至于一错到底。

2

我已经讨论过了佛罗伦萨,下面应当来谈谈佛罗伦萨的人民。如同通常人们在讨论个体时所做的那样,我想先从佛罗伦萨人的祖先开始说起,看看佛罗伦萨人到底起源于怎样的祖先,他们在各个时代在国内国外取得过怎样的成就。如同西塞罗所说的:"让我们从头开始做起。"①

---

① Cicero, *Orationes Philippicae* 2.44.

　　那么,佛罗伦萨人到底属于何种血统? 他们的祖先又是谁呢? 这座杰出的城市由谁所建? 佛罗伦萨人啊,认识下你们的民族和祖先吧!你们是所有民族中最出类拔萃的,其他民族的祖先都是些避难者、流放者、乡巴佬、流浪者,或来历不明之徒的后代,然而你们城市的创建者却是罗马人——全世界的主人和征服者。永恒之主,你唯独赐予这座城市如此之多的美物,每件事情,无论发生何地或出于何种目的,都只会增添佛罗伦萨的利益。

　　佛罗伦萨人是罗马人后裔的事实至关重要,就任何方面的优秀而言,这世上还有哪个民族能比罗马人更杰出、更强大、更卓越? 罗马人的功绩是如此显著夺目,乃至其他民族最伟大的行动在罗马人面前都显得稚嫩无比。罗马人的领地覆盖整个世界,他们的统治持续了几个世纪,因此,仅一座城市所包含的各种美德就远超其他民族迄今为止所有的美德。在罗马,各方面德性杰出者不计其数,没有哪个民族能够与其匹敌,即便我们不提许多伟大领袖和元老院首领的名字,除了在罗马,哪里还能找到诸如帕布里科利、法布利齐、克伦卡尼、德恩塔蒂、法比、德西乌斯、卡米卢斯、保利、马尔切利、西皮奥尼斯、卡多尼斯、格拉古、多尔瓜蒂、西塞罗尼斯等显赫的家族? 如果论城市建立者的高贵品性,这世上没有哪个民族能与罗马人相比;如果论财富,没有谁比罗马人更富裕;如果论伟大和辉煌,没有谁比罗马人更杰出显赫;如果论统治,海这边的民族没有谁不臣服于罗马人的武力之下。所以,佛罗伦萨的子民沿袭了祖辈的权力,统治世界的权利属于你,父辈的遗产也属于你。由此可知,由佛罗伦萨人发起的战争多数都是正义的,他们的战争绝不会缺少正义,要么为了保家卫国,要么为了收复失地。这种正义的战争是一切法律和司法制度所允许的。如果父辈的荣耀、高贵、美德、伟大、辉煌能够荫及子孙,那么这世上没有谁能比佛罗伦萨人更配得上尊严,因为他们的祖辈长久以来各方面的荣耀都远超他人。其他民族有谁不承认自己臣服于罗马人?曾身为奴隶之人怎胆敢与主人的后代相争抗衡,或希冀能够取代他们?显而易见,佛罗伦萨能拥有如此伟大的建立者的事实对于这座城市及其人民而言绝非无足轻重。

但是,佛罗伦萨人的民族从历史上哪个时期开始成为罗马人的后裔?就拿皇室继位举例而言,有一种尽人皆知的传统,即被宣布为皇储的王子必定出生于其父王的威严臻于鼎盛之时。在此之前或之后诞生的子嗣都不被立为皇储,也无权继承父亲的王国。处于巅峰状态的统治者往往能实现最辉煌灿烂的业绩。盛世可以激发人的思维,催生伟大的精神,在这种历史时期,伟人能够成就千秋大业,这时的所作所为也总格外引人注目。

同理,这座高贵的罗马殖民城市建立于罗马人的统治臻于鼎盛时期,是强大的异族国王和好战的民族纷纷降服于罗马人的武力和美德的时期。迦太基、西班牙和科林斯都被夷为平地,八方领土无不认可罗马人的统治,而罗马人却不曾遭受任何外国的侵害。那个时候,恺撒、安东尼、提比略、尼禄等毁灭罗马共和国的"毒瘤"还没能剥夺人民的自由,那神圣且不容践踏的自由就在佛罗伦萨建城后不久便被卑鄙之徒窃取了。鉴于此,我认为佛罗伦萨有比其他城市更为真实的东西,佛罗伦萨的子民尤其享受无与伦比的自由,是僭主的不共戴天之敌。我相信从建城伊始,佛罗伦萨就对罗马共和国的毁灭者深恶痛绝,这种痛恨至今让她无法忘却。如果任何共和国腐败者的踪迹甚至只是名字遗存至今的话,定当遭佛罗伦萨人民的厌恶和鄙夷。

佛罗伦萨人民对共和制度的热爱并不陌生,也不像有些人想的那样是一时兴起。当一些邪恶之徒施行最可怕的暴行——摧毁罗马人的自由、荣誉与尊严之时，佛罗伦萨人民对僭主的斗争就已开始。那时，佛罗伦萨人民心中燃烧着对自由的渴望，对共和国充满激情，积极奋战，这种情感持续至今。如果这种政治派系在不同时候被冠以别名，它们也不会有什么不一样。从一开始，佛罗伦萨就团结一致反抗入侵罗马国家的人，并将这个政策留存至今。与其说这是出于对祖辈领土应有的尊重，毋宁说是出于对僭主的正义仇恨。有谁能够眼睁睁看着罗马，这个由卡米卢斯、普布里克拉、法比里奇乌斯、库提乌斯、法比乌斯、瑞古卢斯、西庇阿、马切卢斯、加图父子及其他数不清的可敬高尚者凭借美德建立起来的国家落入卡里古拉和其他魔鬼般残暴的君主手中?[1] 这些僭主无恶不作罪不可赦，他们穷兵黩武只为争夺权力。

这些争斗的结果就是不择手段地消灭罗马公民，好像只要能让罗马不再高贵、失去政治活力，甚至生灵涂炭，他们便能得到这世上的最高犒赏。当卡里古拉竭尽罪恶之能事这座伟大城市中却还有很多公民活下来时，这位杀戮成性的僭主在无法满足自己残酷的欲望后终于说出了那句足以证明其凶残本性的话语："全体罗马人民总共只有一个脖子该多好，那样我就可以将之一刀毙命。"[2]显而易见，他确实那么做了，公民的鲜血满足不了卡里古拉的嗜血本性，如果能活更久一点的话，他将令整座城市成为空城。不仅如此，他逐一诛杀元老院成员，杀死最杰出的执政官员，将他们的家族连根拔起，每天像宰杀牲畜那样屠戮城中

---

[1]　后文关于卡里古拉(Caligula)和提比略·恺撒(Tiberius Caesar)的轶事出自 Suetonius, *Gaius Caligula* 24, 30; and *Tiberius* 43 - 44。

[2]　Suetonius, *Gaius Caligula* 30.2.

的任何平民。卡里古拉还有更加令人发指的残暴兽行，绝对堪称史无前例闻所未闻，那是每当提起必定千夫所指的恶行。卡里古拉接连蹂躏了他的三个姊妹，并逼迫她们公开成为他的妾妃，这哪是皇帝的举止行为？这哪是人们称道的伟大君王？多么令人愤慨的暴行，多么无耻凶残的魔鬼！基于这些原因，谁还会为罗马人的城市极度痛恨皇帝派（imperial faction），并且这种仇恨持续至今而感到惊讶？

　　还有什么更加正义的缘由可以解释这种愤慨吗？还有什么事情比看见自己的祖先罗马人先前还凭借卓越才能统治世界，瞬间她自己的自由却落入暴徒之手更让佛罗伦萨人民感到痛心疾首吗？如果共和国尚在，这些人必定是社会最底层的渣滓。对于在卡里古拉之前的提比略我又该说什么才好？（当讨论这些既混乱又不合理性的事情时，没有必要按年代顺序讨论。）有谁听闻或目睹对比起提比略在卡普里岛疯狂折磨罗马公民的残暴行径更加可耻、令人作呕的事情吗？还有什么事情比起皇帝的情人和男宠的淫乱行径更加可耻可恶、令意大利人羞愧难当？这些道德败坏者竟然曾经生活在这里！如果这些皇帝昏庸无道，那后继之人又会好到哪去？这些人都是谁呢？不正是尼禄、维提里乌斯、图密善和赫利奥加巴卢斯！要想说清尼禄的品德和人性绝非易事，他的母亲阿格莉皮娜曾向天称道其子虔诚。我们很难想象一个当着母亲的面表现虔诚的人能够毫无人性地对待他人，然而就是这位皇帝将罗马城付诸一炬，这一"怜悯"之举的托词竟然是为了让其人民不受严寒困扰！

　　恺撒大帝啊，你又对罗马城施加了何种暴行！但我打算对这个话题保持沉默，因为博学睿智的罗马诗人卢坎如实记下了这些罪行，却引起他人的愤怒不满。也许这样做也不无道理，因为有时候暴行会被德行掩饰,因此最安全的做法就是对恺撒闭口不谈。同样,我也不会讨论他的养子,尽管我对领养的原因心知肚明。我将对此一带而过,对于他的昏庸残暴行径、杀戮驱逐无辜的公民、对元老院背信弃义、荒淫无度的变态性史等,我都不愿回想。在他的身上如同在他养父身上那样,残存着某些德性让他的罪行较可容忍些。然而,国家落入了这些恶魔的手里,根本没有任何德性可以为其赎罪,除非全力摧毁一个国家或纵欲施暴都算作一种德性。出于这个原因,我不再去回顾你的其他行径,但我无法忘记,我想我也有理由生气,是你为无数暴虐行径铺平了道路,是你让后继者犯下了滔天罪行。

有人会问,我所说的这一切又都为了什么? 实际上有两个原因:第一,为了表明佛罗伦萨有充足的理由来形成政治忠诚;第二,为了表明佛罗伦萨建立时正值罗马的实力、自由、天赋臻于鼎盛,尤其那时她拥有伟大的公民。后来当共和国屈从于个人,就像塔西佗所说:"那些俊杰之才荡然无存。"①因而,佛罗伦萨的建城时期至关重要,若是稍晚些的话,那时罗马人所有的美德和高贵都惨遭毁灭,没有什么伟大杰出的东西能够流传后世了。

由于佛罗伦萨的建立者凭借统治才华和军事技巧令四海臣服,由于佛罗伦萨是在罗马人的权力和自由都臻于极盛时期建立的,因此毋庸置疑,佛罗伦萨不仅在美丽、建筑、选址等方面出类拔萃,在血统尊贵方面也远胜于所有别的城市。

现在让我们来谈谈另一个话题。

---

① Tacitus, *Historiae* 1.1.

3

因为佛罗伦萨源于如此高贵的祖先，她绝对不会容忍慵懒和怯懦的玷污，也不会满足于沐浴在祖先的荣耀之下，或是安逸舒适地倚仗祖先的光环。佛罗伦萨的崇高地位与生俱来，她始终努力去实现别人对她的期望和希冀。因而，佛罗伦萨效仿其祖先的所有美德，在任何人看来，这座城市都完全配得上她的美誉和传统。

此外，为了证明她是全意大利的领袖，佛罗伦萨从未停止过奋斗。她所取得的成就和荣耀并不靠阴谋诡计，也不靠欺诈和罪行，她靠的是睿智的策略、勇于面对危险的决心，保持信念、正直和坚定，最关键的是保障弱者的权利。佛罗伦萨不只专注于比拼财富，她更加注重提升工业和城市建设水平，她认为正义和仁慈要比强权更为重要。凭借这些品质，佛罗伦萨努力成为最强的国家，也赢得了权威和荣耀。佛罗伦萨人清楚地知道若不遵循这些原则，她将背离祖先的美德，那样的话，高贵的血统也会从荣耀降为累赘。

佛罗伦萨人采取了最明智的行动，为了自己的美德不懈努力，因而父辈的尊贵和伟大同样映射在儿子的身上。可以肯定的是，如果佛罗伦萨人怯懦荒淫，或以任何方式背离美德，那么祖辈的荣耀非但无法替她遮掩，反而会令她的丑行暴露无遗。父辈荣耀的光环让一切无处遁形，对子孙理应发扬父辈美德的期望让佛罗伦萨人民备受瞩目。任何人若辜负了这种期望，不但不再高贵，还会因有辱祖先美名而臭名昭著。但是，正如祖辈的荣耀能烘托出晚辈的堕落，这同样的荣耀会将晚辈拥有的高贵精神放大百倍。随着高贵和影响与日俱增,晚辈也会来到天堂,他们会因为自身的美德加上先辈的荣耀而与祖先并肩齐立。实际上,我们在佛罗伦萨已目睹了许多人因为伟大行迹而成为优秀典范,从他们身上很容易辨认出罗马人的美德和伟大精神。因此,佛罗伦萨不仅因为血统高贵而受尊敬,更是因为自身的优异和成就而受人敬仰。

我想关于这座城市光辉的起源我已说得够多了,并且这是不证自明的。接下来应当说一下佛罗伦萨的卓越成就,她是如何在国内外实现繁荣的。但我将简短扼要,文章篇幅不容许我完整地描述佛罗伦萨史,因而我将只关注要点。但是在开始这个话题前,我认为有必要先解释一下并提醒大家,以免那些带错误印象的人谴责我鲁莽和无知——鲁莽源于轻率,无知源于愚昧,两者都该避免。我并不怀疑许多愚钝之人会质疑我,认为我希望凭借这篇颂词赢得民众喝彩和青睐,竭尽所能控制他人心智。有如此想法的人认为我逾越了真理的雷池,谴责我为了让文章增光添彩而混淆是非。我要给这些人一些建议,甚至反讥,这样他们才会放弃对我动机的质疑。尽管我真心希望这篇颂词被广为接受(我公然承认自己渴望如此),但我从未因受此动机驱使而故意谄媚奉承。在我看来,应当通过广施德行来赢得他人尊敬,而非恶行。我当然从来没有企图借着这篇颂词来博得他人赞誉,事实上,如果我认为靠着这篇小文章就能获取广大民众青睐的话就再愚蠢不过了。但是,既然我目睹了这座城市的美丽,我对她优越的地理位置、建筑、高贵、舒适和伟大的荣耀都万分敬仰,我就想尽一切可能来描绘她的辉煌。这就是我写这篇颂词的原因——并不是为了取悦于谁或博取赞誉。如果我真是为沽名钓誉而著此文的话,只要结果没遭恶意批判,我就该深感万幸。然而就我所见,最大的危险来自那些憎恨佛罗伦萨繁荣昌盛的人,他们会因为这篇颂词而视我如死敌,坦白说,即使现在我都对此心有余悸。因此,这篇文章会让我四处树敌,那些嫉妒或仇视佛罗伦萨的人,那些曾遭佛罗伦萨困扰、进攻和被征服的人,或者他们的祖先曾有此番经历的人,所有这些人都会怀恨于我。因此,我非常害怕这篇著作只会为我招来仇恨。但我要先谈个任何明理的人都不会反对的条件:如果在这篇文章中我说了任何虚假、自私、无耻内容的话,我自愿接受听众的敌意和仇恨;如果我所说的句句属实,并且表述恰如其分的话,听众就毫无理由迁怒于我。没有比这个条件更加公平的吧? 如果我所做的只是为佛罗伦萨配上一篇真实颂词的话,没有谁会坏到因为这个而跟我动怒吧?

从我刚才所说的一切可以看出,我作此颂词的目的不是沽名钓誉,没人能因此对我发难。但是人的本性各异,我相信一定会有很多人对我刚才给出的一堆道理表示不屑一顾。还有些人,在他们看来真理本身就可憎可恼。再有些人,或出于天性或出于无知,他们只相信与其利益契合的事情才是真理。这些人会指责我虚荣浮华,会批判我满口胡言。对此,我想说他们没必要用诡计针对我,或贸然谴责我,而是应该意识到要对自己的观点负责,尤其要记住我并不是在讨论公民个体的美德和优异,而是在谈及整个国家。如果佛罗伦萨的某个公民失误犯错,没有理由让整座城市来背负责难,况且在佛罗伦萨,坏公民的行为不会被模仿,而会遭到指责进而改正。

实际上,没有一座城市能够被治理到完全没有坏人,正如一部分人的良好品质无法完全消除一群愚蠢恶棍的骂名那样,一部分人的丑陋邪恶也不应该剥夺整个民族高尚德行理应受到的赞美。犯罪有公共和私人两种,两者之间有很大差别。私人犯罪源于个别作恶的动机;公共犯罪则是基于整个国家意志的结果。关于后者,这不是一个听从个人想法的问题,而是整个城市的法律和传统听命于什么的问题。城市通常会遵从大部分公民的习惯喜好。在其他城市,大部分公民经常会与上层阶级发生冲突;然而在佛罗伦萨,大部分人的观点通常与精英市民相一致。因此,那些错怪我的人不要再向我指出少部分人的不良恶习了,这将是荒谬至极的,就像是因为维尔列斯的腐败而指责遵纪守法的罗马人,抑或是因为忒耳西忒斯的胆怯而否认骁勇善战的雅典人。①

如果想要了解佛罗伦萨究竟是多么出类拔萃(我已如实称赞了她),那你大可去环游世界并随意挑选任何一座城市与佛罗伦萨进行比较,不仅仅是比较华丽和建筑(尽管在这些方面佛罗伦萨举世无双),也不只比较公民的高贵(虽然其他城市都认为佛罗伦萨拔得头筹),同样还要比较城市的美德和成就。如果其他城市愿意如此去比较的话,他们自然会明白自身与佛罗伦萨间的差距,他们会发现没有一座城市在这些值得称道的条件中能与佛罗伦萨相提并论。

我刚才用了"任何一座城市",下面要进一步证明此点。如果某些城市在人们普遍看来具有某些特别的美德,那就拿出证据来证明那座城市确实在这一点上非常优秀。我认为任何城市,即便她有着独特之处,也必定在佛罗伦萨面前相形见绌。简而言之,没有一座城市能在任何方面与佛罗伦萨媲美,无论是虔诚信仰、经济财富、公民关怀,或是公民所取得的成就。你可以找任何一座喜欢的城市来与佛罗伦萨竞争,

---

① 维尔列斯(Verres)是苏拉党派的人,他于公元前 73 至前 71 年在西西里担任总督时的腐败行径,布鲁尼或许是从西塞罗的著作(Cicero, *Orationes Verrinae*)中获知的;忒耳西忒斯(Thersites)并非布鲁尼所说的希腊人,布鲁尼大概是想到了古希腊史诗《伊利亚特》中关于伊奥利亚人(Aeolian)胆怯的记述才这么写的。

佛罗伦萨都会接受挑战。你可以搜遍世界寻找在某一方面具有殊荣的城市，以这个城市最为骄傲的成就来与佛罗伦萨竞争对比，这将会让你大失所望，除非自欺欺人，否则找不到任何一点能够超越佛罗伦萨的地方。诚然，佛罗伦萨的出类拔萃是真实的奇迹，作为在各个方面都值得称道的城市，她堪称无与伦比。

　　我不打算讨论佛罗伦萨的实践智慧（审慎）①，因为在这个方面，任何人都会承认佛罗伦萨人在任何情况下都能力出众。有哪座城市像佛罗伦萨那样曾经甚至现在都展现出宽容厚德吗？这种美德旨在尽可能多地帮助他人，所有人都听闻过佛罗伦萨的自由，尤其是那些最需要自由的人。由于佛罗伦萨的慷慨好施盛名在外，任何人，无论他是遭遇驱逐流放，或因阴谋暗算流离失所，或遭人嫉妒背井离乡，佛罗伦萨都能为他提供庇护，如同安全的避风港和独特的避难所。全意大利境内的任何人都无法否认自己有两个故乡，一个是他出生的地方，另一个就是佛罗伦萨城。这样佛罗伦萨就成了全意大利人共同的家乡和安全的庇护地。任何人在需要的时候都可以来到这里，他会受到佛罗伦萨人民善意慷慨的款待。佛罗伦萨对慷慨的热衷和对他人的关怀是如此突出，这些美德得到所有人的公认。只要佛罗伦萨屹立不倒，就不会有人认为自己无家可归。实际上，佛罗伦萨的乐善好施甚至超过了该美德本身所要求的范围，那些流放者只要不是无药可救，就不仅会受到热烈欢迎，还经常能得到金钱和物质的接济。有了这些帮助，流放者可以体面地留在佛罗伦萨，或选择回到自己的家乡重整旗鼓。难道这不是事

---

　　① 拉丁语原文为 prudentiam（审慎），英译本将之译为 practical wisdom。——中译者注

实吗？即便是对佛罗伦萨心怀不满的人也不敢否认这点吧？不计其数的人对这个品质有目共睹，当他们在家乡穷困潦倒，或是遭驱逐流放，佛罗伦萨人都会好心好意地拿出国库财产帮助他们回到家乡。

还有许多别的例子，当有些城市遭遇邻国阴谋或是本国僭主欺压时，佛罗伦萨会献计献策、提供金钱等帮助他们渡过难关。在这里我就略去使节了，佛罗伦萨会派使节去任何遇到麻烦的地方，帮助持对立意见的双方进行调解，因为这座城市确实非常擅于调停斡旋。这样一座为了邻国利益尽职尽责的城市能不被称为仁义之城吗？她的美德和伟大功绩无论怎么称道都不为过吧？佛罗伦萨无法容忍他人受到伤害，当别的城市陷入困境时，佛罗伦萨绝对不会袖手旁观。佛罗伦萨会先凭借实力和威望试着通过协商来解决纷争，如果可能的话，最终调和分歧并说服双方达成和解。但如果这招失效的话，佛罗伦萨总会帮助遭强者欺凌的弱势一方。从一开始佛罗伦萨就坚持保护弱国，将之视为己任，确保在意大利没人会遭受摧残。所以，在历史上佛罗伦萨从来没有被偷闲享乐的欲望左右，也没有因为恐惧而听任别的国家遭受伤害。当任何其他城市、同盟、友邦、中立国处于险境时，佛罗伦萨不认为自己有权利只顾自己享受和平安逸。相反，佛罗伦萨会立即挺身而出，帮助别的城市抵御攻击，佛罗伦萨曾经保护过那些险遭灭亡的国家并为他们提供军队、金钱和装备。

对于佛罗伦萨的仁义（beneficentie）与慷慨（liberalitati），谁能称赞得完？世上还有哪座城市能超越佛罗伦萨所取得的成就？佛罗伦萨为了捍卫其他国家难道不是不惜重金、甘冒风险吗？当其他国家陷于险境时难道佛罗伦萨不是施以援手吗？正因为佛罗伦萨在危难时刻捍卫了那些国家，他们很自然地认可佛罗伦萨是自己的庇护者。既然佛罗伦萨成了庇护者,谁还会否认她的威严、力量、财力、声望超越了其他城邦?

除了仁义与慷慨,还要加上一条对盟友尽职尽忠的品质,佛罗伦萨一直将之奉为圭臬。正是因为始终信守这个原则,佛罗伦萨在加入任何同盟前总会仔细考虑自己是否真的能为盟友提供保护。一旦做出承诺,佛罗伦萨就绝不食言。只要是佛罗伦萨从开始就认作正义的事情,任何权威都无法影响佛罗伦萨,她绝不会违背之前达成的协议、条约、同盟、誓约或诺言。没有什么比坚守承诺的声誉更能评判一个国家的尊严了;反之,没有什么比背信弃义更可耻可恶了。后者是十恶不赦的罪犯的行径,他们是国家的头号公敌。(据西塞罗言)他们属于那种"我的舌头是发了誓,但我的内心根本没有起誓"①的家伙。这种欺骗行为是正义城市无法容忍的,而一座好的城市总是在深思熟虑后恪守职责。一旦做出了某个承诺,就绝不应该出尔反尔,除非发生了不受其能力所控制的变化。

由于佛罗伦萨高度重视诚信(fides)和廉洁(integritas),甚至与敌人之间的协定她都会一丝不苟地遵守,因而,从来没有人指责佛罗伦萨失信于人,就算是佛罗伦萨的敌人也不曾怀疑过她的守信,并且在他们心中佛罗伦萨的名字总是承载着威严。很显然,这就是为什么那些之前曾是佛罗伦萨最大敌人的人现在却欣然将他们的子孙和财富交予佛罗伦萨监管。他们深信佛罗伦萨的诚信和仁爱:第二种品质能让佛罗伦萨不计前嫌并尽职尽责;第一种品质确保佛罗伦萨能恪守诺言,佛罗伦萨不会辜负他人的期望。实际上也确实发生过这样的事情,佛罗伦萨兢兢业业替别人看护财产,然后又归还给主人,这证明了这些人对佛

---

① Cicero, *De officiis*, 3. 29. 108.

罗伦萨诚信的认可。他们这种将财产托付给佛罗伦萨看管的做法很快被别人效仿,因为这座城市总是尽心尽力为所有人服务,在任何事情上都会将荣誉置于私利之上。在佛罗伦萨看来,任何不能赢得尊敬的事情都毫无价值。

我发现佛罗伦萨被赋予众多的优良品质,但是其中没有比临危不惧的高贵精神更能凸显出罗马人的美德和秉性。除了罗马人,谁还会有这种美德? 罗马人在他们历史上各个时期都经历过战争。他们投入惊心动魄的战斗中,罕见且难以置信的是,即使在极度危险和困难的时刻,罗马人都坚守原则,毫不动摇。皇帝①盛怒之下扬言摧毁佛罗伦萨,有一大批佛罗伦萨的敌人紧随其后,摩拳擦掌、虎视眈眈。这支敌军驻扎在佛罗伦萨城外不到一英里的地方,敌人的呐喊和兵器之声响彻整座城市,即便是汉尼拔在攻打罗马的科里那城门时也不如这些魔鬼般杀气腾腾。更糟糕的是,暴露在敌军面前的那部分城池在当时还没有坚固的防御工事。因此,人们认为那里没有哪个佛罗伦萨人胆敢拿起武器或进行抵抗。然而事实却是,这座勇敢的城市对于皇帝的威胁嗤之以鼻。敌军在城外驻扎多日,城内的佛罗伦萨人民毫无畏惧;每个人都若无其事地继续从事着自己的事务,宛如根本没有敌军近在咫尺。城里的每个作坊、店铺、仓库都照常营业,各行各业毫无懈怠,更不用提城市各政府部门了。当皇帝获此消息后,他惊讶于佛罗伦萨的高尚风纪,于是便放弃围城。

---

① 皇帝是指神圣罗马帝国的亨利七世,他于 1312 年入侵意大利时曾在佛罗伦萨城门口拔营起寨。参见 F. Schevill, *History of Florence from the Founding of the City through the Renaissance*, New York, 1936, pp. 189 – 191; Bruni, *Historiarum Florentini populi libri XII*, ed. E. Santini, RIS, n.e. 19, 3 (Città di Castello, 1914): 107 –111。

这座城市不仅在抵御入侵时生猛矫健,在迎战反攻时更是勇猛无敌。佛罗伦萨从来无意伤害任何他人,除非在受到挑衅时才会出击,但一旦决意进攻,佛罗伦萨人就变成了捍卫尊严的勇猛斗士。每当佛罗伦萨发起攻势,对赞美和荣耀的渴望就让她判若两人,佛罗伦萨总是乐于接受难打的战役,她从不因为艰难险阻而躲闪逃避。我能记得佛罗伦萨攻克过防御精良的城池,以及在与邻国交战后缴获的不计其数的战利品,佛罗伦萨人还在意大利以外的战场上建立了赫赫战绩。但在这里不宜多谈战事,也不可能穷尽那么多的战绩,那需要另写部著作单独讨论,而且将是一部长篇大论,我希望在将来能实现此举以记录下佛罗伦萨人民所取得的每场胜利。不过现在我就只能枚举一二,让你明白佛罗伦萨在战事上也同样具备巨大德性。

沃尔泰拉是托斯卡纳地区的一个高贵古城,但因为她坐落于高山之巅,即便是毫无负重的人也很难到达那里。佛罗伦萨曾与这座城邦交战过①,不畏艰难的美德使她并不惧怕险峻的地势和战局的不利。当先遣部队开始登山的时候,他们遇到了从高处向下俯冲的敌军,双方立刻陷入了一场殊死搏斗。两军人数相当,佛罗伦萨人具有战斗力的优势,但沃尔泰拉人却占据着地形优势。借助地势,沃尔泰拉人不仅用矛和剑阻挡住佛罗伦萨军队前进,还顺着山坡推下巨石。佛罗伦萨士兵奋力向山上反击,兵器、巨石、敌军、山势都无法阻挡他们的士气,就这样一步一步厮杀到山顶,直面敌军并将他们逼退回城里。尽管沃尔泰

---

① 1254 年佛罗伦萨对沃尔泰拉的战役在谢维尔著作中有提及（F. Schevill, *History of Florence from the Founding of the City through the Renaissance*, p. 122）；布鲁尼《佛罗伦萨人民史》也有记载（Bruni, *Historiarum Florentini populi libri XII*, p. 30）。

拉筑有强大的防御工事，但佛罗伦萨仅一个回合就攻入了城里。佛罗伦萨没有借助任何外界的帮助，完全凭借自己军队的实力，英勇奋战的行动再次为他们赢得了殊荣。

这场胜仗在外人看来相当惊人，尤其是那些曾亲眼见过沃尔泰拉且感到惊讶的人，显然这是整个意大利防御最坚固的城镇，加上沃尔泰拉人为了家园英勇奋战，然而他们还是败给了更加勇猛的佛罗伦萨。因而还有谁能不敬仰在一天之内就攻下这座固若金汤的城镇的人？还有谁能不举双手称道那些占领沃尔泰拉的人的勇气？这就是佛罗伦萨取得的业绩！这就是佛罗伦萨的德性和勇气！凭借同样的斗志昂扬，佛罗伦萨接连征服了锡耶纳和比萨，攻克了强大的敌人和僭主。

更令人惊叹的是，佛罗伦萨克服艰难投入战斗更多是为了他人的利益，而非一己私利。她为了别国的自由安全甘冒危险，她为了守护别国的利益竭尽所能，这些都为她增添了信誉和荣耀。与佛罗伦萨很少和平共处的比萨对卢卡虎视眈眈，而卢卡是佛罗伦萨的朋友和盟友①。这场对峙良久的战事终于在两军交锋下拉开了战幕，争斗的过程中卢卡大败，许多士兵被俘。当时，佛罗伦萨正好在皮斯托亚附近安营扎寨，他们听闻此事后既没失去勇气，也不惧怕比萨，哪怕在这场胜仗中比萨军队士气高涨。佛罗伦萨军队立刻离开阵营直奔比萨大军，他们要赶在比萨军队到达安全的城内之前将其拦截。两军火速开战，佛罗伦萨大军扭转战局，先前还沦为阶下囚的卢卡人反倒生擒了许多比萨

---

① 1252 年，佛罗伦萨人民在第一平民政府（Primo Popolo）的领导下打败了比萨军队，从而扩展了在托斯卡纳地区的势力。参见 F. Schevill, *History of Florence*, pp. 120 – 121; Bruni, *Historiae*, p. 28; Giovanni Villani, *Cronica*, ed. by F. Dragomanni, 4 vols. (Florence, 1844 – 1845), 1: 274。

人，并将他们悉数带回了卢卡城。佛罗伦萨的军事实力挽救了卢卡，推翻了比萨的胜利并为自己赢得了赞誉。

然而在这场佛罗伦萨打下的胜仗中，什么最值得称道呢？是帮助他们获胜的军事技巧，是鼓励他们追赶比萨强敌的高昂士气，还是引领他们为了朋友利益不惜战斗的慷慨精神？我认为这三点应当合而为一受到赞赏。但我无法对所有战功都一一称道，不仅因为篇幅所限，而且我还要关注更重要的话题。

佛罗伦萨不只针对个别城市，她对整个意大利都宽厚仁慈，倘若只是出于自身考虑而如此辛劳的话，佛罗伦萨的这些行为只应被视作小把戏；但是如果意大利许多城邦都蒙受她的恩泽，那佛罗伦萨的努力就可谓无比光荣了。事实上佛罗伦萨始终都乐意保护陷入战争危难的邻邦，无论威胁他们的是邻近的僭主还是共和国贪婪的欲望。佛罗伦萨一贯反对侵略者，任何人都知道佛罗伦萨将那些遭难的邻邦视为自己的国土，她为全意大利的自由而奋战。当然，有许多次如果不是公正的上帝帮助佛罗伦萨的话，单凭崇高的动机，佛罗伦萨也无法成就此番大业。我不打算搬出那些陈年往事，而是结合我们当下所见的。显然，佛罗伦萨曾不止一次地将整个意大利从被奴役的桎梏中解救出来，我们省略去其他事例，单就关注最近发生的那件事吧。

如若不是佛罗伦萨以巧妙的策略和力量制止住伦巴第公爵的攻击，恐怕整个意大利早就被米兰的武力征服了，对于这点，哪怕是才智低下或混淆真理的人也都不会否认吧？[1] 整个意大利，有谁的实力和资

---

① 这里指1402年结束的佛罗伦萨对维斯孔蒂的战争。

源能与这个强敌相比？当这个敌人让所有人闻风丧胆的时候，是谁与他抗衡到底？他的声望不仅在意大利引起恐慌，即便是阿尔卑斯山北麓的民族也都对他望而却步。他的资源、金钱、人力殷实富足，最为关键的是，他具备了狡诈的政治才智，还拥有坚不可摧的力量。全伦巴第地区、阿尔卑斯和托斯卡纳地区之间的几乎所有城邦，还有罗马涅，都得服从他的统治、听从他的命令。托斯卡纳地区的比萨、锡耶纳、佩鲁贾和阿西西都在他的掌控下，他最终占领了博洛尼亚。① 此外，许多城邦和权势家族都投奔到他的旗下，这些人或是出于畏惧，或是受利益驱使，或是被他的诡计欺骗。这些跟从者不缺钱财馈赠和计策商议。实际上，这位公爵如能将他的资源、精力和天赋用于善意，将会是个非常幸福的人。不曾有谁的头脑能比他更精明伶俐。他周游各地、体察万物、阅历丰富，他广交朋友，有些是用金钱，有些是用精贵的礼物，也有一些是用承诺和虚伪的友谊。他播下了不和的种子，让意大利各邦自相残杀。当鹬蚌相争精疲力尽之时，他却坐收渔翁之利。最终，他的狡猾诡计在各处奏效。许多城邦面对他的势力胆战心惊，开始见风使舵。然而佛罗伦萨勇敢的内心不知惧怕，也不会让荣誉蒙羞。佛罗伦萨人知道他们的祖先罗马人素有抵御敌人捍卫自由的传统，他们甚至敢与辛布里人、条顿人和高卢人交战。这些祖先没有惧怕皮洛士王的凶暴和汉尼拔的欺诈，他们也从未逃避过捍卫尊严荣耀的责任。相反，他们历经艰难只为争取更大的光荣。所以，佛罗伦萨人随时准备为了捍卫

---

① 这些事件的年代为：詹加莱亚佐于 1399 年初占领比萨，同年夏季占领锡耶纳，1400 年初攻下佩鲁贾，同年 5 月占领阿西西，1402 年 6 月攻克博洛尼亚。参见 Baron, *From Petrarch to Leonardo Bruni*, p. 116, n. 257。

祖先流传下来的声誉而不惜代价，怀揣这个理念，佛罗伦萨人斗志昂扬地投入战争，要么光荣地活着，要么为了声誉奋战至死。此外，佛罗伦萨人认为必须要保护传承自祖辈的高贵地位，他们总是将尊严置于财富之前。佛罗伦萨人客观勇敢地分析形势，随时准备为了捍卫自由牺牲金钱乃至生命。财富和金钱是对胜者的嘉奖，但如果有谁在战斗中依然对钱财牵肠挂肚，认为保住金钱才能保障安全的话，那他实际上在为敌人的利益着想。这座斗志高昂的城市、这些能征善战的兵士与强大富庶的敌人展开了对决。这个强敌不久之前还威慑整个意大利，深信天下无敌，如今却被佛罗伦萨人逼迫着祈求和平，躲在帕维亚城内瑟瑟发抖。最终，米兰公爵不仅放弃了托斯卡纳和罗马涅各城邦，还丧失了大片北意大利的领地。

哦，佛罗伦萨，难以置信的辉煌和成就！哦，罗马人民和罗穆卢斯的血脉子孙！还有谁在提到杰出精神和高贵行迹时不对佛罗伦萨致以敬意？还有什么更斐然的业绩、更显赫的战功需要这座城市去实现？还有什么比凭借自身努力和财富将整个意大利从被奴役的危险中解放出来能更好地证明祖先的美德鲜活依旧？因为这些功绩，佛罗伦萨每天会收到来自各地的祝贺、赞美和感激，但佛罗伦萨人民把所有这些成就都归于万能上帝的意志，谦卑地笃信上帝的神意，而不是将之归于自身的美德。因此，佛罗伦萨从不因为成功沾沾自喜，也不会借着胜利去报复那些敌对的城邦；相反，她对征服的地方总会仁善以待，让人们知道，战争中的佛罗伦萨英勇无畏，战胜时的佛罗伦萨宽厚仁义。在这座城市诸多伟大的品德中尤其突出的是她始终保持着尊严。在取得伟大成就的过程中，佛罗伦萨最关心的就是确保维护尊严。因此，佛罗伦萨不会在成功时得意忘形,在失败时崩溃无力。面对成功她谦逊低调,面对逆境她坚持隐忍,在所有行为中都表现出正义和审慎。正因如此,她的盛名在人们心中获得了更大的荣耀。

4

　　如同在外交事务上备受敬仰,同样,佛罗伦萨有着完备的政府机制和司法制度。任何别的地方都做不到如此井然有序、优雅和谐。如同调试完美的琴弦能奏响不同音阶合成的和谐之声,没有哪种声音能够比它更加甜美悦耳;同样,这座审慎的城市的各个部分协调一致,形成统一和谐的政治体制,让人感到身心愉悦。这里没有一处杂乱无章、混乱失调,每件事物都有恰当的位置,不仅分工明确,而且相互之间关系融洽。这里有优秀的官员、首长、法官及社会各个阶层,他们职责分明,共同为佛罗伦萨的最高权力服务,如同古罗马保民官曾经为皇帝服务那般。①

　　首先,要确保正义在佛罗伦萨城拥有最神圣的地位,因为失去正义,城市便不复存在,佛罗伦萨也将有辱其名。其次,必须要有自由,如果失去自由,人民再也不认为生活值得一提。这两个观念共同反映在

---

　　①　这个类比据推测是指共和时期的罗马军队。保兵官(tribunus militum)是古罗马军团中六类中阶军衔中的一类,其职责主要是在行政方面维护士兵利益,不具有明确的军事指挥权。故保兵官与军队统帅(imperator)、执政官(consul)的工作地方一般都相距很远。参见 Lawrence Keppie, *The Making of the Roman Army*, London, 1984, pp. 39 - 40; Polybius, 6. 12, 19 - 20。另一方面,布鲁尼也有可能是根据保民官(tribunus plebis)和皇帝之间的关系描述打此比方。

佛罗伦萨政府设立的所有机构和法规里。

　　实际上,设立政府官职就是为实施正义,官员被赋予权威惩戒罪犯,尤其为了确保在佛罗伦萨没人能够凌驾于法律之上。所有公民必须听从这些执政官的决定,并对他们象征的权力表示尊敬。为了避免这些被赋予极大权力的法律捍卫者产生他们是鱼肉人民而非保护人民的念头,佛罗伦萨采取了诸多措施。政府制定了许多规定防止官员盛气凌人,或是破坏佛罗伦萨自由传统。首先,通常被视为国家主权拥有者的最高执政长官[①]必须受制于一套权力制衡机制。权力不得掌控在一人手中,而是由九名执政团成员同时参与,任期为两个月而非一年。设计这种管理方式是为了能够更好地统治,因为多人掌权能够纠正判断的偏误,短暂任期则可抑制集权野心的滋生。此外,城市被划分为四个街区(quarters),每区选出两人,这样各个地方都能有自己的代表。这些代表并非靠随意挑选,他们必须提前通过资格审查委员会(scrutiny)的评定[②],并被判断有资格担此殊荣。除了这八位首长以外,治理国家的任务还被赋予了另一个人,此人具有高贵德性和无上权威,该职务也是由城市各街区代表轮流担任。他是执政团的领袖,是正义执法的象征。[③] 九人执政团肩负着管理佛罗伦萨政府的职责,他们必

---

　　① 1282 年建立的执政团会议(signoría)沿用了之前行会首长会议(Priors of the Guilds)的名称,作为佛罗伦萨共和国的行政机构一直延续至 1532 年。
　　② 操作流程是把有资格的候选人名字写在纸上并放入一个袋子里,袋子按职位区分,等到某个职位需要人的时候,直接从对应的袋子中随机抽取,在资格审查(而非抽选)时就已经完成了政治资格筛选。这种抽签选择制度自 1328 年起实施。Nicolai Rubinstein, *The Government of Florence under the Medici*, Oxford, 1966, pp. 4 - 5.
　　③ 因此,该职务被称作"正义旗手"(Gonfaloniere di Giustizia, Standard Bearer of Justice)。

须住在韦基奥宫里①，以便更好地管理城市。在没有扈从跟随的情况下，这些执政团成员不会出现在公众场合，其高贵的身份要求得到相应的尊敬。有时候他们会需要一个更大的协商机构，因而设立"十二贤人团"②来担当九人执政团的咨询顾问。另外还设立了"十六旗手团"③，在必要时刻组织人们动用武力来捍卫自由。旗手团也充当执政团的顾问，同其他阁僚一样，按街区选出，任期为四个月。

这三个机构并不具备决断一切事务的权力。许多决定经过他们的审批后会被提交到另外两个立法机构——"人民大会"（Council of the People）和"公社大会"（Council of the Commune）——做最后决断。佛罗伦萨人相信涉及大多数人的事务，应该由全体公民按照法律程序共同决定。④ 这样，在这座神圣的城市里，自由风气勃发，正义得到保障。在这种制度下，任何违背多数人的意愿、出于个别人妄断的行径都无法得逞。

这些人监督政府、主持正义、废止法律、保障平等，根据法律程序伸张正义的权力，但是执行惩罚的权力则被赋予另一批官员，这些人都是从远方城邦被招至佛罗伦萨的异邦人。这个风俗并非因为佛罗伦萨人无法胜任法官（佛罗伦萨人每天在别的城市做着相同的事），而是为了避免在执法过程中引发公民内部的相互怨恨与敌意。因为法官常会受到仁慈之心驱使，他们的判罚往往与法规不符。这样的判决虽然严格

---

① 自 16 世纪起，佛罗伦萨市政厅被称作韦基奥宫（Palazzo Vecchio）。

② 拉丁语 viri boni（贤人）的意大利语表述为 buonuomini。

③ 这十六位旗手团成员是"正义旗手"的助理，来自佛罗伦萨的四个街区，每个街区选出四人。

④ 这是布鲁尼对《民法大全》（Corpus Juris Civilis）原则的阐释，原文为 Quod omnes tangit ab omnibus approbetur（5.59.5）。

来说公正无误,但还会引起许多人对法官表示不满。更重要的是,在这座自由之城里让一个公民对另一个公民宣判惩罚是令人反感的事情。因为无论这位当地法官怎么做,即便他极其公正,在其他佛罗伦萨人看来都令人厌恶。正因如此,我们的法官都来自遥远的城邦,法律程序都有严格的规定,以便他们不会有任何偏离法律的行为。他们入职时宣誓会像管家那样,在任期结束时将执法记录交予当地人民。这样,佛罗伦萨人民既享有自由,又受到约束。

此外,为了让这座大城市的每个人得到其应得的,也就是说,不会有人因为法官忙于其他事务而失去正义与法律的保护,部分行会(如商人行会、银行行会等)获准有权就各自行会成员的内部纠纷进行评判,某些行会也被赋予判决内部争端的司法权力。这样,商人行会、银行行会和其他行会有权自行裁决内部会员。为了保障共善和诚意,城市另外还设立了一些官职,其中包括税务官、财务官、财产监察等。这些官员参与促进这座伟大城市里公共和私人的福利、健康和虔敬。

但是在这座城市众多的官员里,没有哪个能够比圭尔夫党的首领更加显著杰出、享有更崇高的威望。或许在这里谈谈这个组织的起源并非毫无意义,简单的插叙不会全然无用,我希望这是有益且值得的。

佛罗伦萨在蒙塔佩蒂(Montaperti)激战失败后①,遭此重创的佛罗伦萨似乎已无力保住这座城市②。城中那些具有高贵精神的有识之士

---

　　① 佛罗伦萨的圭尔夫党于 1260 年在锡耶纳附近的阿尔比亚河(Arbia)一带被联合兵力所打败,其中包括佛罗伦萨吉伯林派、锡耶纳和西西里国王曼弗雷德(Manfred)派出的军队。

　　② 1260 年,佛罗伦萨圭尔夫党派在蒙塔佩蒂战役中被托斯卡纳吉柏林党派击败,参见 F. Schevill, *History of Florence*, pp. 127 - 130;布鲁尼在《佛罗伦萨人民史》(pp. 34 - 40)中也对该历史事件做了长篇叙述。

不愿在叛国者的统治下求生，于是背井离乡，偕同妻儿奔赴卢卡。这样如同效仿高贵杰出的雅典人的先例，第二次希波战争中他们撤离雅典，只为有朝一日能够在那里过上和平自由的生活。[①] 带着这种想法，在惨烈战争中幸存下来的勇敢的公民离开了佛罗伦萨，相信只有通过这种方式他们日后才能更好地洗雪前耻。倘若选择留在城内的话，他们就会继续挨饿并在城墙内等待死亡的命运。于是他们来到卢卡，在那里集结起所有因战争而四散的佛罗伦萨乡人。很快他们就配备好了武器、战马等一切军事物资，所有人都叹服于他们的精神与勇气。这支流亡军队在全意大利表现出诸多英勇之举：他们援助友军，面对敌对的政治联盟则有勇有谋、战无不胜。每一次努力都伴随着胜利，至此他们相信日思夜想着为家乡雪耻的时机已经成熟。于是他们踏上了讨伐西西里国王曼弗雷德的征程。曼弗雷德是意大利多个政治派系的头领，也是他在蒙塔佩蒂战役中为敌军提供了骑兵。领导佛罗伦萨流亡军队的首领是位骁勇善战的将领[②]，教皇将他从法国招来以对付这位曼弗雷德的傲慢。没过多久军队就打到了阿普利亚——我很乐意仔细重温在那场战斗中佛罗伦萨人民展现出来的巨大勇气，但在此只能言简意赅地说一下，佛罗伦萨人的善战让即便对他们怀恨在心的敌人也不得不对其实力与勇气拍手称道。在攻克阿普利亚并摧毁敌军后，满载着战利品的佛罗伦萨军队回到了托斯卡纳，他们立即将先前实行残暴统治的敌人赶出了佛罗伦萨，并对邻邦的敌军报以痛击，最终建立起一个新的政府机构，组成人员都是圭尔夫党派的首领，他们都

---

① 公元前 480 年雅典人在政治家地米斯托克利（Themistocles）带领下撤离雅典城。
② 1265 年，教皇乌尔班四世依靠安茹的查理去对付霍亨斯陶芬家族在南意大利的势力。参见 F. Schevill, *History of Florence*, pp. 135–140。

曾在这场正义的战斗中起到领导作用。

　　自打创立,这个机构在佛罗伦萨始终享有很高的权威,几乎所有事情都由他们过问和监督,以确保共和国的运作不再偏离祖先确立的伟大政策,还要小心共和国的权力不会落入敌对派系的手里。圭尔夫党派的首领对于佛罗伦萨而言,无异于监察官之于罗马、阿雷帕古斯之于雅典,或者是民选监察官之于斯巴达。也就是说,这些人从热爱祖国的佛罗伦萨公民中脱颖而出,他们是监管城邦政治的主要人物。

　　在这种政治机制下,官员精心勤勉地治理城市,即便是一位细心持家的父亲,他的家庭也不会有如此优良风纪和井然有序。因而在这里,没有人会遭受伤害,也没有人会被剥夺财产,除非他自己愿意。法官和官员忠于职守;法庭甚至最高法院都对外开放。社会各阶层的人都能对簿公堂,法律总会公平审慎地帮助市民、维护共善。世上任何地方都不会像佛罗伦萨这样对所有人民一视同仁,自由之花绽放,在穷富多寡之间实现平等。人们可以由此洞察到这座城市的伟大智慧,也许比任何其他城市都更伟大。当那些倚仗钱财和地位的有权势之人故意侵犯或欺压弱者时,政府就会介入,并对富人处以重罚。① 人的身份不同,施加的惩罚也不同,这样才合乎常理。佛罗伦萨认为这样才与正义理念相吻合,最有需要的人应当得到最大的帮助。因此,在不同等级的人群中建立起某种平等,上层阶级受财产保护,下层阶级受国家保护,对惩罚的畏惧则同时保护两者。在面对强者欺凌时,通常会有种说法,下层阶级的人会立刻说道:"我也是佛罗伦萨的公民!"通过这种方式,弱者

_____

　　① 指1293—1295年施行的《正义法规》,根据该法规,伤害普通百姓的贵族会遭受特殊的惩罚。

指明并警告,谁也不能仅仅因为弱者势弱就欺凌弱者,也不能因为自己强大就威胁伤害弱者。相反,人人皆平等,因为佛罗伦萨城邦承诺会保护弱势群体。

佛罗伦萨不仅以这种方式保护她的人民,也将同样的保护扩展至外来者。这里的任何人,本地人或外来者都不会受到伤害,佛罗伦萨努力确保每个人都得到自己应得的。此外,佛罗伦萨的正义和平等精神促进了公民之间的宽容和仁爱,没有人能自恃高傲或鄙夷他人,因为所有人都生活在同样仁慈的统治下。有谁能够在这剩下的短暂时间内完整地描绘出这座城市的高贵生活和高尚道德? 这座城市拥有许多极具禀赋的天才,他们做任何事情时都能轻易地超越他人。无论他们是披甲从戎,还是投身于国家治理,还是实行科学研究,乃至从商经贸,他们从事的每件事情、每个举动都远超他人。在任何领域他们都不会让别国的子民拔得头筹。他们对待工作极具耐心,随时准备面对危险,他们渴望荣耀、擅于谋划,他们勤劳、慷慨、卓越、愉快、和蔼,但首先,他们关怀民生大计。

对于他们铿锵有力的言辞和优雅得体的表述,我又该如何言说?在这个方面,佛罗伦萨人无疑是佼佼者。整个意大利都认为只有佛罗伦萨拥有最清晰纯洁的言词。有谁想要谈吐优雅,就要以佛罗伦萨人的演讲风格为楷模,这座城市拥有精通俗语的专家,在他们面前,所有其他地方的人都像牙牙学语的幼童。关于文学研究——我指的不是简单的商业上的和粗俗的作品,而是值得自由人研究的学问——在佛罗伦萨人中间充满活力地蓬勃发展。

因此,这座城市还缺少何种装点? 哪种品质不值得去极力称赞?他们祖先的品质如何? 他们有何不配为罗马人的后裔? 城市的荣耀如何？佛罗伦萨已经并将持续在国内外广施德行。建筑的辉煌、市容的整洁、城市的财富、人民的伟大、地理位置的优越,这些怎么样？有了这些城市还有何求？再无他求。现在该说什么呢？还需要做些什么呢？只剩下敬仰上帝,感谢上帝仁慈的赐予并献上我们的祈祷。全能永恒的上帝啊!在教堂和圣坛里,您的子民佛罗伦萨人民向您报以最虔诚的敬意。还有您,圣母啊!这座城市为您用闪耀的大理石建起一座神殿,用您纯洁的母爱哺育您的孩子。还有您,施洗者约翰!这座城市将您视为守护神——请保佑这座最美丽高贵的城市,让她永无灾害、远离邪恶。

二 斯特罗齐葬礼演说^①

（1427—1428 年）

梭伦（在我看来他非常明智）所制定的古代法律在他那充满智慧的（雅典）城邦习俗的保护下得到了认可与保障。法律规定：在为那些为国捐躯的公民举行完私人仪式后，必须要举办一场国葬，配以华美言辞和仪式——后者体现于葬礼游行，前者是对逝者的颂歌。

该法律还惠及他们的孩子。城邦将他们视为全共和国的后代悉心照顾，为他们提供教育、关怀和各种照料。这绝对是一部具有前瞻性的优秀法典，不愧为古希腊七贤之一梭伦的声誉之作！还能想象出比这更有用、更可敬的法典吗？它用荣耀来激励人们捍卫自己的祖国，同时尽责照看孤儿以减轻烈士的不幸。这些人曾是那么勇敢，他们遇险而退并非出于自身惧怕，而是为了孩子考虑，尤其是为了他们的幼子。狠心弃子而去，使之成为孤儿的做法似乎从某些方面而言有悖

① L. Bruni, "Oration for the Funeral of Nanni Strozzi," in G. Griffiths, J. Hankins et al. trans. and eds., *The Humanism of Leonardo Bruni*, pp. 121–127, 原著为拉丁文，"Oratio in funere Johannis Strozzae," in Estienne Baluze ed., *Miscellaneorum... hoc est, collectio veterum monumentorum*, vol 3, Paris, 1681, pp. 266ff.; reprinted by G. D. Mansi in *Stephani Baluzii Tutelensis Miscellanea novo ordine digesta... et aucta*, vol. 4, Lucca, 1764, pp. 2–7. 格里菲茨版英译文仅翻译了该作第一部分（关于城邦介绍），略去了第二部分（关于斯特罗齐个人生涯）。

于自然之道,我们有责任去哺育照看自己的亲生骨肉。然而,对于因为国家事业而沦为孤儿的孩子们,国家除了将他们当作自己的孩子并细心呵护外,没有更加正义或能表达感激之情的方法了。父母光荣的逝去对孩子而言并不意味着损失,(祖国的照料)让他们得到更多的关怀。

触动我想起这部伟大法典的起因源于一位高贵人物的光荣牺牲,他就是佛罗伦萨的骑士南尼·斯特罗齐,在佛罗伦萨与威尼斯共同对付米兰的战斗中英勇牺牲。他年幼的孩子成了没有双亲照顾的孤儿,只因斯特罗齐对祖国的爱高于对孩子的爱。这正符合梭伦法典中描述的情形,我们相信斯特罗齐和他的孩子理应得到法典规定的所有待遇。还有哪种情况比斯特罗齐的牺牲更贴近法典中关于为国捐躯的说法呢?我深信人们能够也应当为他置办荣耀的国葬,并将他的孩子抚养成人。同时,按照法律规定,我们还要为斯特罗齐写篇赞词来讴歌其功绩,而且这篇颂词要写得像葬礼演讲那般。

为了在这位伟大人物的葬礼上表示敬意,我们要不吝赞美之词,配以宏大的仪式,用最高贵的形式加以表彰。这样,去了的斯特罗齐对于祖国给予他应得的一切会感到欣慰。立法者的缜密心思和高瞻远瞩在许多方面都值得称道;当言语为仪式增添光彩时,生者的感激之情鲜明可见,逝者的丰功伟绩闪耀着熠熠光辉,亲属的悲痛与他的成就的荣耀互成比例。

为斯特罗齐写葬礼演说的重要职责被委任于我,假若我能拥有不负众望的禀赋和能力的话,在我看来写这样一篇歌颂其功德的致辞或许不会太难。但我明白,要做好这件事是相当困难的,没有足够禀赋和雄辩口才的人不该去尝试,尤其因为在一篇国葬献词中还应当包含对城邦的歌颂。然而,在赞美城邦时,特别需要用崇高壮美的语调,如果我可以做到的话,这篇献词的风格必定是宏大高贵的。并不是每个人都有这种展现崇高的能力,他必须有丰富的经验,并且在演说和雄辩方面出类拔萃。如果做不到这些的话,任何颂词都会显得贫薄无力,与希望歌颂之人的实际情况相差甚远,被歌颂者的声誉也会随着颂扬技巧的不足而减退,因此,如果不能完美地歌颂一个人,最好还是保持沉默。听者的心理也不会完全一致:在心地善良的人听来,无论怎么称赞都不为过;在居心叵测满怀嫉妒之心的人听来,所有赞美之词都像是虚妄矫饰。面对这些心态迥异的听者,要想做到令众人心悦诚服几乎是不可能的。虽然我充分意识到这些困难,但是怀着对逝者强烈的情感和国家使命感的呼唤,我还是会尽我所能去排除万难。我恳求每一位聆听我演说的人都更多地考虑下我的努力付出,而不是我取得的成就。说完了这些开场白后,我该正式谈论我颂词的真正主题了。

这篇葬礼演说的目的并不在于让人潸然泪下,也不是让人沉痛哀思,因为哀痛只适合给予那些没有为生者留下任何慰藉的死者。斯特罗齐的一生尽善尽美,他死得无比光荣,他的成就不计其数,因此一味悲叹他的生前死后,似乎是件吃力不讨好的事情。如果我们尝试着描绘他的丰功伟绩,那得说上很久,在这么多的成就之中最为伟大的就是他得到了天助神意。最崇高的荣耀当之无愧给予他的祖国(patria),因为这才是人类幸福快乐的首要条件,对祖国的敬意甚至要优先于对父母的感情。因此,如果我们从歌颂斯特罗齐的祖国开始,那我们也就选对了致辞的开篇内容。

斯特罗齐出生在一座最伟大杰出的城市里,这座城市幅员辽阔、四海闻名,毫无疑问是伊特鲁斯坎人①的中心城市,在起源、财富和面积上在众多意大利城市中位居第一。她的起源与全意大利最高贵、最显赫的两个民族有关:一个是伊特鲁斯坎人,他们是意大利古老的主人;另一个是罗马人,他们凭借德性和实力建立起世界帝国②。这是因为,我们的城市曾是罗马人的殖民地,而罗马人又被比他们更早的伊特鲁斯坎人同化了。伊特鲁斯坎人永远是意大利最古老的民族,他们的权威和财富无可匹敌。在罗马帝国建立之前,伊特鲁斯坎人的势力如日中天,声名威震四海。从阿尔卑斯山脉到西西里海峡,几个世纪以来,伊特鲁斯坎人统治着整个意大利。他们教会了人们如何敬神,并将文字和学识带入了意大利,他们还传授给意大利其他民族和平与战争的艺术。至于罗马人,如果想要用三言两语来谈及他们的实力、优秀、美德、荣耀、伟大、智慧,或者是强大的罗马帝国的话,那干脆还不如闭口不提。哪座城市还能有更加高贵的身世,被古老的祖先赐予无上荣耀?哪座城市在这些方面能够与我们的城市媲美? 同样值得称道的还有我们的祖辈,他们从先人手里继承了这座城市,建立起统治机构,管理得井井有条,尽可能地不偏离祖先传承下来的美德。为了保护国家稳定,他们在设立神圣法律法规时得到智慧的引导,为其他民族树立起好政府的楷模。然而,其他民族从来没能成为佛罗伦萨人的榜样,因为佛罗伦萨人总是能不断地成功保存或是提高自己的实力。在人们的记忆里,佛罗伦萨始终都是托斯卡纳地区的中心。同样值得称颂

---

①　伊特鲁斯坎人(Etruscans)是意大利中部伊特鲁里亚(现托斯卡纳)地区的古代民族。——中译者注

②　这是布鲁尼对《佛罗伦萨颂》第二部分结尾内容的回应(Baron ed., *From Petrarch to Leonardo Bruni*, p. 248, line 4),布鲁尼表达了佛罗伦萨人的祖先是罗马人的观点。

的还有这个时代的佛罗伦萨人民,他们将父辈留下的基业发扬光大,凭借着美德与实力,他们将比萨等其他大城邦一并纳入到自己的领地里,不过现在谈论这些战争、斗争和功绩显得不合时宜,这需要更多时间和更长篇幅,要耗费多年的心血而非一朝一夕。我们姑且不论或者改日再论这些外交事务,如果可以的话,现在就让我们开始考察这座城市本身吧。

佛罗伦萨共和国的统治制度以确保所有公民的自由与平等为目的,由于她在各个方面都是平等的,所以可被称为"平民"(popularis)政制。我们不会在个人独裁的统治下瑟瑟发抖,也不会沦为少数人统治下的奴隶。在所有人的面前存在着同等的自由,这种自由只受法律的限制,不会惧怕任何人。在所有人的面前同样存在着获得公职和升迁的希望,只要他们具有勤勉和自然的禀赋,严肃认真和令人尊敬地生活。德性与廉洁是这座城市对公民提出的要求,任何人只要具备了这两种品德就被认为足以胜任管理共和国的事务。有权有势者的骄横跋扈是最令人憎恨的,法律规定对这些挥舞权势之人所施加的惩罚要更加严厉。公正不阿的法律最终打消了权势者的骄横气焰,迫使他们低下头颅,谦卑地降级到中产阶级之下,允许他们从显贵(grandi)转到平民(popolo)队伍中已是一种莫大的特权。这是共和国真正的自由、真正的平等:不必害怕来自任何人的暴力和伤害,公民在法律面前,在担任公职方面享有平等的权利。而这种权利在个人或少数人的统治下是不可能实现的。那些偏好君主统治的人认为在君主身上有着任何人都不可能具备的美德。何曾有过这样的君主,他所做的一切都是为了百姓,丝毫不考虑自己? 这就是为什么那些赞美君主的言辞总是虚妄缥缈、缺少真实性精确依据。按历史学家所言,君主是不会希望看到别人比他好的,除了他们自己以外,任何人的美德对他们总是充满了威胁。①
少数人的统治也同样如此。因此,唯一剩下的合法统治形式只有平民
政制(popolare),唯此才能有真正的自由,所有人都享有同样的法律平
等,使得修身养性蔚然成风而不致引起任何怀疑。当一个自由公民获
得参与政府事务的机会,这将极其有效地激发出他的内在天赋。② 当人
们看到有担任公职的希望时,他们会振作精神、不断自我提升;一旦这
种希望破灭,他们便会一蹶不振。因此,在我们的城市里,只要这种希
望和憧憬持久不衰,公民的天赋和勤劳就显著夺目,对此,你丝毫不必
感到惊讶。

我们城市的人口是如此之多,不仅在这片故乡的土地上人口稠密,
还有更多不计其数的佛罗伦萨人遍布整个世界。姑且不论那些永远都
不会缺少佛罗伦萨人的意大利城市,也匆匆掠过那些生活在罗马、那不
勒斯、威尼斯、博洛尼亚、费拉拉、里米尼、曼图亚以及其他意大利城镇
的佛罗伦萨公民,这世上任何一个地方,无论多么遥远,都会有佛罗伦
萨公民居住的痕迹。如果你问起英格兰,这个位于大海之中,几乎在世
界尽头的岛屿,你会发现那里也生活着许多佛罗伦萨公民;如果你想到
法国或是德国,那里生活的佛罗伦萨公民人数远远超出你的想象。我
又何必再提及巴黎、巴塞罗那和阿维尼翁呢? 抑或是潘诺尼亚(Panno-

---

　　① 这里的历史学家指萨卢斯特,布鲁尼此处的引用出自萨卢斯特的《喀提林阴谋》
(*Bellum Catilinarium* 7.2)。拉彭纳注意到这一部分里有多处是对《喀提林阴谋》导论内
容的回应,他还指出布鲁尼其他著作也受到萨卢斯特的影响,参见 Antonio La Penna,
"Die Bedeutung Sallusts fuer die Geschichtsschreibung und die politischen Ideen
Leonardo Brunis," *Arcadia* 1, 1966, pp. 255–276, esp. pp. 260–261。

　　② "事实上,几乎众所公认,如果整个城邦能够获得自由,它必将迅速发展;人们内
心对于荣耀的渴求亦是如此。"(Cf. Sallust, *Cat.* 7.2)参见 S. A. Handford trans.,
Penguin Books, 1965, p. 179。

nia)、西西里等这些曾经最著名的岛屿之地？在所有这些地方，无数的佛罗伦萨人已经安居乐业。总而言之，我们不必再去费心地寻找，从塔纳伊斯（Tanais）到迈俄提斯（Maeotis），从赫拉克勒斯之柱到茫茫大海上的任何一处，佛罗伦萨人的足迹已经遍布世界。如果将那些散布在世界各地的佛罗伦萨人都算入佛罗伦萨城现有人口的话，得出的数目将庞大惊人，全意大利任何一个城市都无法在人口数量上与佛罗伦萨相比。

在天赋与智慧方面，也极少有谁能够与佛罗伦萨人匹敌，更不用说超越了。佛罗伦萨人精明干练，做事高效麻利，拥有明辨是非、正确行事的能力。

佛罗伦萨人的优势不仅体现于对共和国的有效治理、国家内部组织的高效运作、不断拓宽海外贸易，在军事能力方面，佛罗伦萨人也同样享有盛誉。我们的祖先凭借奋战的精神，在许多场战役中艰苦作战，征服了上千支的敌军，建立起不计其数的胜利丰碑。此外，佛罗伦萨还为最强大的国王们提供军事将领，培育出许多精通军事技能的干将之才。

关于学识和研究，我又该说些什么呢？佛罗伦萨在这方面的出类拔萃已经举世公认。我这里所说的并不是指那些粗俗肤浅或商业上的内容（尽管我们的人民在这些方面也同样出色卓越），而是指那些更有教育意义、通晓上帝智慧的学识，这些学识具有无与伦比、永恒不朽的荣耀。在这个时代的或早期的诗人当中，有哪位不是佛罗伦萨人？除了佛罗伦萨人之外，有谁让那遗失殆尽的公众演说术重现光明并将之用于实践？如果不是佛罗伦萨人的话，有谁能认识到拉丁语的价值？它遭冷漠忽视几乎濒临灭绝，是佛罗伦萨人重新复活了拉丁语并加以改良。如果考虑到卡米卢斯（尽管他不是真正的建国者）重新收复罗马城，因而能被称为罗马创立者的话，我们的城市佛罗伦萨让几近消亡的拉丁语重新显露光辉和尊严——按照同样的逻辑，她就应当被视为拉丁语的鼻祖。如同感激古代农神特里普托勒摩斯（Triptolemus）教给我们谷物生产的方法那般，任何文字或是学识文化的发展都应归于佛罗伦萨人的功劳。如今，即便是希腊文，这个在意大利消失了七百多年的古老语言也被佛罗伦萨人重新启用，这样我们大可不必再借助那些糟糕透顶的译文，而是能直接与通晓各种知识的古人，诸如伟大的哲学家、令人敬仰的演说家等进行面对面的对话。最后，人文主义学科本身就是最重要、最高贵的文化知识，它非常适合人类去学习，无论对于私人还是公众生活都很重要，对人文主义的研究经过佛罗伦萨本土文化的修饰与美化，在城市的大力支持下从佛罗伦萨传遍整个意大利。

　　至于说起佛罗伦萨的财富资源，如果我侃侃而谈我们的金银财宝显然取之不尽的话，只怕会招来别人的嫉妒。佛罗伦萨的富庶可以通过那场旷日持久、斥资巨额的米兰战争来证明。在这场战斗中，佛罗伦萨投入了超过 350 万弗罗林金币（florins），但当战争接近尾声时，百姓竞相缴付征款的热情也一点都不亚于战争开始的时候。佛罗伦萨经济似乎有着强劲发展的动力，如同受到某种神力扶持那般，每天都焕发出新生的活力。

三 论骑士^①

（1422 年）

致里纳尔多·德利·阿尔比齐^②

尊敬的阁下，我承认自己经常会思索 militia^③ 一词在我们当今的意思。加入军队是对杰出者赋予荣誉与尊严，因此我怀揣着几分好奇对这一概念的起源和发展进行了一番探究。我发现它由来已久，早在古典时代就已扎下深根，但出于多方面的原因，它逐渐堕落腐化，在历经数世纪后的今日，其面貌似乎已经与原初本质相去甚远。对于因时间冲刷变得模糊不清的某物，想要确信其本源和演变委实不易。

我之所以能就这个问题给您写信，一方面是因为对于您的恳求我无法推诿；另一方面是因为我看了一下别人给您的那本小书，您说那是

---

① L. Bruni, "On Kinghthood," in G. Griffiths, J. Hankins et al. trans. and eds., *The Humanism of Leonardo Bruni*, pp. 127–145, 原著为拉丁文, "De militia," C. C. Bayley, *War and Society in Renaissance Florence: The "De Militia" of Leonardo Bruni*, Toronto, 1961, pp. 360–389; M. Maccioni ed, *Osservazioni e dissertazioni varie sopra il diritto feodale...*, Livorno, 1764, pp. 81–106。

② 关于该著作的评述可参考贝利的注释；关于阿尔比齐(Rinaldo degli Albizzi)的介绍，可参考本辑导读。

③ 此处的 militia 与 1776 年该术语表达的内涵不同。在布鲁尼时代，militia 泛指提供军事服务的人，但有时也会用来指代那些获封"骑士"军阶的人。布鲁尼的写作目标正是为了区分这两种内涵的差异。

第一部探究"兵"这一职业起源的著作,并且作者断言书中所有内容都有理有据。但在我看来,该书并没描述清楚军事制度的现状,更不用说挖掘其本质或起源了。相反,在一些本应深入探究的问题上他却轻描淡写地一笔掠过,反倒是对术语 militia、aurum(黄金),以及在对 corona(王冠)的解释上大作不必要的文章。我们知道,这类解释方式轻而易举,解释的有效性仅凭说话者本人拿捏便可定夺,哪怕是再不善言辞的人,只要费足心思,就都能取得对德性的某些理解。我反倒认为,所有人[1],不仅仅是 miles,都当灌输以德性,因为人皆需要德性。依我所见,作者的职责应当紧紧围绕所探讨的话题展开,切莫顾左右而言他。此外,对于他所谈到的军团(legions)规章体制以及对 militia 的奖惩问题,我也不予苟同,坦白而言,我认为他是在胡说八道。

　　仅针对作者的弊端进行一味指责既然毫无益处,那且不妨将该著作置之度外,如您允许,我将直面这个问题,详细勾勒出打算讨论的问题的框架,以便有序可循不至偏离正题。对于作为听众的您来说,也能更好地紧跟话题。整篇文章的布局为:第一,探明 militia 所具有的高贵职能的来源与基础,由此弄清楚 militia 和 miles 的概念所指;第二,我要表明我们的 militia 与早先古代军事制度有着多么紧密的关系;第三,若合时宜,我将讨论黄金军徽及其修饰象征,以及在和平时期是否有士兵能够担当的角色。当所有这些问题都悉数讨论完后,您还能有何要求?这难道不是完备的阐释吗?接下来我将根据上述顺序开始逐一描述。

---

　　[1]　布鲁尼的这种说法是对法国骑士理想的巨大挑战。同样值得注意的是,布鲁尼此处用了"所有人"(homines),而不是单指"男人"(viri),换言之,这种获取德性的潜在性不存在阶级或性别之分。

首要的是，由于人是社会动物①，一个 miles 也是人，因此整个军事体制的起源应当来自城邦。因为城邦是我们人类生活和活动最初开始并得以实现的地方。城邦确立起公民职责，提供生存必需，驱逐外敌威胁，从众人那里弥补个体所缺少的。因此，只有城邦的体制和法令规定的内容才是人类真正的职责所在。

要描绘一座城邦有两种方式：一种是哲学家极富文采的渲染，但这种方法仅限停留于构想阶段，属于纸上谈兵；另一种是如实呈现我们在现实中所看到的模样。如果我们想要理解军事纪律准则的源头所在，则必须分别依照这两种方法加以考察，换言之，就是既要探究哲学家是如何理解的，同时也要考察我们祖先在现实的城邦中是如何建立起军事制度的。

我们先来看一下哲学家就他们城邦中的军事体制所做的思考。（我认为从这讲起能使您尽可能地易于接受下面的内容。）所有那些智者都认为，人类个体太过脆弱以至于无法自足，因而人类必须通过社会和同盟，依靠多数人组织起来的集体力量去弥补因个体自身不足所造成的缺失。这种为了共同追求好的生活而形成的人类共同体被古希腊人称为 polis，我们的祖先则称之为 civitas。然而，人类共同体并不都能构成城邦，除非它能利用内部构成制定出一套完善机制，使之无须依靠外界资源便足以保障好的生活。倘若无法实现自给自足，就不能被称为"城市"，因为城邦的特征包括它必须具有满足任何生活所需的方式。

这些哲学家还考察了哪些人类成员是城邦所必不可少的——哪些

①　这一著名论断出自亚里士多德《政治学》（*Pol.* 1.2, 1253a）；这里所说的"人"（homo）应当理解成不分男女的所有人类。

成员能聚集到一起形成完整的共同体。如果逐一考虑城邦所需的话，其成员不计其数，但若对之加以分类的话则几类足以。

据说米利都的希波达摩斯①是第一个记录下国家制度好坏的人，他认为城邦必须由三部分构成：农民（agriculturist）、工匠（artisan）和武士（warrior）。农民提供粮食，工匠搭建房屋、制造衣服及生产其他生活必需品，武士则守护和保卫别人及他们的成果。只有同时拥有这三类人的地方才算具备城邦的完整性。您是否从中看出了 militia 的起源，它是多么自然且必要？在缺少武士的城邦里，农民和工匠都无法生存，当然武士若离开了农民和工匠所提供的食物和其他生活所需，也同样无法生存，这三类人组合在一起就能确保某种自足性。

有了自足性才最终能被称作"城邦"。在我看来，具有您这般聪慧头脑的人断然不会同那些无知者那样，认为城邦只是城墙屋顶的堆砌。您必能认清城邦是以法律为纽带聚合到一起的人类共同体。② 这个共同体中的个体成员如果脱离群体则会缺乏许多东西，只有在共同的社会群体中才能获得自身完满。这种完美性在希波达摩斯看来就是由农民、工匠和武士（即我们所谓的 militia）三类人共同保障的。由此可见，militia 和 miles 的起源似乎不仅拥有值得称道的荣耀，同样还具有自然和必然的成分。

柏拉图在其著名的《理想国》中，尽管同样也考虑到农民及其他成员在城邦生活的必要性，但柏拉图还是将被其称作"护卫者"

---

① 此处关于希波达摩斯的观点，以及后文中涉及的其他古希腊哲学家，都出自亚里士多德《政治学》第二卷。

② Hominum iure sociati，布鲁尼在评注亚里士多德《家政学》第一卷第一章时也用到了这个短语，该说法出自西塞罗笔下的"西庇阿之梦"（*Rep.* 6.13）。

（guardian）的地位置于所有其他类别的人之上，他认为护卫者的职责是佩带武器、保护其他公民免遭敌人攻击。柏拉图赋予护卫者某些特权，希望他们的荣耀和尊严至高无上。柏拉图指出，护卫者在面对敌人时应当是勇猛严厉的士兵，面对同胞时则该温柔以待。

我感到这种说法听上去单薄无力，不过这也情有可原，因为城邦最根本的基础因素在一场演说中往往最得不到充分的表述，但接下来的内容便会更加熠熠生辉。因为当奠定了城邦的基础因素并确立好内部的构成之后，就该轮到演说者较为熟悉的领域①登场了，即对正义、忠诚和勇敢的颂扬。如果没有了城邦就无从谈起人类生活，也无法高度赞扬献身于国家、为其解放而死的精神。德摩斯梯尼（Demosthenes）的铿锵言辞唤起所有听众对那些在马拉松（Marathon）、阿忒米西翁湾（Artemisium）②、萨拉米斯（Salamis）战役中为国捐躯将士的敬重。同样在我们的先辈中，德西乌斯父子（Decii）③为拯救百姓而献出了自己的生命。还有赫拉提乌斯·科克列斯（Horatius Cocles）为了保卫祖国与意图征服他们的国王展开搏斗，并命令切断自己身后桥梁上的绳索。此外布鲁图斯（Brutuses）、普布利乌斯（Publicolae）、卡米卢斯（Camilli）、西庇阿（Scipios）也都是英雄。另一方面，说到叛国者和麻烦制造者——喀提林（Catilines）、塞斯基（Cethegi）、麦利乌斯（Spurius Melius）以及弗拉盖拉努斯（Numitor Flagellanus），说些什么来谴责这些人好呢？捍卫城邦的最高价值就体现在与这些恶人的较

①　下文内容主要基于西塞罗《论义务》（*Off.* 1.18）。
②　又可译为阿尔忒弥西姆湾，阿蒂密西姆湾，位于希腊东部一海峡。——中译者注
③　德西乌斯父子同名，两人均担任过古罗马执政官，在萨莫奈战役中为国捐躯。——中译者注

量中,他们奸淫掳掠、强取豪夺、亵渎圣物,令一切陷于血雨腥风。因此,为那些在战斗中赢得荣耀的人所建造的雕像通常都体现出他们的作战风貌,好似这代表至高称颂和耀眼荣光。就像前文说的那样,对于这些内容我们能描绘得栩栩如生,只要您愿意不惜华丽言辞对此"添油加醋"。但还是让我们回到主题上来吧。

这便是柏拉图以及希波达摩斯的想法。接下来是迦太基的法勒亚①,他也曾写过有关"国家"(republic)的文章。据说他对于农民和武士的观念同希波达摩斯一样,但对工匠的看法却不同。在法勒亚看来,工匠不能算是城邦的组成部分,而应被视为公共奴隶。这种想法恐怕很难被具有平等思想的佛罗伦萨人接受,我认为,在任何情况下佛罗伦萨人都不可能通过法勒亚的提议。他将奴隶变为自然法则的一条,但其他人都会认为这其实有悖自然。鉴于此,在城邦构成的问题上,我们还是随大流跟从前两位作家(柏拉图和希波达摩斯)的观点。但在说到miles问题时,这些哲学家都没产生任何分歧,有的称之为"武士"(warrior),有的则称之为"护卫者"(guardian)。

此外,miles这个术语的用法似乎和我们的拉丁语一样,根据古代博学者的权威解释,该术语词主要有三种释义。有些学者认为,miles源于需要抵御的"邪气"(malum, evil),虽然这种词源说遭到某些自恃才高者的批驳,认为它过于粗陋且无力,但那些反对者并没能充分理解这个问题。因为从类比角度加以分析的话,这两个术语之间渊源颇深。如同农民负责生产城邦共同消耗的粮食,工匠提供衣服和住处以及其

---

① 音译谬误导致布鲁尼和其他许多人都错把"卡尔西登的法勒亚"(Phaleas of Chalcedon)当成了"迦太基的法勒亚"(Phileas of Carthage),亚里士多德在《政治学》(Pol. 2.7, 1266a‑1267b)中总结了前者的观点。

他生活所需,miles 能为城邦做的则是抵御敌人;换言之,miles 守护市民,确保他们免遭恶人伤害。相应地就词源角度来看,正如 agricola(农民)源于 ager colendus(耕种田地),artifex(工匠)源于 ars facienda(施展一门手艺),因此 miles 应当源于他所抵御的 malum(邪气)。正是从分别担当的角色中,派生出了他们各自在社会中的地位称呼。一方的角色是耕作,一方是制造,一方是抵御。因而有很好的理由和可靠的根基去相信,抵御"邪气"的职能赋予了 miles 名称,希波达摩斯也正是出于此意将他们称作"战士",柏拉图则称之为"护卫者"。他们的防御力量除了用于敌人之外还能有谁? 谁能够否认那些守卫公民免遭恶人欺凌的人正是护卫者? 就词语本身而言,也能说得通,militia 与 malitia(恶意)很接近,它们都派生自 malum。这第一种关于术语 miles 的释义依我判断是恰当正确的。

还有些学者认为,该术语源自一种意为"坚强"(hardiness)的希腊词。请注意,柏拉图在说到"护卫者"时将他们描述为披盔戴甲之人。的确,他们就应足够坚强如铁才可忍受劳苦和危险,他们必须身披甲胄与全副武装的敌人作战,无论酷暑严冬、漫天沙尘都要驰骋沙场,甘愿自我牺牲以拯救百姓于水火之中。对此,维吉尔在盛赞意大利时有诗云:

> 我们的子民铜墙铁壁,让他们迎接那滚滚洪流,
> 足以抵御住刺骨严寒和湍急波涛。①

---

① *Aen.* 9.603-604.

在另一处维吉尔又说道：

> 冲啊，在您的指挥下，
>
> 军人的义务，战神的职责。[1]

我认为我们已经从这个术语本身充分表明，柏拉图的"护卫者"以及希波达摩斯的"武士"就是指我们的 miles，无论 miles 是源自抵御邪气即武士或护卫者肩负的职能，还是源自希腊语中的"坚强"。第三种解释认为，miles 源自数字 mille（千，减少一个字母的话）。这也未尝不可，因为武士和护卫者的人数固定，并且在指挥作战中也都按照人数划分，犹如我们在军队中称呼的"百夫长"（centuriones）和"军事保民官"（tribune militum）[2]。

有关描绘城邦的方面已经说得够多了，接着该考虑第二点，既然实际的城邦不计其数，而各自都有不同的体制与习俗，那就让我们特别来考察一下罗马，因为罗马是无数城邦的源头且其制度结构堪称典范。但必须要明白，制度首先是由理性建立的，其次制度是人类弥补自身不足的产物。第一重要的是创建者的意志（will），第二重要的是他的权力（power）。这也是为何，尽管柏拉图和希波达摩斯规定军事城堡必须远离普通人群，然而，除非 miles 在服役，罗马城的真正缔造者罗穆卢斯并不对他们与其他市民做出区分。因为在罗穆卢斯看来，尽管 militia 在

---

[1]　*Aen.* 7. 515 - 516.

[2]　军事保民官原指步兵司令，在共和国早期，每个军团设六名保民官，其中几名由执法官或军队指挥官任命，其余则由人民选举。进入帝国时期，军事保民官的职位是进入元老院或担任骑兵长官的阶梯，由皇帝派。——中译者注

城邦反抗敌对势力方面是必要的,但如果同一批公民持续服役,军事体系就会困难重重,无法安顿。罗穆卢斯认识到军人对于城邦的必要性,他根据公民各自情况来规定他们的职能分工,让公民在不同时段内服役。相应地,当情况紧迫国家急需兵力时,农民要放下锄头披上盔甲,工匠要停止作业戎装上阵。于是从农民和工匠这两类人中产生出第三类职业,它不是永久性的而仅存在于特定时段。在这个体系下的人,当他出征时就不再是一名工匠,而是一个 miles,但当他从战场归来之后又变回了一名工匠。只要他在军队中为国效力,就能享受属于 militia 的特权与荣耀,但当他结束服役离队归家后,这种特权与荣耀也随即告终。这些市民将交替担负两种社会职能,好像他们临时变成了另一个人。

此外,militia 还带有一种宗教特征:miles 必须要宣誓,不立誓者则没资格成为 miles 抗敌。或许这听上去难以置信,我将用西塞罗和加图的话来向你证明——还有什么证据、证人能比他俩更让人信服呢? 西塞罗的话可以在《论义务》第一卷中找到。[①] 蓬皮利乌斯(Pompilius)是掌管罗马行省的一名将军,加图的儿子在其部队中当兵服役,当蓬皮利乌斯决定解散自己手下一个军团时,恰好在那军团里的加图之子也不得不退役。但他仍想要上阵杀敌,于是加图写信给蓬皮利乌斯说道:如果蓬皮利乌斯同意让这个年轻人继续留在军队中,就必须要令他立下第二次军誓,因为他的第一次立誓随着军团解散而被取消后,他就没有资格继续杀敌。在老加图写给小加图的信中也同样提到,他听闻儿子在对抗马其顿(最后一位)国王珀尔修斯(Perses)的战斗中被执政官(consul)解除了军人的身份,警告小加图不得再卷入战场。老加图认为不是 miles 的人就没有资

---

① Cicero, *Off.*, chap. 12.

格去杀敌。这是多么可信的证词啊！——无论是出于证人的威严抑或是所证明之事的重要性。如您想要，我可以找到六百个证人来证明这件事，但任何拒绝相信西塞罗和加图的人会再去相信那些人的话吗？但请注意，我们从这份证据中可以总结出多少结论。

我们之前关于罗穆卢斯的 militia 已经总结出三点：第一，militia 不是永久性的而是临时性的；第二，公民通过宣誓成为 miles；第三，不是 miles 的人没有资格参战杀敌。这三个方面通过这份珍贵的证据都得到了证实，我恳请您牢记这三点，因为这对于理解我们不久之后要讨论的内容是极其必要的。但现在我将谈些其他东西。

罗穆卢斯将 militia 分为几种，一些公民担任步兵，另一些则为骑士（equites）。然而骑士的地位似乎在步兵之上，能否有担任骑士资格的荣耀取决于公民所拥有的财产、家庭背景或是所取得成就的多寡，骑士头衔被视为尊贵和伟大的象征。因此城市中出现了骑士阶层，属于这个阶层的人因其荣耀而有别于其他公民大众，毫无疑问他们具有某种高贵显赫的身份。骑士不仅在战争时期在 militia 里拥有这种荣耀，即便在和平年代在家中也同样如此，这种荣耀不是出于 miles 的身份，而是因为骑士的头衔。当需要出征时，他不像下层平民那样作为步兵，而是以更光荣的方式骑在马背上，成为 militia 的一员。更重要的是，骑士阶层能有机会跻身于军事执政官（praetorate）、元老院（senate）和执政官（consulate）之列。一旦成功晋升，他们就不再属于骑士阶层成员，而变成军事执政官、元老和执政官阶层成员。如果我们现在的 militia 中的某人成为某个王国或君主国的继承者，我们也不再称之为 miles，而是"国王"或"君主"；类似地，那个时代的人如果晋升到更高阶层，也不再被称为"骑士"，而是"元老"或"执政官"。我毫不怀疑，那些被（最早是罗穆卢斯,后来是塔克文尼乌斯［Priscus Tarquinius］国王——从他开始产生了大量贵族家族)召集起来坐进元老院的父老(patres)源自骑士阶层,尽管之后为了突显出骑士阶层的高贵,他们甚至将所有其他家族都称作“平民”(plebeian)。其他家族无论多么尊贵,也无论通过晋升为执政官或独裁者获得了多么高贵显赫的地位,一律都不能被视为“贵族”(patrician family)。依我看来,他们有这么做的自由(但我完全不会否认,他们贵族身份的起源最初是从普通民众升为骑士阶层后才有的;我也不会否认,他们在地位逐步提升至上层阶级时便开始鄙视其他公民),但这比起众国王声称卓越属于自己而非家族更让我困惑。当然,正如某人虽不是国王却可以尽显尊贵,不是贵族出身的人却可以气度非凡。

在高卢的各城市里也一样,根据古代习俗,骑士阶层似乎要高于普通大众。恺撒这位细心体察并见证了当时城市体制的观察者,在其关于高卢战争的著作中大致写道:在整个高卢地区仅存在骑士和德鲁伊祭司两个拥有荣耀的阶层,普通民众几乎都被视为奴隶。这好像是说,在高卢的城市里只有两种头衔能凌驾于民众之上:骑士与圣职。这两个阶层之外的所有人都是平民。在高卢人眼里,平民绝无荣耀可言,他们的地位几乎与奴隶相等。[1]

但罗穆卢斯不这样认为,他希望普通民众能够拥有权利和自由。但他还是将骑士与普通大众区分开来,并主张就身份、地位和荣耀而言,骑士要远高于平民。这就是罗穆卢斯的 militia 制度,这就是他所建立的城邦,并非虚无缥缈,而是真实具体的。这位伟大并近乎神性的人

----

[1]　*De bello gallico*, 6.13.

所赋予 militia 的重要性、他对该制度寄予的厚望不仅仅体现在他生前所做的事情上,同样也反映在他死后所要求的事情上——假如这确实是他临终时对普洛克鲁斯(Julius Proculus)的遗言:"去吧,去告诉罗马人,这是上帝的旨意让我们的罗马成为世界的首领,让他们锻炼并精通军事技艺,并将之传承于后代,那样就没有任何人的力量能够抵挡罗马大军。"①言毕罗穆卢斯便辞世升天。

我想我已充分表明任何城邦里 militia 的起源和本质,由此能够推断何为 miles。miles 就是公民的护卫和战争的保证,通过誓言才能合法承担任务。② militia 则是一种广为人所敬重且必不可少的制度,在本质上是设计来使城邦团结的。

我们已经讨论完了预计解决的第一个问题,下一步任务就是考察我们当今的 militia 在多大程度上遵循了古代。为理解这个问题,似乎需要重申一下之前早已讨论过的两个方面:第一,在马背上作战的骑士向来要比步兵高贵;第二,不是 miles 的人没有杀敌的资格。我可以说我们的 militia 同样也具有这些原则。首先,我们的 militia 允许某人从民众升级为骑士,即赢得荣耀和尊贵;其次,通过誓言让士兵身份合法化。有时候,一个非贵族家庭出身的人通过突出的德行或是财富便能荣升贵族阶级,可以让自己及子孙后代成为尊贵可敬之人。有时候,那些原本就是贵族出身的人参军服役,并非为赢得尊贵,而是为了获取由

_____

① Livy, 1.16.
② "Est enim miles nichil aliud quam custos civium et propulsator belli legitime ad hoc ipsum sacramento adactus." 贝利指出,布鲁尼此处的定义与"骑士"或"雇佣兵"的概念截然不同(p. 323)。贝利在前几页内容中已提到,"翻越阿尔卑斯山的骑士们,他们的忠诚被教会和领主割得四分五裂,但这种分裂的忠诚却再度被对共和国的强制效忠之情所统一"(p. 289)。

入伍仪式授予的认可。这两点都是我们的 militia 中固有的特征,但新兵通过参军仅能获得他之前所缺少的。也就是说,对于非贵族出身的新兵,这两点都能适用;但对于贵族出身的新兵,仅适用于其中一点,因为他已经具备了另一点。此外,我们的 militia 还同时符合古代哲学家以及罗穆卢斯的制度。鉴于我们的 militia 是永久性的而非临时性的,因此符合哲学家的设想,他们希望 miles 是永久职务。同时,鉴于我们 militia 中的步兵有机会晋升到骑士阶层,因此也符合罗穆卢斯以及所有那些在各自城邦中所创建的类似的军事制度。

然而普通民众对这个问题的见解似乎起码要比某些才智平庸的学者更有学识。因为在俗语中,民众通过将"兵"和"马"联系起来的方式以示荣耀(意大利语中的骑士为 cavaliere)。当授予某人头衔时,他们会说"他变成了一名 cavaliere(拉丁语 eques)",并以此称呼他。但学者只会平常地称之为 miles——诚然他确实也是 miles。这点不可否认,但这种形式的称谓断然不足以显示出敬意。因为 miles 同时能用于指称步兵和骑士,但后者的地位却极其不同。我认为最好的称谓是要能传达出骑士尊贵的地位,而不是一个能同时适用于步兵的普通称呼。这就好似某人在论及"首长"(priors)时却称其为"公民",尽管其所言为事实,但没能给予首长应有的敬重,因为他们不仅仅是公民,他们更是位居公民阶层之上的首领。与之相似,将骑士称为 miles 虽然也符合事实,但无法突显荣耀,因为他们不仅仅是 miles,还因骑士头衔而值得尊敬。还有一个原因,我们所说的 miles 甚至还包括某些从事下等职业之人,诸如拈阄分耶稣衣服之辈[1],以及那些监管罪犯并施以惩罚的人,

----

① 《马太福音》27:35。贝利指出,这些人后来在中世纪变成了对上帝毫无敬畏之心的 miles(p. 392, n. 25)。

这也是为何说士兵和罪犯同出一系,犹如一丘之貉。我注意到那些技艺精湛的演说家惯常仅用 miles 指称步兵,而用 eques(骑士)表达更高贵阶级的观念,因为任何人在修饰演说时必须能明辨 miles 这个术语到底是指步兵还是骑士,或者一个人到底是贵族还是非贵族。eques 意味着 militia 中的某个种类和军衔,它也是如今被授予的一种军衔。关于该术语我已说得够多,它源自何种习俗及其用法在此不再展开,下面让我们回到主题上来。

至此可见,我们的 militia 同古代最初的体制是一致的,现在我们必须思考黄金和各种徽章的含义。有五花八门的说法认为黄金象征着骑士头衔中包含的美德与卓越。有些人相信金子的意义重大,以至于它能涵盖军制中所有的卓越。如果 miles 被卸去黄金的话,人们会认为他们不再有任何能作为 miles 的理由。他们说,miles 正是因为黄金而尽显风姿,才能从他人口中赢得声誉和美名;如果失去了黄金,他们便丢尽颜面,同流于乌合之众。但是也有一些人并不看重金子的意义,因为毕竟金子也不过是个记号,并且江湖庸医、娼妓和男童演员也时常会佩戴黄金。人们会问如此泛泛之物怎能体现出 miles 的不同凡响?铁和武器才与 miles 般配,至于黄金和珠宝则更像是女人的饰物。

现在就让我们来评判一下这两种截然不同的观点。首先,我认为应当明白黄金并非每一个 miles 的标志,它只能属于骑士。其次,还要了解,骑士阶级在好几个世纪中即便没有黄金也同样存在。事实上,在罗穆卢斯统治时期及此后很久,骑士并没佩戴过黄金。显然,黄金与militia 的本质毫无关联;相反,即便在骑士阶层被授予佩戴黄金的特权后,也并非所有骑士都会选择佩戴。据说有很多骑士出于对旧有苛俭精神的推崇而蔑视佩戴黄金——像马略(Gaius Marius)、苏菲迪乌斯

（Lucius Suffidius）、卡珀尼乌斯（Calpurnius）、曼尼利乌斯（Manilius）
以及其他杰出的罗马骑士都不曾佩戴过任何黄金。那些确曾佩戴过黄
金的人也只不过是以金戒指的形式，因为有习俗规定非骑士的人可以
戴铁戒指。骑士的子孙只要是穿紫边托加袍（toga praetexta）时就会
戴上一个金色铆钉，据说第一个金钉是国王卢修斯・塔克文（Lucius
Tarquin）在他儿子成年时给他戴上的，从此人们就认为骑士的儿子在
穿紫边托加袍时应当佩戴金钉作为高贵的象征。贵族的孩子通过金钉
区别于普通孩子，骑士则通过金戒指彰显不同，但这只是在和平时期。
战争期间的习俗则是佩戴修饰过的武器，尤以高卢人为甚，对此我们的
荷马写道：

> 金色的头发和金色的披甲
> 在他们条纹斗篷的映衬下尤其耀眼；他们雪白的脖颈
> 与金色相映生辉。①

在希腊人当中，我们知道，亚历山大大帝的那位队长是第一个因为在鞋
子上加上金色枝条装饰而出名的，但我们的骑士并不满足于此，他们还
佩戴金镯子。最初骑士只是戴金戒指，这种形式节制且适度，但即便这
样他们还认为应当避免金戒指的虚荣浮夸。当这逐渐成为习俗后，黄
金不再创造阶层，它只是让人知道这一阶层。黄金也不再是 miles 的标
志，除了表明某人属于骑士阶层，即黄金成为高贵的表征，使得佩戴者
有别于大众。元老通过装束与骑士区别开来，骑士则通过金戒指而区

---

　① Vergil, *Aen.* 8.658－661.

别于平民。①

　　然而人们不再接受将黄金所具有的闪耀夺目与任何美德的含义联系起来,这就好比试图从元老装束上寻找寓意,认为宽松边套象征广泛德性,紧窄边套则意味节俭禁欲——人们可以肆意添加这类象征性含义,如同我们能赋予两条腿的人各种象征含义,但对于三条腿的人也能同样如此。

　　在这个问题上,路易吉·马西利(Luigi Marsili)——在我们的时代因对圣文及相关内容无所不知而出名的人——曾说过一则笑话故事。当被问及主教帽子上的两点有何寓意时,马西利大笑着答道:"它们表示主教应通晓《新约》和《旧约》。""没错,"对话者继续问道,"那帽子上垂挂在脖子后的两条带子又代表什么?"马西利回答:"那两条垂在背后的带子表示主教既不懂《新约》也不知《旧约》。"这位饱学之士以这种机巧诡辩的方式嘲弄了对话者的愚蠢和虚荣,我们在处理所谓的黄金对军队的寓意时也应当抱持的态度。因为真正的饱学之士都会认为,比起骑士,黄金更适合女人;黄金肯定是女人先开始用的,再传到骑士那里,而不是从骑士传到女人那里。正如我们已说的那样,黄金只不过是骑士阶层的象征,对于 miles 不再具有其他价值含义,黄金对于骑士的意义也并非与骑士阶层的兴起同时产生,而是很久之后才成为其身份象征,以便让骑士有别于普通大众。

　　同样,橄榄枝冠的由来也并非那么悠久,而是在法比乌斯·马克西穆斯(Fabius Maximus)时代后才出现,因为正是法比乌斯奠定了罗马

---

　　①　Pliny, *HN*,33.7.

骑兵每逢七月月圆时要骑马检阅的习俗①,在检阅时佩戴用橄榄枝编织的冠成了习惯。该传统发展到后来变成了当被授予骑士阶级时要头戴橄榄冠,形同在第一次检阅时就已被提升到了骑士阶层。

　　如果其他花冠也能作为奖励,那这个橄榄冠的意义就在于对未来成就的允诺。其他花冠②对于步兵和骑士都一样,而橄榄冠却独属于骑士。"栏冠"(vallar)、"壁冠"(mural)以及"民冠"(civic)被授予某个士兵时的意义分别在于:第一次攀上敌军的壁垒、第一次攻破敌军的城墙,以及第一次援救出己方的百姓,但无论该士兵是名骑士或是步兵。同样地,还有"喙冠"(rostrate)和"围冠"(obsidional)。唯独这种(橄榄)冠是专属于骑士的,其意义并非在于将之授予骑士的习俗,而在于当骑士戴上这个橄榄冠时,它并不是功绩的饰物,而是其身份的象征。之所以必须是"橄榄枝",我认为应归因于传统而不是任何逻辑上的原因,尽管我明白还可能存在另一种解释。习惯上"民冠"的材质为橡木,"围冠"是草,"壁冠""栏冠""喙冠"的材质是黄金;另外还有月桂做成的象征胜利的冠、香桃木或橄榄枝做成的椭圆形冠。我认为这些冠都是为了嘉奖某人作为骑士的能力,而不是作为统帅首领。这个问题也许有些偏题,总之我们已经充分表明授予骑士橄榄冠是与古代习俗一致的,该习俗至今仍然在骑士阶层中传承,这也并非毫无缘由。

　　还有一些其他类型的militia,但在我看来都野蛮且迷信,在此根本不值一提。我们跟从的是罗马人关于miles的规章纪律,一切与之背道

---

　　①　Pliny, *HN*, 15.5;Livy, 9.46.

　　②　此处关于"冠"(crown)的讨论是基于普林尼的描述(Pliny, *HN*, 16.3 - 6);最新研究可参考 Valeria A. Maxfield, *The Military Decorations of the Roman Army*, Berkeley, 1981, pp. 67 - 81。

而驰的纪律在我们看来都是粗俗荒蛮的。这就好比教会建立起值得称赞的洗礼仪式,但仍有愚蠢迷信之人要用铁与火去改变这种教会洗礼形式。因此只有一种维系 militia 的正确方式,就是上文我们所描述的那种,虽然蛮族对之做了愚蠢的变更。

我认为我们已经充分说明了 militia 的起源和性质,以及我们的制度与古代起源是多么一致,并且还表明了黄金与橄榄冠的重要含义。现在只剩下讨论我们打算最后谈及的内容:在和平时期 miles 是否有合适的事情可干。我发现许多人对此表达出不同的观点,大多基于共同信念而非说得通的理由,但没有一个人是有逻辑、有条理地分析这个问题的。接下来请允许我对这个问题深入探究。

乍看之下,在和平时期 miles 似乎也一定能担当某些角色,难道我们真的要说除了作战打仗之外士兵就无所事事? 罗马的骑士在城市里有很多可干的事情,以骑士的能力,他们通常会担任法官、收税人及许多其他工作。按照奥托制定的法律(Otho's law),骑士在剧院中占据特别席位以区别于大众。同样,我们的骑士也能同时作为市政官和保卫者,既能参与家政事务又擅于开拓世袭财富。① 那么,又有谁会否认 miles 在和平时期也大有可为,能充分胜任角色呢? 持反对意见者一定是因为执着于 miles 是名战士的观念,认为和平年代对于战士而言,除了作为战斗者外无事可干。miles 这个术语本身似乎就意味着挑起战争和安营扎寨,无论这些含义是源自数字还是所佩带武器的冰冷坚硬,还是源自抵御敌人施加的恶。因而关乎这个问题的讨论可谓仁者见仁

---

① 关于家政学(res familiaris),布鲁尼的阐释详见其《〈家政学〉注疏》。他认为意大利的贵族和法兰西的不一样,前者可以从事生意业务。

智者见智。

　　假设有一名热爱公民同胞的善良强健的士兵，他之所以从军队退伍或不再南征北战是因为天下太平，城邦不再需要他去抵抗外敌，他在和平年代就只能慵懒地安坐在家无事可干吗？我姑且不论"正义"（justice）、"节制"（temperance）、"慷慨"（liberality）这些和平之士所拥有的美德品质，单就"勇敢"（fortitude）来看，有什么能够阻挡 miles 展现坚韧不拔的品质？当他目睹老叟被欺、孤儿受虐、弱者被有权有势者夺去财产时，他难道会袖手旁观吗？当坏公民滋事令国家陷于混乱时，难道他不会挺身而出用言行加以制止吗？如果不将这些任务归于 miles 的话，那他们还有何价值可谈？

　　马库斯·图留斯·西塞罗（Marcus Tullius Cicero）曾是苏拉（Lucius Sulla）军队中的一名士兵，当他退役回家后，不惧权势的压力，执意为被指控弑父罪的塞克斯图斯·罗西乌斯（Sextus Roscius）提供辩护。这实属勇敢之举，只不过是在和平年代所为；将一位市民从可怕的命运中拯救出来要远比在打仗中救人更加光荣。罗西乌斯的父亲其实是位富裕、善良的公民，尽管不知为何对待儿子非常苛刻。后来这位父亲不幸惨遭某些人的密谋杀害，但杀人者却借助父子关系不合而指控罗西乌斯背负弑父之罪名，被没收的家产落入克里索古努斯（Chrysogonus）和苏拉囊中。这是个天大的丑闻，但所有人都因为畏惧苏拉的权势而不敢接手这个案子。像罗西乌斯这样一位善良、无辜、谦逊但不幸的年轻人即将遭受可怕的惩罚——被装入麻袋弃于河中。他不仅仅失去了父亲和家产，更将失去自己的性命和名誉。比起救人于战火，难道在审判中救下他不是更伟大的举动？因为对于那些为国捐躯的人来说，他们还能留存下名誉与荣耀，留下的家产能为家属带来些许安慰。但是在罗西乌斯的案子中,他将因为这一可耻行为而丧失一切。在这种情况下,难道我们不该认为用勇敢的心去拯救这位年轻人是 miles 应有之举?波伊提乌(Boethius)声称自己曾将执政官保利努斯(Paulinus)从那些企图吞噬他财产的"圣骑士之犬"(Palatine dogs)的利齿中解救出来。这种临危不惧、不畏权势的勇敢之举难道不应被称作 miles 所为吗?

我始终都在说私人领域内的行为,公共领域又是什么情况呢?梅特鲁斯(Metellus)冒着巨大危险努力阻止恺撒攻打塔普苏斯(Tarpeia)的行为难道不值得称道?西庇阿亲手遏制提比略·格拉古(Tiberius Gracchus)危害共和国的行为又该怎么看?还有马略打败萨图宁(Saturninus),塞维利乌斯·哈哈拉(Servilius Hahala)抵挡住斯普利乌斯·麦利乌斯。尽管这些行动都被视为战争,无论如何也不能算是和平时期的举动,但谁又能否认瓦勒里乌斯·普布利科拉(Valerius Publicola)在罗马城内以及在 militia 中诸多赫赫功绩?还有法比乌斯·马克西穆斯,难道当罗马共和国陷于岌岌可危之境地时,这位英勇骁战的军人没能扶危持颠并通过将民众整编为地方军队以稳定时局?他因此为自己及继承人赢得了 Maximus(伟大)的美名。还有卡米卢斯,难道他没和罗马军队同一阵营保卫国家,反对那些打算将罗马城拱手让给维爱伊(Veii)①的愚蠢议题?还有另一位军人马尔库斯·阿提利乌斯·瑞古卢斯(Marcus Attilius Regulus),当他被敌军俘虏送至罗马以交换对方战俘时,他却竭力反对,因为他明白这会给共

---

① 古意大利中部伊达拉里亚城市,位于第伯河下游西岸,距河东南的罗马城约 18 公里。罗马在王政时代结束后,与维爱伊仍进行了长期艰苦的战争,维爱伊失败后,整个地区被并入罗马。——中译者注

和国带来危害。瑞古卢斯因此被敌军处以极刑,他希望用自己的生命带给共和国最好的忠告,他将公共利益置于个人安危之上。

这些著名的个人义举无论是为了保护市民免遭权势欺压,抑或是为了捍卫和引导共和国,都被一些人认为属于 miles 的行为。但抱有这种想法的人一定是错了,因为所有这些举动都应当是好人和好公民——而非只是一名 miles——应尽的责任。就罗马人的情况而言,显然他们的军事义务在归家时就已经终结,因此当西塞罗在为罗西乌斯辩护时已不再具有 miles 身份。同样,波伊提乌保护保利努斯,梅特鲁斯保护塔普苏斯,西庇阿遏制提比略·格拉古,以及当法比乌斯、卡米卢斯、瑞古卢斯在为共和国出谋划策时都是如此。尽管所有这些人此前都曾在军队中服过役,但那都已是过往,当他们做出这些义举时已不再是 miles,这些举动也绝非出于军人的天性。考虑到服役的暂时与短暂,似乎可以认为军人品质并不会渗透到和平时期的个人行为中去。然而,我们军事制度中的服役却是永久性的,这会使得该问题变得模棱两可,因为士兵即便回到家乡后军事职务依旧持续。

但可以肯定的是,理性(reason)本身似乎会要求我们的 militia 亦与古人相同。这种分析必须首先从考虑当事者的能力开始。因为同一个人能担当不同的角色,譬如佛罗伦萨骑士菲利波(Filippo)所表现的那样。他是士兵、骑士、法官、善辩家、公民,以及(除非有人否定)好人。因而当某人从事某事时,关键是要能够仔细运用与做该事情相匹配的能力。如果一位医生受其朋友嘱托照顾孩子并完成得非常出色的话,这并非出于医生的职能,而因为他是一个好人。对 miles 来说也是如此。他为罗西乌斯辩护、为国家献计献策,并非出于作为一名 miles 的职能,而是因为他是一个好人,也或许是一名好演说家和一名好元老。

因而,我们的 miles 在和平时期具有许多职能:担任长官、为国家提供建议、培养友谊、关注公共和私人事务、对邻里慷慨仗义。但这些都不是军人的职能,他们在做这些事情的时候也并非运用 miles 的能力。

只有一种在和平时期的事情依旧适合以 miles 身份去做。让我们看看到底是什么时期。首先,排除掉所有无需坚韧之力的事情,因为实践其他美德似乎原则上与 miles 的职能关系不大。英勇之举是在面临巨大危险时的表现并且是值得称道的品行,但这种行为只出现于战争中,miles 的职能也理应是奋战沙场。在和平时期,这种勇猛行为如果是借助力量和体格,而不是通过运用某种间接的技艺或科学加以表现的话,似乎也被视作军人的特性。

在正义或权威缺席的情况下,强者可以欺凌弱者,通过武力剥夺弱者的财产。这种事情并不会在法庭上讨论,也不是律师和演说家关心的范围,这需要诉诸武力和权力。miles 这时候就要挺身而出保护弱者,不是通过法律科学,也不是通过雄辩,因为这些是属于演说家的技艺。miles 是用他的血肉之躯为弱者抵挡伤害。这也可以说是和平时期最适合 miles 的职能了,这似乎也恰好证明了 miles 被赋予的声誉和名望。正如荷马所说:名望从来不会毫无根基,如果这种名望被万民吟唱。[①] 所有人都相信 miles 的职责就是保护孤儿寡妇——这些人因自身柔弱而最易遭受侵害,尽管其他弱势者也会成为受害者。这类问题显然也要留给 miles 去解决了。

在这个问题上还有一个难点,就是这些公民职责可以被区分为两

---

① 如果这是指《奥德赛》(*Od.* 19.333-334)的话,那么荷马的意思是,若有谁是问心无愧的清白之人,那么在他周遭朋辈的言传下定会声名远扬,许多人将会称他为"高贵之人"。

个部分的工作:战争与和平。这两种工作职能恰好相反。miles 的工作与战争有关,若将这种战争职能带入和平年代,运用于公民的话,会导致城邦混乱不宁。因此在和平时期似乎最好不要让 miles 行使职责,除非在所谓的和平时期内公民遭受暴力的欺压,因此那些施暴者只不过是名义上的公民,实质却是敌人。在和平年代也许同样存在某种战争,就此而言,军人当然就有了用武之地。

在和平时期,有些活动并不符合 militia 的行为,有些则能赢得赞誉。任何可敬的行为都值得称赞,即使行为者并非出其 miles 身份而行动;不合 militia 的行为是指那些与 miles 的职业职责相反的举动。miles 的职责就是保护公民,如果他自己对公民施加暴力造成伤害的话,则没有比这种情形更令人发指的了——罪恶恰恰发生在公民寻求帮助的时候。如果说其他人对公民施加侵害是可耻的,那么由 miles 施加的侵害就是臭名昭彰的、亵渎的和可憎的。[①]

接着让我们来看一下公民遭到 miles 攻击的情况将有多么可憎可恨。如果公民遭受他人伤害而士兵却弃之不顾、不出手相救的话,这种行为就是背信弃义。叛徒就是那种将自己理应呵护的东西献给了敌人的人。miles 通过誓言成为公民的保护者,出于心中牢记的职业本能,他应当履行自己的职责。没能保护好公民就是背誓,miles 攻击公民就更加令人憎恶。总而言之,miles 不应伤害公民,施以暴力,这种行为与其职责格格不入,不仅会玷污 militia、使之蒙羞,更会损害其精神和本质。

---

① 佛罗伦萨在 1290 年左右施行的《正义法规》规定对攻击平民的贵族施加更为严酷的特殊惩罚。

我们希望我们的 militia 是永久性的,而不应当像罗穆卢斯制定的那样,可以说是退化为一个职业,士兵立下军人誓言就等于表示他下定决心,不再左顾右盼另寻所获,而是将自己的一切都贡献给国家,包括自己的生命。[1] 任何追名逐利的行为势必都与军人身份不符。鉴于此,即便对他人而言从事贸易或许是可取的行为,但对于一名 miles 来说,从商是肮脏污秽、违背本性的。他会因此将誓言践踏在脚下,流于乌合之众,专注于敛财获利,成为其职业的逃犯和弃儿。我是如此强烈地反对 miles 经商,哪怕有时赚取的钱财是正当利益,更别说他们从事那些更加肮脏的金钱交易了。依我所见,军人应专注于大事,追求更高尚的东西,如获取荣耀。通过军队服役,军人从大众中脱离,变得高贵可敬。人各有所志、各司其职,"沉寂"(silence)在荷马看来是女人的专利。[2] miles 的情况也同样如此,诸多行为交织出各色生活,一些在他人生活中可被接受的行为却与 miles 具有的尊严无法共存。

每个人都要认识自己及自己所拥有的力量与本性,这条充满智慧的箴言出于神圣之笔并被认为来自天堂。[3] 因此,miles 应当认清自己,牢记职责,不同于诸多泛泛之辈的随性生活,而是依照绝对一贯的标准严于律己,这样他才算是恪尽职守。

一名认识自我的好 miles 会经常这样自我反思:[4]

---

① 布鲁尼似乎感到这种表述更适合科西莫·德·美第奇,他将自己翻译的《家政学》敬献给了科西莫,而类似表述却并不适合出现在敬献给阿尔比齐的著作当中。

② 贝利指出(p. 396, n. 56),该引用的准确出处并非荷马,而应当是索福克勒斯(Sophocles, *Ajax*, 293),亚里士多德也曾引用过(*Pol.* 1. 13, 1260a)。

③ Cicero, *Tusc.* 1. 22.

④ 贝利认为(p. 397, n. 59)此处模仿了伪西塞罗之作 *Rhet. Herr.* 4. 43。

　　我是一名 miles，我所立誓言的职责和军人身份是我肩负的重任。我身披骑士的高贵与伟大，这是我所承载的无上荣耀。这种由公民同胞给予我的无论公共还是私人领域内的高贵是祖辈拥有的一切。那么，什么才是我该做的？难道我接受了这些荣耀却不展现出任何应有的美德？正是骑士身份具有的高贵让我有别于从前，难道我还能像先前那般愚蠢行事、胆怯懦弱，不感羞耻？在拥有骑士光环、地位升高后，难道还要去追逐钱财利益再度沉沦，玷污金色徽章的高贵纯洁？我定要远离这种卑鄙和沦丧！无论财富多少我都感到满足，认识到自己拥有的光彩荣耀。毕竟我所选择的职业并非旨在富庶，而意在光荣、伟大和崇高，这要比任何财富强上百倍。让别人都忙碌去吧，如果他们对积累金钱抱有如此强烈的渴望；但至于我，我将无论是在和平或战争时期都恪守职业操守，绝不将利益甚至自己的生命置于荣誉之上。

这种或与之类似的想法才是一名优良、宽仁的 miles 该有的觉悟，他也当付诸行动。

　　那种沉沦堕落、忘却自己身份的 miles 不仅会受到人们的唾弃非议，更会遭受祖国的愤慨责难，我想如果国家能开口说话的话，她将会对他说：①

　　　　我问你，你现在的所作所为像一个人吗？你打算接下来怎么

---

① 下述演说内容不禁令人联想到柏拉图《克力同篇》(*Crito*) 最后关于法律的演说，布鲁尼在 1410 年左右翻译过该著作。

做？当我像所有父母那样安排好一切时,我发现应当需要强壮高尚的人保卫我不受敌人伤害。我答应赋予肩负这份神圣职责的人以光荣和荣耀;我向他们表明军人必须承受的危险以及肩负的使命;我告诉他们军人必须为了拯救百姓冲向危险;也正因为如此,军人才会比百姓拥有更多的光荣和荣耀。如果他们能视荣耀高于利益,他们就当响应军队号召;如果他们将之视为重负,他们就当从事其他卑微的职业,而不是追求军人的卓越。既然你知晓了这点,那就没有任何借口能说不知者无罪,你将自己的名字加入到灿烂辉煌的 militia 名册里。凭借你庄重的誓言和职业身份,我接纳你,将荣誉授予你,用卓越显赫的头衔嘉奖你。

你为何现在又变成了叛徒？背弃了你的职责？为何玷污我交予你的金章？我希望我的 miles 能够做到勇往直前而不是懦弱退却,他们的目标应当是荣耀而不是金钱。

如果你强壮善良,那就请把目光放得高远;让你的声名荣誉广为流传;恪守你的职业,蔑视卑劣之举。如果你愚钝堕落,那又为何假装拿着金章来将我骗？最让人难以接受的事情就是位居高职的显赫之人实际上却同芸芸众生如出一辙。因此,要么为我忠于 miles 的职责,要么就摘去士兵的假面具。

如果国家能开口,这绝对就是她想要并应当说的话。

我想我已说得够多了,我在开始时答应讨论的所有问题都已言毕,那就让我最终为自己的叙述画上句号吧。

四 驳对佛罗伦萨人民进攻卢卡的批判① (1431 年)

在开始反驳前,我想先明确一下个人立场,这样就不会有人通过我的这篇文章妄下结论,认为我是这场战争的谋划者、支持者或鼓动者。我希望表明,在进攻卢卡的这件事情上,直至佛罗伦萨人民最终决定进攻之前,我都不予支持,并且始终谏言反对。不过,这并非因为我觉得进攻卢卡是不正义或不光彩的,而是因为战争本身就意味着罪恶、疮痍以及其他巨大的不幸,只要一想到战争就会使我本能地心生惧怕并竭力避而远之。② 然而,一旦做出了决定,那么接受国家的决定和命令便是我以及任何一名公民应尽的职责。

作此序言后,接下来就看一下您对佛罗伦萨的谴责,我认为可以归结为三个方面:第一,您声称攻击卢卡属非正义之举,因为据您所言,卢卡是佛罗伦萨的盟友,并且在过去双方和睦友好;第二,您谴责佛罗伦

---

① L. Bruni, "A Rebuttal of the Critics of the People of Florence for the Invasion of Lucca," G. Griffiths, J. Hankins et al. trans. and eds., *The Humanism of Leonardo Bruni*, pp. 146－152,原著为拉丁文,"Difesa contro i reprehensori del popolo di Firenze nella impresa di Lucca," Pietro Guerra ed., *Difesa contro I riprensori del popolo di Firenze*, Lucca, 1864, pp. 15－36。

② 布鲁尼在《希腊史评注》的序言中用了相似的表述。

萨不宣而战的行为，据您所言，佛罗伦萨采取了秘密的、狡诈的掩饰和欺骗；第三，您指出当卢卡推翻僭主后，佛罗伦萨仍然对已经获得自由且无辜的卢卡人民发动了持续进攻，在您看来这是不当之举。据我理解，您对佛罗伦萨的批判就建立在这三个论点之上，我将对此逐一加以反驳。

1

［针对第一条批判，布鲁尼认为是卢卡的领主保罗·奎尼吉在佛罗伦萨与米兰作战期间没能遵守与佛罗伦萨同盟的协议规定。］

2

现在来看您的第二条谴责内容。您指责佛罗伦萨发动进攻的方式并非光明正大，而是采取了欺诈掩饰的手段。我姑且不议先前已经提及的卢卡领主的行为，或许他才是应当受此谴责的对象；我希望表明并证实——且对此相当确信——佛罗伦萨绝没有对卢卡采取任何欺骗、欺诈或掩饰，我们的大使将所发生的事情如实汇报给了卢卡的领主。即便情报有所不同，那也是因为报告时间上的延迟所致，而不能算作阴谋诡计。为了证明我所言属实，还是简要回顾一下整个事件的发展过程。

卢卡大使梅塞尔·乌尔巴诺（Messer Urbano）来到佛罗伦萨说，

他的君主从朋友处听闻尼科洛·福特布拉乔正准备入侵卢卡领地，对其造成危害，因而恳请佛罗伦萨能及时加以阻止。负责此事的地方行政官听闻此言后深感震惊，并立刻写信给福特布拉乔，传达了他们从卢卡派来的使节那里听到的这些内容。市政官明确表示，如果福特布拉乔真有此意的话，他们将非常不满，并且补充了所有能够令福特布拉乔打消进攻念头的内容。对此福特布拉乔漫不经心地做了回复。这让市政官较之最初对其感到更加可疑，于是又给福特布拉乔写信重申了他们的命令和禁令。尽管这第二封信由信使快马加鞭星夜兼程地送去，但福特布拉乔早已经踏入了卢卡的领地，这让佛罗伦萨市政官勃然大怒，在这件事情上他们表现得光明磊落且充满诚意。

为了让所有人都知道福特布拉乔的所作所为违背了他们的意愿，佛罗伦萨市政官将他们给福特布拉乔的信件以及福特布拉乔回信的复本一同交给了梅塞尔·乌尔巴诺。此外，据边境官员来报，卢卡境内的许多城堡出于对敌军侵犯的畏惧纷纷想要投奔佛罗伦萨城市公社政府。作为回复，市政官下令不得侵占任何城堡，但是如果他们为了安全起见想把家眷、家畜或任何财产送至佛罗伦萨的话，佛罗伦萨将非常乐意代为保管。我们从中能清楚地看出佛罗伦萨市政官的态度始终真诚且得当；若非如此，他们为何又要拒绝那么多具有地位和名望者主动献出的城堡？

事情就这样日复一日地持续着，但卢卡领土上的骚动却在不断升级，直至佛罗伦萨得到消息说，许多散居在两国边境上的佛罗伦萨属民由于长期遭到蔑视，受此情感的驱使，同时再加上邻邦之间经常发生争吵与不和，他们也纷纷趁机进入卢卡领地实行大肆破坏和劫掠。这次行动似乎已经变得一发不可收，任何威胁或命令都已无法阻止，太多人牵涉其中以至于让惩罚几乎变得不可能。

　　这种形势使得整个佛罗伦萨满城风雨，大街上挤满了聚集起来的公民。对于属民擅作主张的进攻，有些佛罗伦萨公民表示赞成，有些则批判他们的行为。不过所有人一致认同这次行动迄今都未得到过批准。在议论的过程中，民众人数——甚至包括孩童——不断增加，他们在大街和公共广场上出奇一致地要求采取行动。人们回想起卢卡领主的不良企图以及由此给他们带来的伤害，（在佛罗伦萨与米兰的斗争中）卢卡领主曾经将自己的儿子连同军队一起派遣给敌军（米兰公爵）并与米兰结盟。佛罗伦萨人民还回想起卢卡领主曾经投靠那不勒斯国王拉迪斯劳（King Ladislas），这威胁到了佛罗伦萨的自由和领地完整。佛罗伦萨市政官面对来自民众的重压和众人的义正词严，不得不遵从人民的意愿。

　　整个事件的发展就像我所描述的那样，没人能够从中发现任何诡计或欺诈。如果您要说"在事件的开始和结束中发生了政策的偏移"，我的回答是市政官做了他们该做的、人民做了他们能做的。采取战争行动不关市政官的事，他们努力在压制战争：主权在于人民，他们有充分的理由和正当的不满发起战争。

　　不要说佛罗伦萨不宣而战，因为不止一次而是数次，菲利波（Maestro Filippo）曾在你们面前表明了佛罗伦萨人民的希望、建议和决定。如果你们无法做出保证永远不再背叛，佛罗伦萨人民就会准备好自我防御。这番话中明显带有战争的暗示，而且表明佛罗伦萨人民之所以反对卢卡的领主，完全是出于对自身安危及安宁的考虑，而非因为要报复从卢卡领主那里受到过的伤害。还有什么宣言能比这个更加清晰？还有什么表述能更加直白？倘若菲利波还活着，他也能够证实这点。

那么,您还有什么可以抱怨的?是要谴责佛罗伦萨市政官在回复福特布拉乔信件中表露的宽厚大度并且拒绝接受送上门的城堡,还是要谴责随后由人民做出的参与进攻的决定?您不能一边享受恩惠一边还来谴责佛罗伦萨市政官;您也不能谴责佛罗伦萨人民,因为他们始终没有改变过自己的立场,他们公开地进攻,将行动公之于众并如此执行。

在罗马人与迦太基人之间的第一次战争中,我们知道元老院并不赞成进攻。元老院借着在墨西拿(Messina)发生的事件说,他们并不希望破坏和平。然而罗马人民却全都支持发动进攻,并且已经这样做了,于是元老院也只能遵从人民的意愿。从来没有人说这样的进攻是不光彩的,仅仅因为元老院的提议是一码事,人民的决定是另一码事。①

同样,在对待卢卡的这件事情上,我找不到任何可以义正词严地责备佛罗伦萨市政官或者是佛罗伦萨人民的理由,双方都尽到了他们的职责:是人民发动了攻击,他们有权对卢卡宣战;在做此决定前,市政官的政策则是不对卢卡领主有任何敌对举动。

如果确有宣战,那也不过就像我已证明的那样,发动攻击的决定是由佛罗伦萨人民做出的,也就是说是由被授权的人民做出的决定。如果在人民决定之前,佛罗伦萨的长官对卢卡并未抱有任何敌意的话,您又怎么能说发动进攻是不光彩的?

---

① 这里布鲁尼很自然地将佛罗伦萨对卢卡开战与古罗马对迦太基开战进行了类比,因为布鲁尼在十年前著有《第一次布匿战争》。

　　在您所有的诬蔑诽谤中,最令我震惊的是您声称这次进攻是早有计划、蓄谋已久的事件。您已被仇恨和恶意主宰,完全曲解了我们给福特布拉乔信件中的用意以及佛罗伦萨市政官为了你们所做的其他事情。您说市政官这么做是为了欺骗你们,是出于奸诈狡猾的目的。那么现在告诉我,请注意我的推理,如果事件的发展如你所说的那样,是蓄意谋划的话,难道不应该有什么明显的利益能够用来解释我们为何要如此谋划? 请您指给我看看,在与福特布拉乔的通信中,在听闻他已侵占卢卡领地时我方表达的悲伤中,佛罗伦萨长官到底能得到什么利益? 从这样的掩饰里能获得什么? 您会说,或者您已经在信中说了,所有这一切都是为了趁其不备进攻卢卡。我的回答是根本没有必要这样。因为卢卡领主早就毫无防备,仅仅是在我们给福特布拉乔去信和他刚进攻卢卡之间的几个时辰之内,卢卡领主就已经降伏了。假若这个过程蓄谋已久,难道佛罗伦萨人民不知道通过这种谎言和欺骗的伪装根本无利可图? 通常干这种事情都是因为能带来某些明显的好处,但在这件事上,除了浪费时间之外得不到任何利益。更为有利的方法难道不是毫不等待,并立刻把我们的人派去卢卡领地上与福特布拉乔并肩作战吗? 如果佛罗伦萨真有此意的话,那还有什么能够阻止他们这么做? 难道佛罗伦萨没有军队? 难道佛罗伦萨没有无需动员便已摩拳擦掌的属民? 第一轮攻击的结果通常最难预料,倘若福特布拉乔凭借他的小队人马和不起眼的声望仅仅因为他发现卢卡毫无戒备便能造成如此恐慌,那么佛罗伦萨倚仗浩荡大军和卓著声望还有什么做不到的? 佛罗伦萨人民明明可以不通过书信和谎言就能够办到的事情,他们为何还要选择写信和撒谎? 他们放着最佳时机不顾,为何还选择不合时宜的等待? 难道您看不到您论点中的自相矛盾? 难道您没发现您的诽谤是多么不堪一击和自欺欺人？这套欺诈手腕是僭主专用的伎俩，只有他们自己才能谋划出这种诡计。人民大众是不擅于这种把戏的，即便他们想这样做，他们也做不到有效地施行这种把戏。因为每一个决定都必须通过所有人的认可与肯定，而民众根本不懂如何使诈，也不知道如何保密。

如果您认为我说到现在的所有内容都不着边际的话，那么告诉我，佛罗伦萨拒绝接受那些主动送上门来的城堡，难道这件事情不正是他们没有欺诈、没有谎骗、没有掩饰的最佳证明？那么您为何还要说佛罗伦萨狡猾使诈？出于对佛罗伦萨的仇恨而企图唆使别人相信那些连您自己都心知肚明的谎言，难道您不为自己如此撒谎而感到羞愧难当？

［接着，布鲁尼试图反驳卢卡针对佛罗伦萨人阻挠使节返回卢卡的谴责。］

3

现在还剩下最后一部分，即您认为卢卡人民在推翻领主（signore）后重新获得了自由。由于卢卡人民对领主过去所犯下的罪行和造成的伤害毫不知情，所以您认为佛罗伦萨人民没有继续攻击卢卡的正当理由。也许您会感到惊讶，因为在这点上我完全同意您的判断。卢卡人民并没有做任何挑唆战争的事情，我又怎能歹毒地说他们就应该遭受战争，或是其他不中听的话呢？愿上帝让我远离那种在罪恶中寻求乐趣的坏品格。我始终都厌恶战争，并且主张战争是万不得已的最后选择。①

　　请您换位思考一下我的立场,如同我所做的那样。在卢卡领主遭到攻击后,卢卡人民数月以来都在为他而战,这让卢卡人民对佛罗伦萨人民产生了怨恨,那么到底应当由谁首先开始公开友好协商? 毋庸讳言,这理应是卢卡人的职责,尤其考虑到卢卡人在城内驻扎的兵力,派兵之人及他的存在正是引发猜忌的源头。请告诉我,在卢卡人民推翻领主之后,你们是否有任何举动,比如派遣使节或发送公函以寻求与佛罗伦萨之间的和平或友谊。绝对没有! 你们一直在拖延到弗朗切斯科②离开卢卡之后才那样做。最终,有三位值得一提的卢卡公民作为大使来到了佛罗伦萨,他们带来的消息也合情合理。佛罗伦萨的回应当然也非常妥当:卢卡人民的政策或目标肯定是不希望失去或是破坏自由的,他们表现出维持自由的意愿,不希望再得到一位僭主(tyrant)。从过去的经验中可以看到,接连统治卢卡的僭主让卢卡遭受无穷的灾难和痛苦,比如乌古乔内·德拉·法吉奥拉(Uguccione da Faggiola)、卡斯特鲁乔·卡斯特拉坎尼(Castruccio Castracani)、盖拉迪诺·斯皮诺拉(Gherardino Spinola)、马斯蒂诺·德拉·斯卡拉(Mastino della Scala)和保罗·奎尼吉等人的所作所为,甚至这似乎表明,卢卡缺少了僭主就无法生存。所有这些僭主都给佛罗伦萨造成了巨大的困扰和危害。基于此,如果卢卡人民希望自由生活,佛罗伦萨保证不仅不会威胁到他们的自由,还会捍卫卢卡的自由使其不受任何人的威胁。

　　但是正当我们表达出如此仁善友好的情感并认为肯定会有圆满结

---

　　①　布鲁尼在文章开篇就表达过反对战争的观点,这与其在《希腊史评注》序言的内容相呼应。

　　②　此处是指为米兰公爵菲利波·马里亚·维斯孔蒂服务的雇佣兵队长斯福尔扎。

局时,突然传来消息说,卢卡人民已将彼得拉桑塔(Pietrasanta)献给了热那亚人,这等同于交给了米兰公爵,还保证会把卢卡其他沿海城市也一并献出。出于这个原因,整个友好协商陷入僵局,显然先前提到被派来的卢卡大使此行的目的并非达成任何协定,他们简直是将谈判视同儿戏。这些大使否认关于彼得拉桑塔的来报,在动身回卢卡之前,他们保证会马上带着协定再来佛罗伦萨,但后来却再未露面。所有佛罗伦萨人民都明白了卢卡人民并没能重获自由,只不过是新僭主取代了旧僭主而已,没有哪个佛罗伦萨人无知到不清楚卢卡所获得的物资和人力上的帮助是由谁提供的。

那么,对于推翻了保罗·奎尼吉之后的卢卡战争阶段,我们又应当怎样评价?如果卢卡人民在他们的城邦内立了一位更强大、更厉害的敌人呢?当佛罗伦萨人民发现一切都不利于他们时到底该怎么做才好?有本事的话您就否认我所说的:卢卡的外交大使姗姗来迟,以及与他们的到来同时发生的有关彼得拉桑塔的消息。事实上,无论是您还是任何其他人对此都无法否认。如果这就是事情发生的经过,您为何要将实际是你们自己的问题嫁祸到佛罗伦萨人民的头上?

驱使您这样说的缘由现在已经显而易见,那就是为你们所取得的小小胜利的招摇过市。但是,请相信我,认为这件事到此就了结的任何人都大错特错。毫无疑问,更为合理的做法是与邻为善而非去与远方的一名领主交好。城邦的地理位置无法改变,卢卡永远都是佛罗伦萨的邻邦。城门失火殃及池鱼。个体的生命脆弱且短暂①,但一个民族却

---

① La vita d'un uomo è fragile e caduca,布鲁尼的这句话是借用了西塞罗的句子 res humanae fragiles caducaeque。

长生不息。在这个问题上我不想再去深究，只要您还活着便能看到结果。针对您的责难，我说得够多了，对于每个问题我已经用证据全面地证明了，任何正直的法官都会深信佛罗伦萨人民的所作所为充满了正义与荣耀。

五 卢卡战争记①
（1440—1441 年）

尼科洛·福特布拉乔统领一支骑兵队在伦巴第地区与佛罗伦萨军队共同抵抗米兰公爵。当战争结束后他回到托斯卡纳，发现自己的薪酬同其他士兵一样都随着战争的结束而遭削减。福特布拉乔对此深感不满，他趁机试图扩大自己部下的规模。有传言说福特布拉乔计划要攻打他的家乡翁布里亚(Umbria)，但实际上他却对卢卡领地发动了突袭。其时卢卡的统治者为保罗·奎尼吉，且与佛罗伦萨和平相处，但佛罗伦萨人却认为，奎尼吉在最近的战役中倒戈米兰并对敌军过于怜悯。

毋庸置疑，奎尼吉将自己的儿子连同一支骑兵队派遣给了米兰公爵，但有个前提条件，就是这支部队不会被用于任何针对佛罗伦萨人或威尼斯人的军事行动中。

因此，即便福特布拉乔是在佛罗伦萨毫不知情的情况下对卢卡发

① The Account of the Luccan War in Bruni's *Rerum Suo Tempore Gestarum Commentarius*, in G. Griffiths, J. Hankins et al. trans. and eds., *The Humanism of Leonardo Bruni*, pp. 152 – 154，原著为拉丁文，In *Commentarius*, ed. Di Pierro, is bound with Bruni's *History of Florence* in *Rerum Italicarum Scriptores*, n. s. 19:3, pp. 449 – 450; 关于卢卡战争的记述还可参见 Gene A. Brucker, *The Civic World of Early Renaissance Florence*, Princeton, 1977, pp. 494 – 500。

起了进攻,但极易让人认为佛罗伦萨有充分的动机作为同谋,况且这次进攻是在佛罗伦萨所控制的领土范围内发动的,这势必让人怀疑这场战役实为佛罗伦萨人发起的隐蔽的军事行动。鉴于此,许多居住在佛罗伦萨城市周边的属民也纷纷加入对卢卡的强取豪夺中,其结果就是令这场对卢卡的进攻看起来不再与佛罗伦萨毫不相干,反倒变成由佛罗伦萨参与促成的战役。由于无法对事件的过错方施加惩罚——他们人数众多——同时佛罗伦萨城内的广大民众也以惊人的热忱呼吁战争,民众的呼声最终压倒了政府执政团成员提出的睿智且审慎的意见,在民众的压力下佛罗伦萨发动了对卢卡的战争。

卢卡境内的许多城堡很快就开始向佛罗伦萨人投降,终于,卢卡身陷重围且城外河堤被困,某些愚蠢的人①建议决堤淹城,认为这样卢卡就会被淹没于洪流之中! 然而当这希望落空时,包围战变成了一场持久战,而弗朗切斯科·斯福尔扎(Francesco Sforza)的到来终于将卢卡从包围中解救出来,佛罗伦萨军队则明智地退到里帕弗拉塔(Librafacta)②城墙内按兵不动。然而敌军不久便沿着涅沃河(Nievole)进攻了佩夏城(Pescia),并攻占了布贾诺(Borgo a Buggiano)③。不久之后,卢卡的统治者奎吉尼遭其部下暗算被抓并被送往米兰,但斯福尔扎在收受了

---

① 皮埃罗指出,"决堤淹城"计划的主要支持者是建筑家布鲁内莱斯基(Brunelleschi),在卡博尼(Neri Capponi)看来,这个想法荒唐可笑,参见 Di Pierro ed., *Commentarii, in Rerum Italicarum Scriptores*, 18: 1169。

② Librafacta 又作 Ripafratta,位于卢卡和比萨之间,该地的要塞堡垒遗址至今尚存。

③ 佩夏位于卢卡城东面约 13 公里,在通往蒙特卡蒂尼(Montecatini)、皮斯托亚(Pistoia)和佛罗伦萨的大道上。布贾诺在此大道上的 5 公里开外。因而佛罗伦萨人和斯福尔扎离开卢卡后沿着相反方向前行,佛罗伦萨人向西,斯福尔扎往东。

佛罗伦萨人的金钱贿赂后放弃了卢卡城。

卢卡再度陷入人数占优的佛罗伦萨兵力包围中,她的抵御能力已至极限,但这场围攻却随着尼科洛·皮奇尼诺的到来而化险为夷。皮奇尼诺的军团,包括之前斯福尔扎的幕后势力都是米兰的菲利波·马里亚·维斯孔蒂。正因如此,佛罗伦萨对米兰的战斗实际上依然持续,佛罗伦萨人还试图让威尼斯人一块加入,共同在伦巴第地区攻击米兰。

与此同时,锡耶纳人民公然背叛佛罗伦萨。锡耶纳被佛罗伦萨人的卢卡包围战激怒,他们从中察觉到佛罗伦萨急欲扩张、占领邻邦的野心,而长久以来一直模糊不清的锡耶纳权力归属问题趁此机会也得以明确。皮奇尼诺大举入侵比萨和佛罗伦萨的领地,他率领军队长驱直入,先后占领了从卢卡到锡耶纳的大小城池,沿此进攻路线,皮奇尼诺还包围了斯塔基亚(Staggia)①,并从那里进入阿雷蒂诺领地(Aretine)。他原本希望利用各城邦彼此对立与背叛趁机制胜,当发现这招失灵时,他又通过突袭成功掌控了这块地区的几座城堡。

这场战争让佛罗伦萨人民精疲力尽,并造成托斯卡纳地区最为严重的分裂:比萨城虽未沦陷却充斥着焦躁不安;从比萨到沃尔泰拉地区的所有城堡悉数沦陷;阿雷蒂诺地区的一切都期数不定;即便在佛罗伦萨领地上,准确地说,锡耶纳人还占领了一些佛罗伦萨人的城堡;在佛罗伦萨城内,百姓被一系列不堪忍受的征税重负压得窒息,国衰民弱财

---

① 斯塔基亚位于波吉邦西(Poggibonsi)以南约 8.5 公里,距离锡耶纳不到 20 公里,佛罗伦萨人在 1361 年曾花钱购买了该城堡,并在十年后建起城墙,修砌四面塔和五面塔,这些建筑留存至今,城堡以及两座雄伟的圆柱形塔是目前唯一可见的遗迹,建于 1432 年。

源枯竭。四下都充斥着人民对一切的抱怨,这是他们面对事态恶化时的一贯作为,最可恨的是,这些人正是这场灾难的始作俑者,正是他们从一开始鼓动对卢卡的战争。

六 论佛罗伦萨的政制^①

（1439 年）

基于阁下想要了解我们国家的政体类型及其构成,我将尽力向您清晰地描述。

佛罗伦萨的政体类型不是纯粹的贵族制或民主制,而是两者兼而有之的混合政体。这清楚地反映在下述事实中:某些贵族家族被禁止出任政府要职,因为他们掌控着过于强大的人力和势力,这体现了反贵族原则;另一方面,手工业者和社会最底层公民不得参与国家政治生活,这体现了反民主原则。因此,佛罗伦萨避开两大极端而取中庸,看重贵族和富裕阶层,而非势力过大者。

在佛罗伦萨几乎不召开人民集会(ecclesia, assembly),因为每件事情事先都得到妥善安排,也因为执政阁僚^②和委员会有权决断一切事

---

① L. Bruni, "On the Florentine Constitution," in G. Griffiths, J. Hankins et al. trans. and eds., *The Humanism of Leonardo Bruni*, pp. 171‑174,原著为希腊文"*Peri tes ton Florentinon Politeias,*" in Paolo Viti ed., *Leonardo Bruni: Opere letterarie e politiche*, Torino: UTET, 1996, pp. 776‑786;除格里菲茨的英译本外,另有"On the Constitution of the Florentines," trans. by Athanasios Moulakis, in *Readings in Western Civilization, Vol. 5 The Renaissance,* eds. Eric Cochrane and Julius Kirshner, Chicago and London: The University of Chicago Press, 1986, pp. 140‑144。

② 布鲁尼用"执政阁僚"(archontes, governors)这个术语指称佛罗伦萨政府机构中的执政团。

宜,因此没必要召集人民集会,只有发生重大变故才需要召集全体人民。尽管人民是主权者,人民集会是统治性的,但正如我们说的,人民集会很少召开。

城市的最高官职属于九名被称作"首长"（Priors,也作"执政团成员""执政官""执政团长老"等）的人,其中仅有两名首长来自行会平民,其他首长皆为贵族及富裕阶层,他们当中的首领被称为"正义旗手"（Standard-Bearer of Justice）,只有出身高贵和声誉卓著的人才有资格担任。

除九名首长之外,另有二十八人担当执政团的顾问和助理。他们不在韦基奥宫内居住,但当需要商议国家大事时会听从九名执政首长的召唤。九名首长视他们为同僚,不过我们可以称他们为"议员"①。九位执政首长偕同二十八名议员共同享有很大的权力,这尤其体现在事先未经他们同意的情况下,任何事情都不得被提交"大议事会"（great councils）讨论。

佛罗伦萨的大议事会共有两个,分别是三百人组成的"人民大会"（Council of the People,也作"人民议会"）和两百名出身高贵者组成的"公社大会"（Council of the Commune,也作"公社议会"）。任何需要召开大议事会商讨之事首先必须经过执政团以及议员的严格审查,在获得他们的决议后提交至人民大会。人民大会通过后再提交至公社大会讨论。如果公社大会也准予通过的话,我们才可以说经由三大议事机构一致通过的该项决议具有法律效力。这就是我们在处理战争与和

---

① 议员（sunedroi, senators）,佛罗伦萨的两大参议机构（审议团体, senatorial bodies）通常被称作"顾问团"（colleges）。

平、缔结与解散同盟、审查、豁免、公诉等所有涉及国家事务时所采取的方式。

如果由九名执政首长及其议员阁僚决定的提议在人民大会那里得不到通过的话，则该提议无效并不得被提交至另一个大议事会。如果人民大会通过了该项提议，但公社大会予以否决，则提议仍然无效。因此，提议必须通过三次表决：首先是九名执政首长和议员阁僚，其次是人民大会，最后是公社大会。

我想现在已经能够看清佛罗伦萨的政体结构了：两个大议事会代表了人民及其集会；九名执政首长和议员阁僚代表了议事会，这在法律条文"经佛罗伦萨议事会和人民共同决议"中得以证明，也是我们对该条文的阐释。

这些执政官员负责处理所有国家事务，接着就需要考察他们如何以及从哪些人当中被挑选出来。每隔五年有一次首长选举，选举方式如下：九名执政首长、议员阁僚和某些特定公民聚集在市政厅，根据所有候选公民的名单，每个人依次进行投票。获得三分之二票数的候选人便具备当选资格，但这并不意味着他能立即就职，而是要等到他被抽签抽中后方才有资格上任。当所有投票结束并确定下有资格的候选人后，按照城市街区的划分分别写下每个候选人的名字并放入抽签袋里。佛罗伦萨共分成四个街区，我们称之为"四分区"（quarters），因而就有四个抽签袋里装着有资格竞选的公民名字。当开始重新选举执政首长时，从每个分区的抽签袋中分别抽选两人。

每个分区有单独的正义旗手抽签袋，通过抽签选出的正义旗手之荣耀属于城市各个分区，所以这是整个城市必须共享的一种领导权。

　　议员阁僚的选举方式与九名执政首长相同。佛罗伦萨有两大议员顾问团：一个是由行会代表组成的"十六旗手团"（gonfalonieri）①，佛罗伦萨共有十六个行会，每个行会选出一名旗手；另一个顾问团是由十二人组成的"十二贤人团"（buonuomini），他们是根据城市分区（而非行会）选举产生，即每个分区选出三名代表。这就是二十八名议员阁僚（或称执政首长顾问团）产生的方式。

　　至于大议事会，我们已经提到共有两个：人民大会和公社大会。大议事会成员通过抽签产生。首先仔细审查每位公民是否具备候选资格，然后旗手团将候选人名字放入抽签袋中，只是大议事会的抽签不像执政团那样是每隔五年一次，而是在必要时进行。这就是常规流程，所有职位的人选都必须先经过投票以及通过资格审查，最终再由抽签决定。

　　但是如果出现其他一些障碍性特殊情况的话，抽签决定就不是流程的最后一关。这些障碍情况非常繁多，包括年龄、裙带关系、历任时间和特权。年龄限制将年轻人排除在职位之外：执政首长和议员阁僚必须年满30岁，正义旗手要年满45岁，两个大议事会的成员则必须年满25岁。

　　法律严格禁止家族裙带关系出现在政府中。如果我的兄长、父亲、儿子或任何其他亲属在执政团内任职的话，我就没有担任首长的资格。法律禁止同一家族的两名成员同时出任首长职务。

　　历任时间的禁令用于防止刚刚卸任的首长重新获任，曾当选首长

----

　　①　雅典人称"选区"（electoral constituencies）为"部落"（phulai, tribes），布鲁尼用该术语来表示佛罗伦萨的选民区，尽管佛罗伦萨术语 gonfalone 并不表示"部落"，而是指作为区划单位的"旗"（standard）。

的公民在任期届满后必须间隔三年方可再任，其家族成员则必须要等他卸任六个月后才有资格任职。任何公民如果偷税漏税或者未能履行对国家应尽的义务，同样也没有资格任职。

如此选任的首长主要负责处理佛罗伦萨的公共事务。

涉及私法的法令以及执行私法的官员与此不同，他们不是佛罗伦萨公民，而是外来者。考虑到执法职能，一般会挑选其他城市的出身高贵者来担任佛罗伦萨法官，并支付薪俸以吸引他们就职。他们根据佛罗伦萨的法律断案，惩罚罪犯和恶徒。法官分为两类：一类负责财产、商业及类似案件；另一类负责矫正和惩罚犯人。他们的任期为六个月，届满离开时这些法官要接受调查，并对任职期间的行为负责。

选任外来者担任法官的原因是为了避免在佛罗伦萨公民之间产生冤仇。被判刑者一般都会怨恨法官，不论理由是否充分。另一方面，外来者可能会比佛罗伦萨公民更加公正独立地施加惩罚。由于被判刑者的死亡与鲜血会在法官心中挥之不去，在一个自由和平等的城市里，让一个公民对其他公民施加如此惩罚似乎令人难以接受。最后，外来者比佛罗伦萨公民更加害怕其行为触犯法律。基于这些原因，佛罗伦萨人认为最好由外来者执掌惩罚的权力。

接着应当谈谈国家的法律，但这部分内容需要追溯很长的历史。目前我们只需要知道：佛罗伦萨使用的是罗马法，并且曾经是罗马的殖民地。苏拉独裁时建立了这块殖民地，她拥有最好的罗马血统，因此我们的法律与罗马母邦的法律相同，除了一些因时代变迁导致的变化。

正如前文所言，佛罗伦萨国家是混合政体，我们可以说她既有民主制又有贵族制的倾向。民主倾向的特征之一是官员任期非常短暂，最高官职——九名执政首长——的任期不超过两个月；一些议员的任期为三个月，另一些则为四个月。① 官员任期短暂是民主制的特征，有利于平等；民主制还体现在佛罗伦萨高度重视和保护公民的言论和行为的自由，这是整个国家的目标和宗旨。通过抽签而不是根据财产多寡来决定职位人选则是民主制的另一个特点。

另一方面，佛罗伦萨政体也有很多特征表现出贵族制倾向。前期讨论机制、事先决议之前不能将事务公之于众、要求人民不得改动决议、人民只能选择全盘接受或是否定，在我看来这些最能体现贵族制的特点。

佛罗伦萨历经变迁，我相信其他城市亦是如此，时而偏向民众，时而倒向贵族。在过去，人民武装起来参加战争，（因为佛罗伦萨人丁兴旺）几乎征服了所有周边城邦。那时，城市权力掌控在人民手中，相应地，具有优势的人民能够剥夺贵族的权力。随着时代变迁，外国雇佣军取代了公民军投入战争，于是政治权力便不再属于民众，而是掌握在贵族和富裕阶层的手里，因为他们为城邦做出诸多贡献，用商议取代了武力。随着人民权力的逐渐消解，佛罗伦萨便形成了现在的政体模式。

① 十二贤人团任期为三个月，十六旗手团任期为四个月。——中译者注

七 致信德意志君主西吉斯蒙德三世①
（1413 年）

莱奥纳尔多·布鲁尼向西吉斯蒙德三世致以问候

尊敬的皇帝阁下，您向我打听的这个事情极其重要并且也相当复杂，对于这个问题的回答切莫急于一时，而是需要花费时间认真对待。您要我用文字记录下我们佛罗伦萨共和国的政治制度及其统治形式，由于这个话题的重要性无法估量，又有谁能用寥寥数语来解释清楚？实际上，如果像西塞罗和拉克坦西（Lactantius）那样描述人体为写作提供了大量素材，难道描述一座拥有不计其数人口的城市不也是这样吗？此外，依我所见，我们不仅应当从祖先如何创建这座城市开始着手去了解她，更要知道先辈为何建立这座城市，只有知其所以然才有益于知其然。然而要说清城市创建的原因绝非易事，且耗磨时间，但既然您已开口相问，我则必做回答，鉴于您行程匆忙，我将尽量言简意赅。

首先，您要知道有三类合法政体以及与之对应的三类腐败政体（这是哲学家的说法）。由一人统治的类型，人们称作君主政体；由少数杰

---

① 本文根据韩金斯教授提供的未刊英译本译出，拉丁语原文参见 J. Hankins, *Humanism and Platonism in the Italian Renaissance*, 2 vols., Vol. I, Rome: Edizioni di Storia e letteratura, 2003, pp. 26 – 29。布鲁尼在此书信中详述了佛罗伦萨的政制。——中译者注

出者统治的类型,希腊人称作 aristocratia,我们称作 optimates(贵族政体);由人民自己统治(populus ipse regit)的类型,希腊人称作 democratia,我们称作 popularis status(平民政体)。与这三类合法政体对应的有三类蜕变形式的腐败政体。对君主统治而言,如果权力不是用于照顾被统治者的共同利益,则蜕变为僭主政体;另外两类政体也一样,如果不能以好的合法的方式维系的话,也会相应蜕变为腐败的坏政体形式。类似的权力模式同样存在于私人家庭中。父亲对儿子的权威犹如君主对子民,长辈为了晚辈的利益,对他们细心督导并加以管制。然而主奴(或主仆)之间的关系则另当别论,这是因为主人对奴仆的统治仅仅是为了实现自己的个人利益,而非奴仆的利益。丈夫对妻子的统治类似于贵族政体。兄弟间的关系则如同平民政体,在权力分配上彼此平等。

佛罗伦萨共和国的统治方式属于上述合法政体中的第三种——平民政体。其统治的基础在于公民之间的公正与平等,犹如前面提到的在家庭中的兄弟关系。佛罗伦萨的法律就是为了保障全体公民的公平,国家享有纯粹的和真正的自由。因此,我们不让大家族干涉国家事务,以免他们一旦掌控公众权威后权力过度膨胀。此外,法律对于贵族的惩罚也更为严厉,针对同样的违法行为会有不同程度的惩罚方式,较之于普通公民或一般阶层的平民,贵族以及权势阶级遭受的惩罚则更加严酷。佛罗伦萨的法律会尽一切可能杜绝个别公民的权力泛滥,将那些权势显贵的政治权力降到适度的范围。

在佛罗伦萨,最高统治者的任期不会超过两个月,这是为了防止身居高位的人变得骄傲轻狂。最高统治集团由九位公民组成,而非个人独自担当。其中一人被称作"正义旗手"(Standard-Bearer of Justice),其余八人被称为"首长"（Priors）。这些执政官来自谦恭平和、品行端正的中层阶级。执政团下设两个顾问团，分别为"十二贤人团"和"十六旗手团"，这三大机构共同代表佛罗伦萨共和国的最高权威。然而，即便这些人也不具有完全权力，一些重要问题，还必须提交至大议事会审批。佛罗伦萨共有两个大议事会，分别是"人民大会"（Council of People）和"公社大会"（Council of Commune）。"人民大会"大约由三百公民组成，"公社大会"则由贵族和平民组成，人数与前者大抵相同。此外，还有一名负责处理法庭和市民案件的"督政官"（Podestà），他不是佛罗伦萨公民，而是由佛罗伦萨挑选出值得信赖的、有智慧的外邦人来担任，任期最长为六个月。另设有"人民长官"（Captain of the People），该职务的特殊使命就是保护和捍卫人民的权利。还有一个称作"正义法规执行官"（Executor of the Ordinances of Justice）的官职，专门用于压制显贵（magnates）特权。督政官、人民长官和正义法规执行官这三个职位都由外邦人担任，任期不超过六个月。这些官员评判案件、惩罚罪犯，届满时要接受佛罗伦萨人民的评估调查。他们倘若被发现在任职期间擅用职权贪污腐败为非作歹，则要接受惩罚，用个人资产对因审判不公而受伤害的佛罗伦萨公民予以赔偿。

　　战争爆发时，佛罗伦萨共和国会组建起十人委员会"巴里阿"（Balìa），赋予该委员会指挥作战的权力，此时这十位官员代表全体佛罗伦萨人民。在战争这样的危急时刻，要想把军事机密通报给全体市民的做法显然是百害无一利。当然，当发生重大事件时，通常是需要向执政团及其顾问团等更多公民咨询意见的。"十人委员会"通过选举产生，但执政团、十二贤人团、十六旗手团则是通过抽签任命。每隔五年，在那些受人尊敬的公民通过审查后，他们的名签被放在口袋内，等到换届时就从这些口袋中抽选下一届长官，被抽中者即可当选。九人执政团（包括一名正义旗手）、十二贤人团、十六旗手团都通过这套抽签程序产生，但每个机构的抽签时段各不相同，即这批官员不是在同一时间内产生的。正义旗手的任期为四个月，十二贤人团则为三个月。三大机构，即执政团、十二贤人团、十六旗手团，共同构成了佛罗伦萨的"执政团与顾问团"（Signori e Collegi），代表国家最高权威。

西塞罗新传

导读

　　1980 年,《西塞罗新传》掀起了学界对于布鲁尼作为历史学家功绩的新一轮评估。弗莱德在文章中[1]指出,布鲁尼是逐步成长为一名历史学家的,在此过程中,《西塞罗新传》无疑是至关重要的转折点。布鲁尼于 1415 年回到佛罗伦萨后,次年便开始创作这部作品,同一年内他还完成了《佛罗伦萨人民史》第一卷。在写《西塞罗新传》之前,布鲁尼已经翻译过多部普鲁塔克的人物传记,因此学者桑蒂尼认为,尽管布鲁尼为《西塞罗新传》加上了前言,但整部作品从内容上看其实是一部译作。[2] 巴龙认为,该作品前三分之二部分确实紧跟普鲁塔克原著,故不值得再版。不过巴龙将兴趣重点放在了作品的后三分之一,因为布鲁尼尝试将该著作写成一部思想传记,用于补充普鲁塔克关于西塞罗真实故事的记述。[3]

　　在前言中,布鲁尼承认自己写作的初衷是翻译普鲁塔克的原著,不过他愈发对这位古希腊作家所呈现的西塞罗形象感到不满意,渐渐地,

---

　　[1]　Edmund Fryde, "The Beginnings of Italian Humanist Historiography: The *New Cicero* of Leonardo Bruni," *English Historical Review* 95, 1980, p. 536.

　　[2]　Emilio Santini, "Leonardo Bruni Aretino e i suoi 'Historiarum Florentini populi libri XII'," *Annali della R. Scuola Normale Superiore di Pisa* 22, 1910, p. 22.

　　[3]　Baron ed., *Schriften*, p. 114, n. 2; Fryde, "The Beginnings of Italian Humanist Historiography: The *New Cicero* of Leonardo Bruni," p. 533.

布鲁尼决定要塑造一位"新"西塞罗。"于是,我们在一套不同的原则下开始……凭借更成熟的认知与更全面的信息",但是"我们不是以翻译家的身份这么做,而是遵从我们自己的判断与目标"。

《西塞罗新传》事实上到底有没有证实布鲁尼自己的主张?弗莱德指出,布鲁尼还使用了除普鲁塔克之外的其他资料,尤其是参考了萨卢斯特以及西塞罗的演说。弗莱德把布鲁尼与普鲁塔克的记述加以对比后发现,布鲁尼在很多地方其实要比普鲁塔克更胜一筹。比如,关于喀提林阴谋的分析、西塞罗在西里西亚(Cilicia)担任总督的经历、西塞罗为何加入庞培阵营的原因剖析,以及西塞罗晚年发生的故事等。得益于弗莱德对《西塞罗新传》前三分之二的全新分析,我们才有理由称布鲁尼为一名真正的历史学家。

然而,弗莱德并不满足于仅仅复原该著作的前三分之二,他深感自己还必须抹除巴龙赋予的《西塞罗新传》后三分之一部分的重要性。很关键的一点就是要证明作为政治家的西塞罗和作为学者的西塞罗之间紧密关联,而在这个问题上,普鲁塔克无疑厥功至伟。这一关联为布鲁尼提供了巴龙所谓的"公民人文主义者"(civic humanist)典范,而布鲁尼描述理想类型的章节则是理解"公民人文主义"内涵的最佳窗口。

这里除收录了《西塞罗新传》前言之外,还从《西塞罗新传》中选出两篇短文,分别是《西塞罗制胜"土地法"提议者》和《学者-政治家的楷模》。同时,附有普鲁塔克在《西塞罗传》的对应段落,便于读者辨析布鲁尼如何将普鲁塔克关于西塞罗的记述创造性地转化为一种对西塞罗的全新阐释。布鲁尼还改编了普鲁塔克关于西塞罗隐退生活的部分,目的就是证明西塞罗堪称学者兼政治家的理想类型。

一 《西塞罗新传》选[①]

（1413 年）

前言

近来得片刻闲暇，正当萌发阅读之意时，我得到了一本普鲁塔克小书的译作，据说其中还包括西塞罗的传记。在此之前我经常阅读的这些内容，都是用希腊文精心写成的，当我开始逐页翻阅，想要一探究竟这本拉丁文译作时，（由于谬误之处清晰可辨）我立刻意识到这本书的译者并不具备翻译此书的能力，书中偏误不计其数，部分原因是译者对希腊文的无知，另一部分原因是这位译者缺乏足够的禀赋来准确且优雅地呈现出原著的精华。

我不禁为西塞罗感到忧伤，同时也为我们学界在面对这样一位对文学创作孜孜以求、孤身奋斗的伟大人物时居然如此冷淡缄默而感到愤慨，因此我把修正西塞罗拉丁文版著作中的不足之处视为己任，并且

---

① L. Bruni, "The New Cicero," in G. Griffiths, J. Hankins et al. trans. and eds., *The Humanism of Leonardo Bruni*, pp. 184 - 190, 原著为拉丁文, "Cicero novus," in Baron ed., *Schriften*, preface, pp. 113 - 114。

马上搜集到了希腊文版著作,打算从头开始重新翻译。起先这项工作的目的似乎相当明确,然而没过多久,在翻译的过程中,在我考虑到一部审慎译作必备的所有条件时,我发现即便是普鲁塔克的希腊文原著也无法满足我的期待。普鲁塔克遗漏了许多内容,而这些内容又都是在描述西塞罗这样一位伟大人物时必不可少的。不仅如此,在描述某些事情方面,普鲁塔克的表述方式似乎失之偏颇,他这样做是为了更好地突显出德摩斯梯尼与西塞罗的对比(普鲁塔克偏向于德摩斯梯尼),而非出于公正评判的目的。

　　鉴于此,我将普鲁塔克和其译者的作品都置于一旁,在研读了大量关于西塞罗的拉丁文和希腊文著作后,我决定从头开始,通过更成熟的感悟和更全面的信息来描绘西塞罗的人生、性格和行为。我并不是以一位翻译家的身份在落笔,而是处处遵从自己的判断和写作目的,书中没有任何恣意添加的内容——每一则事件都确凿无疑并有据可循。

　　您,尼科洛,我们的判官和法官,请仔细读一下这部《西塞罗新传》,如果在您看来这部著作确实值得一读的话,也请您鼓励别人共同阅读。[①] 与此同时,我也恳求并且呼吁所有具有天生禀赋之人就西塞罗的问题写出更优美更翔实的作品。让我们尽自己最大努力参与到光耀这位我们文化的父辈和君王——西塞罗——的竞赛中来。从来没有谁能像西塞罗这样深深影响到我们的文化,他留予我们的馈赠无人企及。对于我个人而言,西塞罗的荣耀是如此伟大,我真心期盼这部作品能被其他更多关于西塞罗的佳作超越。

---

　　① 根据巴龙的研究(*Schriften*, p. 114),许多抄本中并没有这句话,或许是因为布鲁尼在和尼科洛·尼克利的友谊破裂后,自己删掉了这句话。

西塞罗制胜"土地法"提议者①

就这样,西塞罗与马克·安东尼(Marcus Antonius)的儿子盖乌斯·安东尼(Gaius Antonius)一起当选为罗马执政官(consul)。这是无比荣耀的地位,据说西塞罗是第一个被尊奉为"国父"的罗马人,只不过这个头衔后来被罗马皇帝篡夺了。然而当罗马还是一座自由之城时,这一无上荣耀被授予西塞罗,并且该称誉不是来自那些献媚迎奉者,而是马库斯·加图(Marcus Cato)。

最初,西塞罗把极大的热情都投入废除平民派通过的"土地法"(Agrarian Law)上,因为当西塞罗刚刚当选为执政官的时候,喀提林阴谋暂未浮出水面。但某些其他针对罗马共和国的叛乱已经悄悄在酝酿筹备中。那些曾被苏拉放逐的人叫嚣着要恢复他们参与共和国事务的权利——这个要求并不过分,只不过提出的时机不合时宜。此外,平民护民官(tribunes of the plebs)出于各种各样的目的颁布了一道法令,组建起有权擅自行动的"十人委员会"(Council of Ten)。法律准许委员会成员肆意分割所有意大利、叙利亚和亚洲(即当时所有罗马行省)的土地,并有权对土地上的人民征税、减税和处以驱逐流放。不仅普通百姓(平民)对这一法律产生的新局面欢呼雀跃,一些居心叵测者也伺机借此法律对共和国图谋不轨,这些人当中首先就有执政官盖乌斯·安东尼。他暗自思忖,一旦执行该项法令,他将轻而易举地获得

---

① MS Plut. 52, 10, fols. 7r–8r, Biblioteca Laurenziana, Florence.

"十人委员会"中的一席。此外,安东尼给人的印象是,他对阴谋论并不反感,只要这能给他带来经济上的回报。

当西塞罗开始面对这个共和国的威胁时,他决定先从转变其同僚的观念开始打开新局面,同时这也是在为自己和共和国辩护。西塞罗首先拒绝接受未经过问便授予他的高卢管治权,同时他主张马其顿应当交由安东尼来统治。在削弱了安东尼的野心,初步掌控形势后,西塞罗进一步以更加强硬的姿态反对整个土地改革法案。当平民护民官向元老院提出分配土地的提议时,西塞罗把他们辩驳得哑口无言,无人再敢做出回应。没过多久,这些保民官在人民面前开始指控西塞罗,煽动起民众情绪后还召开会议控诉他,对此,西塞罗没有感到丝毫畏惧。西塞罗在元老院的陪同下参加了公民大会,将雄辩口才展现得淋漓尽致。西塞罗凭借自己精彩的演说成功转变了听众的想法,那些平民派成员放弃了一己私利,主张废除土地法令并背弃了该法令的制定者。就这样,这项曾使得元老院和平民派双方陷于无止境冲突的"土地法"危机——最初由提比略·格拉古(Tiberius Gracchus)引发,之后几乎每年平民派都会借机挑起冲突——在西塞罗的审慎和雄辩中被轻而易举地化解了。

学者-政治家的楷模①

当西塞罗回到罗马后,他发现自己无论在罗马法院还是在元老院里都不再有施展拳脚的机会,因为有一个人已经独揽大权。于是西塞

---

① MS Plut. 52, 10, fols. 23v – 25r, Biblioteca Laurenziana, Florence.

罗回归到学习和写作的生活中,暗自思忖或许通过这种方式至少还能对罗马人民有所贡献,更何况现在也别无他法为国为民效力。实际上,这段时间西塞罗基本上都是在乡下的家中度过的,他很少会去罗马城内,除非出于向恺撒致敬的目的或是为某些公民进行辩护。比如,在为马库斯·马尔塞鲁(Marcus Marcellus)的辩护中,西塞罗曾劝说恺撒恢复马尔塞鲁的职位,并为此以元老院的名义向恺撒表示感谢。西塞罗也曾经在勃然大怒、威风凛凛的恺撒面前为昆图斯·里加鲁(Quintus Ligarius)以及加拉提亚国王迪约塔鲁(King Dejotarus of Galatia)辩护过。除此之外,西塞罗基本上都是在与朋友畅谈或是阅读写作中消磨时光。

西塞罗可谓天生就是一位惠泽他人之人,无论是在政治还是写作领域。就公共事务而言,西塞罗作为执政官和演说家为国家和不计其数的百姓服务;就求知创作而言,西塞罗不仅是罗马人民的引路明灯,实际上他更是在为所有使用拉丁文的人提供服务,西塞罗似乎是教育和智慧的"启明星"。

西塞罗是第一个用拉丁文研究哲学的人,这是迄今为止无人知晓的领域,对罗马演说家而言几乎闻所未闻。许多文人学者都认为哲学是不能用拉丁文记录或探讨的话题。西塞罗则不以为然,他在拉丁文中新添了许多词语以便能更加清晰、方便地表达出哲学家的思想和争论。是西塞罗首先发现了演说的技巧和艺术,并使之后的拉丁学者受益匪浅,他比任何希腊学者都博学多才。是西塞罗将雄辩术——人类理性思维的伴侣——变成了罗马统治的权力工具之一。鉴于此,西塞罗不仅配得上"国父"的称谓,他更值得拥有"演说与写作之父"的头衔。如果你读过西塞罗的著作,你根本无法想象他怎么还能有时间投入政治生活。同样,如果你了解西塞罗的政治生涯,以及他在公共和私人领域内立下的赫赫功绩,了解他是如何为了他人辩护、勇敢战斗、鞠躬尽职的话,你定会认为他根本没有空暇能投入阅读写作。因而在我看来,西塞罗是唯一能够取得所有这些伟大且来之不易的成就的人:当他积极投入共和国事务中时,他要比那些生活闲暇专注写作的哲学家更加丰产;当他几乎都在埋头伏案笔耕不辍时,他要比那些一心从政的政治家更有所为。

依我所见,其中有三方面的原因:第一,西塞罗的个性,他的伟大几乎蒙天所赐;第二,西塞罗习惯性的机警和技巧;第三,他将自己熟知的所有知识和学识全部融入公共政治事务中。在哲学宝库中,西塞罗同时寻找到了共和国治理的实践方法以及写作和育人的技巧。西塞罗在年轻时就受过良好的教育,他的这种能力尤其在后来公共演说的过程中得到了进一步的锻炼,因而他能将自己的思想毫不费力地用文字表达出来。凭借如此伟大个性、天生禀赋以及广博学识,西塞罗一生留下了大量的作品,即便当死亡将之裹挟而去之际,他还在不断计划着创作更多的作品。

二 普鲁塔克论西塞罗和"土地法"①

　　喀提林阴谋还在计划之中,令其大白于天下还有一段时间。然而西塞罗刚上任就要面对一堆相当棘手的问题。首先,那些因为苏拉颁布的法令而被取消担任政府官职的人蠢蠢欲动,他们人数众多且实力强大,这些人在公共会议上发表演说,多次谴责苏拉独裁。他们所说的内容确为事实也无可非议,只不过现在拿这个问题来为难政府,既没必要也不合时宜。其次,平民派正在酝酿与这些暴民看似相同动机的法令。他们提议组建一个十人委员会,这十个人应被赋予无限的权力,有权买卖在意大利、叙利亚的所有土地,以及近来庞培刚刚征服的新领地。他们还能随意审判任何要被施以惩罚的人,将其驱逐流放;他们还可以建立新城市,肆意拿取国库的钱财以供养自己的军队。这项法令自然得到了一部分重要人物的支持,尤其是西塞罗的同僚安东尼,他正计划着让自己成为这十个人中的一员。然而,更令贵族派吃惊的是安东尼被怀疑事先早已知晓喀提林要密谋造反,因为安东尼债台高筑,他希望借此机会能谋不义之财。

　　西塞罗的当务之急是要将这些畏惧化于无形,他先是安排了安东

　　① Trans. by Rex Warner, in *The Fall of the Roman Republic*, Penguin, 1972, pp. 322 – 323.

尼统治马其顿行省,而他自己却拒绝了对高卢行省的掌管。此举虽然有助于安东尼,却也让西塞罗成功地将安东尼置于配角地位,就像是受雇的演员一样,只能扮演一些小角色而已。西塞罗自己则是肩负起保卫共和国的主角使命。就这样,安东尼已尽在西塞罗的掌控之中。西塞罗继而信心十足地开始处理其他颠覆共和国的隐患。在元老院大会上,西塞罗针对土地改革法令的辩驳铿锵有力,其演说思维缜密,即便那些支持法令的人也被他辩得哑口无言。不久之后,这些人再次想要通过土地法令,他们细心筹备,将执政官都召集到人民面前。然而,西塞罗对此并未流露出丝毫的畏惧,他在前方开路,让执政官都跟随在他的身后,西塞罗凭借其雄辩的口才不仅再次驳回了法令,同时也彻底压制了平民派的气焰,令他们放弃了一切尚在谋划中的其他措施。

事实上,西塞罗比任何人都更好地向罗马人诠释了雄辩的力量:雄辩赋予"善"以无穷魅力,雄辩的言辞让"正义"所向披靡。西塞罗让罗马人看到,作为一名高效率的好政治家,其行动应当时刻倒向正义,而非只为赢得群众亲昵,其言辞应当表达公共利益,起到瓦解敌意而非只为证明敌意。

三 普鲁塔克论西塞罗隐退政坛①

据说当昆图斯·里加鲁被认定为恺撒的敌人之一,而西塞罗准备为其提供辩护时,恺撒对朋友们说道:"我们不妨听听西塞罗时至今日到底会如何辩驳?至于里加鲁,我们早就知道他是个罪人,是敌人。"然而当西塞罗开始演说时,在场者无不动容,他的话语配合着最优雅迷人的语言令听众的情绪此起彼伏,恺撒的脸部表情泛起了涟漪,显然西塞罗的演说勾起了恺撒灵魂中每一缕激情。最后,当演说家谈及那场法萨卢斯战役(battle at Pharsalus)时,恺撒已被深深触动,他的整个身躯在颤抖,手中紧握的纸片滑落在地。果不其然,恺撒被西塞罗的演说彻底征服并赦免了里加鲁。

在此之后,罗马共和国名存实亡,恺撒开始了君主独裁,西塞罗则隐退政坛,将时间用于教授那些希望研究哲学的年轻人。这些年轻人都是罗马城内权势家族的成员,西塞罗也正是通过与他们之间的接触从而再度在国家事务上发挥巨大的影响。此外,西塞罗还沉浸于写作和翻译希腊哲学对话著作中,同时将逻辑和自然科学中的许多术语引介到拉丁文中。据说西塞罗是第一个创造出 phantasia、synkatathesis、epoche、

---

① Trans. by Rex Warner, in *The Fall of the Roman Republic*, Penguin, 1972, pp. 351–352.

katalepsis、atomon、ameres、kenon 等拉丁词语的人,同时他还创造出许多其他技术性用语,西塞罗采用比喻法或寻找与之匹配的新词语,从而让这些术语变得令人熟悉且易于理解。此外,西塞罗还在练习写诗中寻找到无穷乐趣。据说当西塞罗潜心创作时,他一晚上就能写出五百行的诗句。

　　这一期间,西塞罗大部分时间都是在图斯库卢姆(Tusculum)乡下的家中度过的,他曾在写给朋友的信中说自己正过着莱耳忒斯(Laertes)①般的生活——这种说法或许是西塞罗惯用的玩笑之言,或许也表露出他渴望重新参与政治生活的抱负,不过他对共和国的现状并不满意。西塞罗很少会去罗马,除非是去向恺撒致敬,西塞罗在所有那些歌颂恺撒的人中拔得头筹,并总试图寻找一些新词来赞美恺撒及其成就。例如,在处理庞培雕像的事情上便是如此。庞培雕像被推倒废弃,恺撒却下令将其重新扶起,西塞罗为此高唱:恺撒的宽容厚德不仅重新立起了庞培的雕像,更是牢牢加固了恺撒自己在人民心中不朽的地位。

----

　　①　莱耳忒斯是奥德修斯之父,伊塔卡之王。据《奥德赛》中的描写,奥德修斯出征特洛亚战争之后,莱耳忒斯带着少数奴隶住在距离城市很远的庄园里,种植果园,哀叹音讯全无的儿子。——中译者注

亚里士多德研究

导读

1 论《政治学》的翻译

　　1435 年至 1437 年间，布鲁尼翻译完了《政治学》。此后，布鲁尼写的书信中所有与该译作相关的部分都成为证明布鲁尼后来对亚里士多德抱有的热忱之情的重要证据。

　　这些书信同时又充分证明了当时权势高层对布鲁尼给予的关注。布鲁尼当时早已声誉卓著，他根本不需要为了出版自己的著作而四下寻求赞助。如果布鲁尼书信中所说的内容属实，那么他与格洛斯特公爵（duke of Gloucester）之间的通信最初并不是布鲁尼发起的，是这位伟大的君主自己先写信给布鲁尼，因为他想要一本布鲁尼翻译的《政治学》。至于教皇，事实是布鲁尼想要把译作敬献给教皇尤金四世（Eugenius IV），所以竭力恳请他的朋友比昂多（Flavio Biondo）找一个恰当的时机将此事告知教皇。不料教皇尤金四世在得知此事后表现出极大的兴趣。依比昂多所言，布鲁尼后来并没有请求赞助，反倒是作为准赞助人的教皇总是焦急地等待着像布鲁尼这样的知名作家来向他献书,并以此为荣。

　　布鲁尼致信阿拉贡国王,是为了回应国王迫切恳请布鲁尼寄给他一本《政治学》译本。不过布鲁尼早先在佛罗伦萨与国王的大使交谈时,曾表明过自己确有此意。当时大使在佛罗伦萨觐见教皇尤金四世(教廷有段时间设立在佛罗伦萨),他希望教皇能够帮助阿拉贡国王占领那不勒斯。因此,身为佛罗伦萨国务秘书的布鲁尼将自己的书作为礼物送给了阿拉贡国王,尽管后者在那不勒斯击败了佛罗伦萨的盟友。《政治学》译著遂成为布鲁尼与国王展开交流的工具。

　　布鲁尼对国王的阿谀之辞或许能简单地解释为出于外交需求,不过布鲁尼后来却将谀辞上升为对君主制的讴歌赞颂。我们不禁困惑布鲁尼到底为何要这么做?因为之前在写《斯特罗齐葬礼演说》时,他曾态度鲜明地贬低过君主制。布鲁尼在写《斯特罗齐葬礼演说》期间出任了国务秘书一职,这使他能够近距离地观察阿尔比齐与美第奇家族之间的党争,这导致了佛罗伦萨共和政府的形象在布鲁尼心目中一落千丈。直至逝世前,布鲁尼一直担任佛罗伦萨国务秘书,像他这样的人是不可能被迫表达有悖自己信念的观点的。

　　通过那些年的书信可知,在亚里士多德的影响下,布鲁尼已逐渐形成了一套更为成熟的政治观,令他印象尤为深刻的是亚里士多德分析政治的客观态度。为了说明这点,布鲁尼先是向格洛斯特公爵,随后又用几乎一模一样的话语跟比昂多阐释了《政治学》第三卷中著名的政体分类法。根据亚氏分类,君主制被视为最佳政体。在写给比昂多的信中,布鲁尼尤其关心亚里士多德赋予"民主政体"(democratia)的地位,并特意将之翻译成"平民政体"(popularis status)。这样布鲁尼就能借助亚里士多德的权威宣称佛罗伦萨(以及另外许多意大利城邦)自

13 世纪以来建立的政制——平民政体——"不是合法的政体类型"。但布鲁尼在写《斯特罗齐葬礼演说》时却认为,1428 年的佛罗伦萨仍然是值得高度赞誉的平民政制。等布鲁尼后来再写《论佛罗伦萨的政制》时,他的观点变了,那时的布鲁尼认为佛罗伦萨其实是"混合政体",而非"平民"类型。

　　布鲁尼有关《政治学》的信件还有助于我们分析其性格特征。无论是在布鲁尼所处年代的人眼里还是在后人眼里,布鲁尼都因为更改了《政治学》敬献的对象而遭受非议,原本是要献给格洛斯特公爵的作品最后却献给了教皇。在写给米兰大主教皮佐帕索(Pizolpasso)的书信中,布鲁尼辩称道,公爵想要的只不过是对所有人都有用的译本而已,他从来都没要求过布鲁尼向他献书。那么,布鲁尼又为何要献书给教皇呢? 或许是因为布鲁尼认为与教廷建立良好的关系要比与一个尚处在文明世界边缘的蛮族国家建立关系更加重要。

2 布鲁尼与伪亚里士多德《家政学》

　　布鲁尼并没有单独写过关于家政的文章,但我们可以从他编辑的托名于亚里士多德的《家政学》中找到他对该主题的看法。布鲁尼对这部著作的注疏,以及他写给科西莫·德·美第奇的书信,均为我们理解布鲁尼式公民人文主义提供了重要的审视维度。正是通过这些资料可以发现,布鲁尼如何捍卫家政与生财之道。不仅如此,这部伪亚里士多德之作还为布鲁尼提供了理论依据,使他坚持主张女性应该受到尊重,婚姻应该被视作人类生活的正常状态。布鲁尼为那些选择承受家政负担的人辩护,不过他这么做并不是仅仅针对宣誓赤贫或独身的人。毋庸置疑,布鲁尼还联想到了某些"非公民"(uncivic)人文主义者——彼特拉克,或许还有尼科洛·尼克利——无论是在经济上还是在政治上,他们都蔑视参与公共生活的人。当然,还有另外一些人,尽管他们并非独身,但这些人却不愿意承担婚姻和家庭的责任。

3 文本

《家政学》在当时之所以能够引起人们的普遍关注与争论,与亚里士多德的权威密不可分。如果今天该作品被视作"伪亚里士多德"之作,也并非意味着它就是"反亚里士多德"之作,尽管其中有些观念,尤其是在第二卷和第三卷,或许可以看作对亚里士多德原著观点的延伸与发展。

第一卷与亚里士多德《政治学》(尤其是第二章和第十章)的首卷几乎完全相同,但是它还参照了色诺芬的《经济论》(*Economist*)。① 这部作品是由亚里士多德的一个学生,大约在公元前 325 年至前 275 年

---

① 苏塞米尔将亚氏《政治学》和色诺芬《经济论》进行了对勘并分别列出对照表,苏塞米尔据此认为:"人们至今(指 1887 年)仍然认为这部《家政学》是亚里士多德的小作品,或者是他本人某部著作的开篇,又或者如哥特林(Goettling)所想的那样,是古希腊哲学家泰奥弗拉斯托斯(Theophrastus)对该作品的梗概介绍。"参见 Franz Susemihl, *Aristotelis quae feruntur Oeconomica*, Leipzig, 1887, pp. vi‑vii.

间创作的。①

第二卷的内容非常不同。第二卷在导论部分便将家政学主题划分为四类,即国王的、总督的(satrapic)、政治的,以及个人的,这种分类法在亚里士多德其他任何著作中都不曾出现过。② 第二卷其余内容描述的都是五花八门生财之道的奇闻轶事。根据书里的人名以及写作风格,大致可以判断其写作时间是在亚历山大帝国分裂之前,即公元前 4 世纪末期。因此,第二卷似乎与第一卷的创作年代相近,不过布鲁尼版本中并未收录第二卷,此处遂将从略。

第三卷希腊文原本已佚失,布鲁尼(包括今人)所知的仅有中世纪拉丁文译本。原作的写作时间大致同第一、二卷,也是在公元前 4 世纪末期,不过就内容来看,或许还有斯多葛派校订的痕迹。③ 不过由于没有了希腊文原本,一切也只是揣测而已。

第三卷的内容与第一卷紧密相关。事实上,第三卷可以说是对第一卷中第三章和第四章内容的进一步扩展。④ 因而,很多手抄版都会将第三卷视作第二卷,或者干脆称第三卷为第一卷的扩本,这也不足为奇。自 13 世纪以降,《家政学》主要通过两部拉丁文译本为人熟知,一

---

① B. A. van Groningen, introduction to *Aristote, Economique*, eds. van Groningen and André Wartelle, Paris, 1968, p. xii. 12。另可参见 Hermann Gold-brunner's review, *Gnomon* 42, 1979 , pp. 336 – 339。

② E. S. Forster ed.,《*Oeconomica*, Oxford, 1920, preface. 该作根据苏塞米尔的文本将前两卷翻译成了英文。

③ Susemihl, *Geschichte der griechischen Literatur in der Alexanderzeit*, Leipzig, 1891, 1: 159, n. 831, cited by Wartelle, *Aristote*, p. xx, n. 1.

④ Wartelle, *Aristote*, p. xviii.

部是 *Translatio Vetus*（简称 TV），另一部是 *Recensio Durandi*（简称 RD）。[①] 前者在内容上包含了完整的三卷本，后者则从第一卷直接跳到了今人所谓的第三卷。

4 布鲁尼版本

布鲁尼着手写他自己的《家政学》版本时，除了第三卷之外，此前已经有过两部中世纪版本以及一部希腊文版本。起初，布鲁尼对第一卷进行了翻译和注疏，并将之献给了科西莫·德·美第奇；随后，布鲁尼根据杜兰德（Durandus）版本，用人文主义拉丁文翻译出了第二卷。[②]

如同在写给科西莫的前言中所说的那样，布鲁尼的写作目标是尽可能用和谐且地道的语言来写作，古典拉丁文则是布鲁尼实现这一目标的工具。但在布鲁尼之前的作家所推崇的原则是尽可能贴近亚里士

---

① 苏塞米尔在其著作扉页刊发了这两个版本。RD 版著作的版权页上写道，来自希腊的一位枢机主教和一位主教，以及来自奥弗涅的杜兰德斯大人（他当时以巴黎大学的使者身份出访教廷）将该作从希腊文翻译成拉丁文。出版时间是卜尼法斯八世登上教皇宝座的次年（即 1295 年）8 月（Wartelle, *Aristote*, p. xxi）。许多学者试图分析两个版本之间的关联，但根据戈德布伦纳和沃特列的最新研究（1968），以现有的知识根本无法解决这个难题。戈德布伦纳在《奥弗涅的杜兰德》（Durandus de Alvernia）一文中指出，RD 版写于 1295 年，TV 版比它早几年，RD 版中某些拉丁语译文要比 TV 版翻译得略好一些，仅此而已。

② Baron, "The Genesis of Bruni's Annotated Latin Version of the (pseudo-) Aristotelian *Economics* 1420 – 1421," in Baron, *Humanistic and Political Literature*, pp. 166 – 172. 布鲁尼在其版本的第三卷中指出，他基本是根据 RD 版在翻译（Goldbrunner, "Durandus de Alvernia," p. 228）。根据布鲁尼对每卷所做的注疏长短可以判断，他显然认为第一卷要比（他所谓的）第二卷更有趣。尽管第一卷篇幅很短（他在前言信中说共有六章），但布鲁尼的注疏却长达十页，并且字号较小。相比之下，第二卷虽然也很短（共四章），但布鲁尼的注疏只有两页，仅为第一卷注释总量的五分之一。

多德的原意。因此,早先的版本基本上都是逐字翻译,这样的文字未免太过生硬,给人的感觉就像是用拉丁字母在翻读希腊文原著①,而布鲁尼希望他的读者能够真正用拉丁文去感受亚里士多德。布鲁尼有时候在个别释义上也会出错,但这毕竟是少数。学者戈德布伦纳在将布鲁尼版本与先前中世纪版本加以仔细对比后,总结道:

在达到正确翻译(interpretatio recta)的要求和期望方面,布鲁尼相对取得了更高的成就,正如几年后他自己写下的那样,最关键的一点就是,翻译应当是思想的艺术品。②

5 布鲁尼版本的影响

布鲁尼版本获得了巨大的成功。"在短时间内便已大规模地取代了之前中世纪奥弗涅的杜兰德(Durand d'Auvergne)的拉丁文版本"③,起初只是在意大利,最终影响到世界各地。关于布鲁尼这部著作的影响力到底有多大,学者索德克专门以此为主题做过数据统计研究,他考察了布鲁尼版本在不同国家和地区的传播程度后发现,尽管在大

---

① L. Minio-Paluello, "Note sull'Aristotele latino medievale," *Rivista di filosofia neo-scolastica* 44, 1952, p. 408.

② Goldbrunner, "Durandus de Alvernia," p. 232.

③ Josef Soudek, "Leonardo Bruni and his Public: A Statistical and Interpretative Study of His Annotated Latin Version of the ps.-Aristotelian *Economics*," *Studies in Medieval and Renaissance History* 5, 1968, pp. 49–136.

学里讲授经院主义的教师仍普遍热衷于中世纪译本①,但无论是神职人员还是普通平民都更喜欢布鲁尼的版本。

为了更准确地测算出布鲁尼这部著作的影响力,我们不仅需要像索德克那样把布鲁尼版本留存的抄本与中世纪版本的数量加以比较,或许还需要与同时期其他人文主义者就同样主题的著作抄本数量进行对比。阿尔贝蒂(Alberti)的著作《论家庭》(*On the Family*)在 12 世纪时已经广为人知,但自 15 世纪起,该著作留存的抄本仅有 13 件,与之形成鲜明对比的是,布鲁尼的《家政学》译本(带注疏)竟然达到 219 件之多。仅在 15 世纪,布鲁尼版本就已经被反复印刷高达 15 次,而阿尔贝蒂的著作直至 1734 年才第一次出现了印刷本。②

6 布鲁尼对家政学的看法

我们可以发现,布鲁尼在翻译《家政学》第一卷第一章第一行时就已经开始竭力弄清希腊术语 economics 的含义。如果我们用现代英文去翻译这个词的话,那么最自然的表达是"经济与政治不同……",因为这些术语早就融入现代英语中,我们几乎不会联想到它们的希腊文词义。然而,布鲁尼却深感作为译者的职责所在,他要找到能够准确传达希腊文词义的拉丁文译法,而且就词语选择上而言,还必须是意大利人

---

① Soudek, "Leonardo Bruni and His Public," pp. 85 ff.

② 参见沃金斯翻译的阿尔贝蒂《论家庭》导论(Renée Neu Watkins trans., Alberti's *Libri della famiglia*, introduction),该译作为 *The Family in Renaissance Florence*, University of South Carolina Press, 1969, p. 3;Soudek, "Leonardo Bruni and His Public," p. 62。

常用的、了解罗马史的人所熟知的才行。该词的希腊文原意并不是我们今天所说的"经济"。按照字面来看，它是指"家庭管理"（household management）。不过这里"家庭"也不是单指狭义上的城市住宅，它还包括该家庭在乡间的房产，以及所有其他资产。布鲁尼选择用拉丁文 res familiaris，成功地凸显出希腊文原意中该词所表达的"与家庭相关"的内涵。布鲁尼的开篇是："Res familiaris et res publica inter se differunt..."（管理家庭与治理国家之间存在差异……）而杜兰德的译法是"Yconomica et politica differt..."（经济与政治不同……）①针对两种译法，我们有必要加以对比。但任何不懂希腊文的西方读者不会知道 oecus 是指家庭；同样，他们也不会明白 polis 是指城市。

布鲁尼的术语还使他能够清晰地区分 res familiaris 和 res publica。如果想要找英文词来与之匹配的话，或许就是"私人"与"公共"事业。不过一些读者可能不会明白，此处所谓"公共"还包括政府或国家。英文中 commonwealth 更加契合 res publica 的意思，但是却没有能够与 res familiaris 相对应的英文词。此外，布鲁尼还专门用了 divitiae 这个词来表达财富，而 res 则同时包含"经商理念"与"积聚财富"双重含义。如果想要精准传达布鲁尼之作的意蕴，那势必要保留"家庭理念"。一方面，这解释了为何布鲁尼后来在另一部关于"经济学"的著作中专门讨论了家庭；另一方面，这提醒我们，无论是在佛罗伦萨人还是古希腊人眼里，商业活动实质上属于家庭之事。相应地，我们可以将布鲁尼开篇第一句话译成英文"A family estate and the

---

① 戈德布伦纳在其文章中以附录形式刊登了杜兰德翻译的第一卷，参见 Goldbrunner, "Durandus de Alvernia," pp. 235－239。

commonwealth differ..."希望读者能够牢记,这些术语的原初之意中就包含了"经济"与"政治","家庭"与"城市","私产"与"国资"的概念区分。

布鲁尼在对第一卷第一章第一行加注时,讨论了翻译"家政"(economics)和"政治"(politics)的问题,并在其前言信中就呼吁关注该问题。布鲁尼直言他自己认为亚里士多德关于道德哲学的三部著作——《尼各马可伦理学》《家政学》《政治学》——构成了一个系列,分别讨论了个人管理、家庭管理、国家管理的问题。因此,布鲁尼的想法与最初古希腊人一样,"家政"仅属于中等单位范畴,与政治或国民经济无关。economics 的希腊文原意包含的引申含义,直到后来在经济思想史中才出现,但值得注意的是,在布鲁尼没有翻译出来的《家政学》第二卷中,古希腊人早就开始使用该词的引申义了。

7 布鲁尼对已婚妇女地位的看法

一部探讨家庭的著作理应涉及一些关于夫妻之间恰当关系的内容。但如果有人希望亚里士多德或布鲁尼会倡导夫妻平等原则的话,那他一定会感到失望。无论是亚里士多德也好,还是那些以亚氏之名撰写《家政学》的匿名作家们也好,还是布鲁尼本人也好,都无法想象女性如何在公共生活中占有一席之地。女性在家庭中的地位便是家政学的主题。布鲁尼遵循了亚里士多德思想,强调女性必须对丈夫忠贞不渝,并完全认同亚里士多德坚持认为妻子必须服从丈夫的观点。

然而,如果将布鲁尼与他的前辈薄伽丘,抑或是与像阿尔贝蒂、卡斯蒂里奥内等后来的人文主义者的观点加以对比就会发现,布鲁尼著作的独特之处在于他捍卫了女性尊严。布鲁尼主张妻子有权不受丈夫的虐待,并且这种权利受到法律的保护。虽然妻子应当服从丈夫,但她与孩子或奴隶不同,她不是丈夫的附属品。女性在夫妻关系中应该恪守忠贞,丈夫也当如此,布鲁尼明确反对在夫妻彼此忠贞的问题上存在双重标准。类似观点似乎是所有探讨女性地位观念史的作品都会关注的问题,但任何一部关于女性的文艺复兴之作都不曾提到"亚里士多德的"《家政学》以及布鲁尼对它的注疏。或许人们根本不会想到,在名为《家政学》的著作中竟然还会有探讨女性和家庭的内容。

一 论《政治学》的翻译

1 致格洛斯特公爵汉弗莱①
(1433 年 3 月 12 日)

圣明的君主,在我看来,伟大高贵之人在对各种事情的处理上似乎拥有几近于上帝般的力量。对此最好的证明就是,我们对于他们的行为举止所表露出的感激之情,要远远超过对于其他普通人的。举个简单的例子,如果一位君主和其他某人都给予你一个熟悉的问候,但来自君主的问候却会异乎寻常地让你倍感欢愉和感激。同理,如果某人表示赞美、赠予礼物、给予鼓励或是探访病者,尽管这些行为内容一模一样,但若这些行为出自一位君主的话,其意义便无可比拟。在这个方面,君主似乎因为拥有某种神奇且神圣的天赋而占有绝对优势。

为何我要说这些? 因为您,卓越明君,写给我的书信带给我难以估量的快乐。确实,这封信中的称道赞许以及提出的建议对我而言意义

---

① G. Griffiths, J. Hankins et al. trans. and eds., *The Humanism of Leonardo Bruni*, pp. 154 - 155;原文参见 Baron, *Schriften*, pp. 138 - 140, and Luiso VI: 14。关于写信日期,参见 Fumagalli's review of Luiso in *Aevum* 56, 1982, p. 348, n. 16。

重大,我无法想出任何东西能比这更加美好。倘若时间允许或是我年纪①尚轻的话,我定当接受您的善意邀请奔赴您的国家! 再也没有比这趟旅行更令我欣然接受的了。但鉴于现实中有诸多障碍,我们之间唯一的沟通就是借助通信研究②来代替面对面的交流。通过这种方式,即便不曾谋面也变得宛如相见,并且更重要的是,这能让人"死而复生",彼此之间的沟通不会受到时空的阻隔和限制。

尽管书信通常对于人类而言是种装饰点缀,但对于君主尤其必要,除非我们会认为亚历山大大帝与亚里士多德的通信是浪费时间,或者认为恺撒在高卢战争及不列颠战争中以这种优雅的方式丢弃了他的成就。还有谁能够比君主更需要对时事了然于心、对好的生活明察秋毫?城市和人民的治理全都寄托在他们的身上。还有谁比起伟大的君主和公爵更加需要雄辩、说服和劝阻? 这些力量在唤起或平息人类精神思想时必不可少。然而除非是在书信里,否则这些力量无处可寻。那些谴责君主舞文弄墨之人无异于在谴责卓越与权威。但我意识到自己现在的行为无异于在为比赛中飞奔的健将加油呐喊:伴随着兴奋的呼喊声,我们在为那位已拼尽全力的领先者助威,显然您就是那人。

听闻您已经读过我新翻译的《尼各马可伦理学》,我为此感到非常高兴,这部译作能从像您这样一位伟大的君主那里受到好评,让我感到我所付出的努力似乎收获了回报。按您的要求,我在您的赞助下将同一位哲学家的著作《政治学》也译成了拉丁文。尽管这项工作耗费精力并且需要无数个夜晚的辛苦工作,但我想到拒绝像您这样一位明君的

① 布鲁尼当时 63 岁。
② 拉丁语原文为 studiis atque litteris,布鲁尼在这封书信中多次使用该术语,它顺理成章地成为他关于教育类文章的标题。

要求是断然不可的。于是我担起重任,答应将尽快完成翻译后寄给您。如果在此过程中有所耽搁延误,您应当念及这项工作的困难程度。因为一个正确无误的阐释要求译者付出很多,不经历困难便得不到满足,若缺少对讨论对象的正确理解就无法开展翻译工作。这还不够,译者还需要精通希腊文,必须牢记每一个单词的意义和用法;光有这些还是不够,译者还要掌握拉丁文以及演说性词语的丰富用法,以便让拉丁译文能够清晰、准确、自然地体现出希腊文原文的含义。译者不能用词贫乏,不能随意替换,不能把清楚的搞乱,不能诉诸一些轻易的伎俩。面对那么多的问题和困难,毫无疑问需要译者笔耕不辍,否则任何译作都会显得滑稽可笑。因此这项工作需要一些时间去完成,并有可能会延迟,匆忙行事草率完工的人是不可能做到勤劳刻苦的。我想关于这点我已经说得够多了……

2 致格洛斯特公爵汉弗莱①

(1437 年)

圣明尊贵的格洛斯特公爵汉弗莱,我特别的主人:

尊敬的公爵,因为有您的鼓励和支持,我在无数长夜里耗费心血和精力将亚里士多德著作翻译成了拉丁文,并于前阵子寄给了您。我听

---

① G. Griffiths, J. Hankins et al. trans. and eds., *The Humanism of Leonardo Bruni*, pp. 156 – 157;米乌斯、路易索、巴龙著作中都不曾收录这封书信,英译文出自牛津大学博德利图书馆(Bodleian Library)里的馆藏。MSS by Henry W. Chandler, *A Catalogue of Editions of Aristotle's* Nicomachean Ethics *with dedications of a translation of Aristotle's* Politics *to Humphrey, Duke of Gloucester, by Leonardus Aretinus* (1868), app., pp. 41 – 44.

说译作已经安全到达您的手里,对于这个消息我感到非常高兴。我很欣慰自己终于完成了您在与我的书信中频繁表达的愿望,也很高兴自己兑现了对您的诺言。之前您似乎总是对我缺乏信心,唯恐我只不过是口头应诺而已,担心我假装说要为您翻译实际上却不了了之。我的良知清楚地告诉自己这将有悖于我的性格,现在您也能通过我的成果对此加以评判。

毫无疑问我已熟读我寄给您的著作,并注意到它的力量和德性。或许我的这个判断有误,但我相信这部著作绝对在众多佳作中名列前茅,在与最受敬重的著作相比较时丝毫不会逊色。

我的翻译严格遵循希腊文原文,没有遗漏或是添加任何内容,谨遵亚里士多德原著的全部含义,完全表现并复制他的写作风格和表述习惯。因此当您读该译作时请不要怀疑您读的就是亚里士多德原著,这是您在读别人的译作时完全不可能感受到的体验,不过对于这点我还是少说为妙,以免显得我靠打击他人来实现自我吹捧。

我坚信,如果说在这部新的译作中有任何公共实用性的话,我敢说那一定全都要归功于您。因为是您交给我这项翻译任务,是您在频繁的书信互通中敦促我接受翻译,是您在我开始翻译后就不曾停止过对我施加压力以确保我能够遵守对您许下的诺言,所以您才是这部译作得以问世的起源和起因。在您身上有着这样一种美好的德性和勤勉,因为即便是在繁忙公务的重压之下,您依然保持着对求知的热爱,并没有忘记庇护文人,敦促与您遥遥相隔的我去做在您看来能为有识之士带来益处的事情,因而您理应受到并无愧于所有文人对您的感谢。这些著作中包含的教益对您而言想必一定是值得赞誉的。

这部著作共有八卷——其内容发人深省……

〔该书信余下部分与布鲁尼在 1438 年 3 月 1 日写给弗拉维奥·比昂多并拜托他转交教皇尤金四世的书信内容基本一致,见下文,此处不再重复。〕

3 致教皇尤金四世①
(1437 年)

至福的天父:

我已决定把自己用无数不眠之夜辛劳翻译的亚里士多德《政治学》的拉丁文译作敬献给您。我认为我的这个决定是正确的,因为这部著作饱含着统治的科学,再也没有谁比起您来更适合拥有它,因为您是最伟大的统治者,是全人类的精神领袖。对于许多城市、国家和行省而言,您是犹如慈父般的世俗领主(temporal lord)。神圣的天父,您即便重负缠身、极度疲劳也不曾放弃每天阅读或听读的习惯,因而我希望这部有用且有名的著作能让您觉得值得听阅。千万别因为亚里士多德是一位异教哲学家而惧怕他,我们应当侧耳聆听任何对我们有帮助的、能用他的知识和教导带给我们丰硕成果的人。另外还需补充的是,哲学的分支所研究的是道德以及正确生活的方式,无论异教哲学还是我们的哲学在这点上都是相同的。哲学家们对于正义、节制、勇敢、慷慨以及其他德性和与之相反的恶习所抱有的观念都是一样的。异教哲学家

---

① G. Griffiths, J. Hankins et al. trans. and eds., *The Humanism of Leonardo Bruni*, pp. 157‑159,原文参见 Baron, *Schriften*, pp. 70‑73。

与我们之间唯一的差别似乎就在于我们有着来世的目标,而他们在现世中就找到了至高无上的德性。因此,异教哲学家的目标被称作各种善的行为、好的生活、幸福。这三种术语对道德哲学家而言意义相同,但我要重复一下,这三个目标分别为善行、好的生活以及幸福。难道我不应该倾听那些能对我说"如果我能行善并过良善生活就能感到幸福"的人的教导吗?

如果我想要列出一份清单,记录下我所读过的与我们信仰相一致的异教哲学家著作内容的话,恐怕这份清单会让许多人大吃一惊。因为不仅是在关涉善与恶这样共通的领域,甚至在那些看似专属基督教的问题上,我发现哲学家的一些感受和教导与我们也一样相同。对于这些共通之处,我在此仅做简要叙述,留到来日有机会时另外作文详述。

根据柏拉图在《高尔吉亚篇》中的叙述,苏格拉底表明:施加伤害要比承受伤害更加恶劣。在进一步强调该观点时,苏格拉底说他通过最缜密的逻辑已经证明了施加伤害要远远坏过承受伤害。在同一部著作中,苏格拉底教导说:如果某人对我们造成伤害,我们也不应当寻求报复。这简直就是上帝的教导啊!难道这些教导不神圣,与基督教的完满不曾相似吗? 柏拉图在他的《书简》(Letters)中难道没写过类似的话? 我将通过引用柏拉图的原话来更清楚地证明:

(他说道)恶与善并不能被没灵魂的事物感知,而只能被有灵魂者感知,在与肉体一同或者在与肉体相离时都能被感知。古代的神圣著作教导我们相信灵魂不朽,并相信当遭受重罚灵肉分离时,灵魂是要受到审判的。为此,我们应当认为,自身遭受严重伤

害要好过将这些伤害施加给他人而带来的恶。富有的人因为灵魂
贫瘠才听不进去这些话；即便他们听到了，也只会报以嘲笑，不知
羞耻地继续着他们的骄奢淫逸以满足自身欲望，犹如双目失明的
盲人看不到可怕的恶魔必将在邪恶之人还活着时就降临到他的身
上，并且在他死后还有不可言喻的凄惨路途正等待着他。

我要问，难道柏拉图所说的这些与我们的信仰不相近吗？使徒保
罗在这个问题上的教导与柏拉图也别无二致吧？

柏拉图在《裴多篇》中，谈到圣火锻造出的沉思之人说，同其他人一
样，他能通过对神圣事物的沉思提升灵魂的高度，并补充道：

> 只有当他真正沉思时才能够达到完满的善；将人类关怀放置
> 一旁，一心只向神，他从芸芸众生中脱离，他的灵魂从肉体中升起，
> 如同神也在将他从众生中悄悄带离。

亚里士多德作为柏拉图的学生也有着相同的感受并传达过一样的
观念。在写信给安提帕特（Antipater）时，亚里士多德提醒说：亚历山
大大帝不应该为自己军队所取得的胜利以及征服了世界而感到荣耀，
而应当记住，能够正确认识神的人所应得的荣耀绝不少于亚历山大，因
为他同样具有伟大的行为和力量。在《尼各马可伦理学》中，亚里士多
德说道：智慧的人是最爱神之人，只有通过沉思冥想才能得到幸福。

因此，我将生活归纳为两类：一种是忙碌的、公民的、热衷于行动
的，这种生活受到正义、节制、勇敢以及其他道德理性的控制；另一种生
活热衷于沉思默想，在这种生活中能够找到智慧、直觉、知识以及其他

理智理性。据我观察，那些最优秀的异教哲学家同时奉行这两种生活中的诸多原则，这与我们的信念完全一致，并对我们的准则与知识大有裨益。因而，我们应当接受这些并转化为我们所用，关于这点，我希望日后若上帝应允，我将在他处详述，这封书信将到此为止，以免我过度唠叨让您的耳朵受累。

4 致弗拉维奥·比昂多①
（1438 年 3 月 1 日）

我想借着自己的研究成果来表明我对神圣的主人——教皇尤金四世——的爱意。我自打年轻时就敬仰他杰出的品性和美德，他也认为可以将我纳入到他内部圈子。现在恰好适合我对自己蒙受的关怀予以回报。因此，我已决定将我翻译的拉丁文《政治学》献给我神圣的主人，这部译作是我无数长夜辛勤劳动才完成的成果。

《政治学》真的是一部伟大崇高的著作，绝对值得敬献给至尊的教皇，因为它的全部内容②都是关于如何治理人民。此外，这部著作的文字睿智且雄辩，如果我们能够这样做的话，犹如在珍贵的华服上锦上添花，即便在饱学之士面前也不必感到羞怯。

---

① G. Griffiths, J. Hankins et al. trans. and eds., *The Humanism of Leonardo Bruni*, pp. 159-161；原文参见 Mehus VIII: 1; Luiso VIII: 4。该信中的详函写于同一天，即 1438 年 3 月 1 日。布鲁尼希望他的朋友比昂多能够利用教皇秘书一职，借机帮他向尤金四世敬献《政治学》译本。

② 布鲁尼用了阴性的 materia 来表达他所说的"内容"，这种女性化的指称使得布鲁尼在后文能够用女性形象做比喻。但若在英文中，更适合用中性化的 it，而非 she 来指代"内容"。

　　我敢说在所有拉丁文著作——我指的是学术著作——中没有哪部著作能够比亚里士多德的这部著作更加值得推荐,无论出于所讨论内容的重要性还是考虑到作者的权威性。当您阅读该著作时,毫无疑问您不仅会沉醉于它对所讨论对象的精湛掌控,同时还会惊叹于它难以置信的内涵深度以及多样化和完整性。[①] 这部著作共有八卷,其内容发人深省。

　　第一卷包含了可被称作城邦要素的内容;紧接着在第二卷中,亚里士多德逐一枚举了在其时代之前的或现在依然还存在着的各个类型的国家(republic)。早于亚里士多德的作家当中有四位杰出者:雅典的柏拉图、米利都的希波达摩斯、迦太基的法勒亚(Phileas of Carthage)[②]以及克里特岛的厄庇墨尼得斯(Epimenides of Crete)[③]。亚里士多德在分别列举了这些国家的构成和模式后又考察了它们各自不同的特点。对于柏拉图、希波达摩斯以及法勒亚所处的国家模式,亚里士多德都详细描述。在谈到实际依然存在的国家时,在亚里士多德看来,有三个国家比起其他国家治理得更好:首先是斯巴达的制度和习俗,再者是迦太基人的国家,最后是克里特人的国家。

　　通过亚里士多德关于这些国家的描述便能清晰地看出它们建构的根基和管理的形式,并能知道亚里士多德推崇和反对的国家类型。尤其是第二卷论雅典城邦国家,其中许多有关梭伦、莱库古(Lycurgus)以及其他立法者的内容都描述得非常详尽。

---

　　① 从此处开始,下文的内容与之前写给格洛斯特公爵的书信内容完全相同,偶有不同之处会在文注中标示。

　　② 亚里士多德在《政治学》第二卷第七章中讨论的其实是卡尔西登的法勒亚,但音译的错误导致布鲁尼误认为亚氏说的是迦太基的法勒亚,布鲁尼在《论骑士》中延续了这个误解。参见 Bayley, *War and Society in Renaissance*, p. 390, n. 10。

　　③ 据柏拉图《法律篇》,厄庇墨尼得斯大约于公元前 5 世纪住在雅典,主持宗教仪式和向人们预言未来。——中译者注

通过前两卷的内容,亚里士多德表明任何已知的国家类型都不是完美无缺的,于是自第三卷起,亚里士多德便围绕这个主题阐述自己的观点和方法。仁慈的上帝啊,这是多么具有逻辑性的连贯阐述,是多么富有多样性和说服力的思维! 人类曾取得的一切成就似乎在这位哲学家那里都了然于心! (有谁会想到在这部著作中竟然还涉及意大利史? 但关于伊特鲁斯坎国王以及"意大利"名字由来的叙述让我感到我正在读的是拉丁史。有谁能想到这位哲学家会谈到迦太基人以及他们的制度和习俗? 亚里士多德谈及这些内容的方式足以令你感到他洞察并熟悉他们的一切。)[①]

但亚里士多德著作最特殊之处在于他令人惊叹的分析法。他认为有三类好的国家,根据统治者人数,分别为:个人以公共利益为目标的统治,此人为君主;少数人这样统治,他们是贵族;由富有且具平民性质的多数人的统治。最后这种便是严格意义上的国家。

这三种合法的类型又分别对应了三种不合法的类型,亚里士多德将之称为前三类的变态、过度或错误的国家类型。君主制可变态为僭主制,贵族制变态为寡头制,本义上的国家(respublica)则变态为平民制(popularis status)[②]。(由此可见,平民制并非合法的国家类型,寡头制和僭主制也同样如此,这三类都属于变态而来的坏政体。)真正合法的政体中最好的就是君主制,第二位是贵族制,接着才是本义上的国家。

变态的坏政体的排序则恰好相反,本义上的国家的变体为平民制,

[①]　括号中的内容在献给格洛斯特公爵的书信中被省略了。

[②]　布鲁尼将民主制(democratia)翻译为 popularis status,与 13 世纪在意大利出现的平民政府(governo del popolo)相对应,但平民政府在布鲁尼时代已趋于没落。

其品质次于本义上的国家;寡头制作为贵族制的变体排在平民制之后;僭主制作为君主制的蜕变形式则是六种政体模式中最为糟糕的。君主制一下子从巅峰跌落谷底,换言之,从最好的政体变为最坏的政体。而其他类型政体的变态落差幅度都小一些,因为较之于君主的统治,它们本身就略逊一筹。

君主只有一种还是有多种类型?君主拥有哪些权力?僭主呢?两者间的差异在哪?怎样才算是明君或是僭主?最关键的是,什么才是维持好的统治或者使之堕落的因素?为了维持君主的统治应有哪些治国宝鉴?所有这些问题都在《政治学》中娓娓道来。

真正令人惊叹的是,你所能想到的任何类型的君主,他们的事例和品行都可以在这部著作中找到。同样,没有哪位希腊、亚洲、西西里或是意大利僭主的生平和言行是这部著作中不曾提及的,同时谈到的还有他们维持统治的方式以及统治的时间长度。另一方面,这部著作中还涉及哪里最有可能发生骚乱暴动和社会不和谐,起因又是为何,对此应有哪些建议和补救计策。尤其在著作中有大段篇幅都是讨论城镇及地区的地理位置、人口规模、对年轻人的教导规制。我何必再继续说下去呢?我感到自己如同已被海浪冲入大海,此刻应当掉转头来重回岸边那般重新回到这部著作上,那里简直包罗万象。

再见。

写下上述内容后,我决定寄给您一段打算附在这部著作上的前言,这样便于您更好地了解。请告诉我您的评价。再次告别。[①]

---

① 路易索在拉文纳(Ravenna, Casa Cavalli MS 271, f. 24)发现了这段附言,reproduced in *Ep*., ed. Luiso on p. 139, n. 12。

5 致弗拉维奥·比昂多[①]

（1438 年 3 月 1 日）

继上封信后，我再给您多写两句关于《政治学》的内容。我已打算将这部著作敬献给我们的主人——教皇。我之所以写这个详函是因为我尤其希望您能将那封信转交给神圣的教皇。鉴于您与我之间的特殊友谊以及教皇的恩德，我想对您而言这应当不会是个太大的负担。如同泰伦提乌斯喜剧《宦官》中恋人所说的那样[②]，应当为这份礼物配上言语的点缀，并择良日献给教皇。由于君主都日理万机、疲于处理各种难事，因而他们能够从被我称为令人愉悦的缪斯女神（muses）那里得到慰藉，这恰好就是当我们这位君主注意到这部著作并阅读或聆听时所要做的事情。此外，还请您将这份前言也一并附上，不过前提是您认为这样做能取悦于他，但无论如何请您务必将我写的这封信交到他手里，并且确保读给他听。

我花了超过三年的时间来翻译这部著作，逐字逐句推敲研磨，因为这并非叙事类或历史著作，只需将发生的事情铺陈罗列；与此相反，这是一部具有精密体系的伟大著作，只要在理解上稍有偏误几乎就会导致整部著作被全盘混淆。因此必须要投入难以置信的精力才有可能拿出值得信赖的译本。这也是我拖延许久的原因。尽管长期以来许多人都热切急迫地等待着它的出版问世，但我直到这次大斋期（Lenten

---

①　G. Griffiths, J. Hankins et al. trans. and eds., *The Humanism of Leonardo Bruni*, pp. 161‑162；原文参见 Mehus X: 10 = Luiso VIII: 3。

②　Munus nostrum ornato verbis. Terence, *Eun.* 2. 1.

season）结束前才终于完工。同时，由于您是私下将这部著作呈现给教皇的，因此它将会以教皇的名义出版。所以，请接受这部著作吧，在我看来它将会受到您的欢迎，期待回复。再见！

佛罗伦萨

6 亚里士多德《政治学》译作前言①

在一部界定和教导人类行为的道德哲学著作的扉页，最适合的内容莫过于谈谈如何治理城邦以及如何维持城邦，因为这类哲学的全部目的就是让人类幸福。如果对个体的人而言，获取幸福是件好事的话，那么让整个城邦都过上好的生活则是多么更加美好的事。"善"被散播得越广就愈发神圣。由于人类是脆弱的动物，单个个体无法自足也不完满，必须从公民社会中寻得帮助。因此对于人类而言，再也没有哪个哲学分支能够比了解什么是城邦、什么是国家更有助于人类，并且还要知道维持或毁灭社会（civil society）的原因。在我看来，对于这些一无所知的人其实是漠视了自身利益，同样也藐视了上帝的智慧和教导。

因此，柏拉图在十部经典著作中包含了《理想国》，将自己主要精力都投入阐释和教导该主题。西塞罗在其六部名作中也有相同主题的著作《论国家》。同样，亚里士多德在我译成拉丁文的这部著作中也讨论了这个问题。可见"国家"主题内容丰富、睿智雅致，故称得上是主流思想，这也是这部著作的主题。

---

① G. Griffiths, J. Hankins et al. trans. and eds., *The Humanism of Leonardo Bruni*, pp. 162–164;原文参见 Baron, *Schriften*, pp. 73–74.

　　我翻译和阐释该著作的动机与十八年前驱使我翻译《尼各马可伦理学》的动机是相同的。当我看到亚里士多德的这些著作时,其原本如此优雅的希腊文原著却因为译者拙劣的翻译水准而变得面目全非、荒唐可笑,并任由译者在对最关键问题的阐释上漏洞百出,我便着手重新翻译,希望这项工作能对从事国家治理的人有所帮助。我的哪部著作能比这部更加有用呢? 我还能做什么比这个更有意义的事情呢? 即首先让我的同胞,接着是让那些使用拉丁文但不懂希腊文的人们能读到亚里士多德的著作,并且读的并非满纸胡言乱语的荒唐译文,而是堪比与亚里士多德面对面交流,如同是他本人写成的拉丁文著作。同样激发我翻译的动力还有我看到自己翻译的《尼各马可伦理学》带来的益处。那些在此之前迫不得已只能阅读粗滥乱虚之译作的有识之士,现在却能通过我新翻的译本对该著作增进了解,书中的知识内容也得到广泛传播,这也是我希望《政治学》能够取得的成效。况且因为《政治学》所探讨的国家主题的内容需要借助一套有别于经院哲学家争论性的术语,并以更优雅的方式加以表现,这两点要求不仅是先前的翻译家所无法完成的,并且已完全超出了他们力所能及的想象范畴。

　　毫无疑问,亚里士多德的这些著作充满了雄辩、多样性和全面性,通过大量的历史事例展现出来,几近于用一种演说风格写成。他所要阐释的整体论点与展开叙述之间配合得相得益彰,书中主要内容中没有一处不经过修辞润色,细心的读者将能通过我的译作(非完全翻版复制之作)引起反思。亚里士多德在“雄辩术”(eloquentia)上耗费了最多心血,这点显然通过其多卷本《修辞学》(*Art of Rhetoric*)便可知晓。

　　上述这些评述足以作为这部著作的引言,并解释了我这项翻译工作的意义,同时也表明希腊文原著的内容。我强烈敦促每个人都能全心全意、细心地阅读这部著作,视其为最有价值的教导以及真知实学的阐释,它是每个踏上职业生涯者不可或缺的向导。

7 弗拉维奥·比昂多回复布鲁尼①
(1438 年 3 月 8 日)

当您开始阅读这封信时,您便能从中看到结论,我之所以将结论放在开篇,是因为当教皇尤金四世在听阅了您的来信以及随附的亚里士多德《政治学》前言之后,立刻喜形于色。我在收到您寄来的信后,趁着教皇兴致盎然、斜倚闲暇之际,便把您来信的内容以及那篇简短的前言读给他听了。

当教皇听到来信的第一部分,即您在描述著作共分八卷以及对其高度赞扬之时,他的愉悦之情便溢于言表。教皇一改此前在听读时常伴随着的对食物的强烈兴趣,这时却似乎想要将食物搁置一旁,取而代之的是将其全部精力和注意力都投注到您的来信上。当教皇听到来信的第二部分(非常精炼)时,他对您的前言已充满期待以至于迫不及待地想要了解其中的内容。当读到来信最后部分,即谈到通过您的译作这部著作将会多么有益于子孙后代时,教皇感到我们这一代以及我们的后代都应该对您感激不尽。整个听读过程显得急不可耐,当教皇在听完那些与之紧密关联的来信时,他会亲自再读一遍,还会让侍从再读给他听第三遍。最终,您来信中那充满活力的言辞激发起教皇阅读亚

---

① G. Griffiths, J. Hankins et al. trans. and eds., *The Humanism of Leonardo Bruni*, pp. 164 – 165;原文参见 Luiso X: 38; previously in B. Nogara, *Scritti inediti e rari di Biondo Flavio*, Studi e testi no. 48, Rome, 1927, pp. 93 – 94.

里士多德译作的极大兴趣。他转向我,开始表达他对您的无限感激(如果您愿意相信我的殷切之词的话,我必须说教皇对您是感激不尽)。他说:我们对您有未尽职责,您的卓越理应受到赞扬——您那超群绝伦的才能和独一无二的口才是我们这个时代的骄傲。因为有您,我们才得以接触到那么多的珍贵著作,由于此前翻译家的无知或是忽视,这批伟大著作必须从荆棘密布的层层掩盖下被挖掘出来。

因此,教皇不仅非常乐意接受您翻译的亚里士多德《政治学》,他的渴求已经增长到不只是想要您已经翻译完的作品,他甚至期待着您决定日后将要翻译的未开工之作。因为教皇相信,您将亚里士多德的著作翻译成拉丁文(亚里士多德的《伦理学》《政治学》《家政学》对于公民生活的行为而言都是必不可少的优秀著作),不光是将这一哲学分支的其他许多哲学家带入拉丁世界,更是向拉丁人揭露了希腊哲学的精髓。此外,教皇还相信这些伟大哲学家的教义将会与我们的教义原则兼容并蓄,用我们的思维去理解他们的著作将不费吹灰之力,因为您会发现我们时代的思想家与他们有着极大的可比性。

不过,要说服我们当中的某些迷信者去接纳那些异教哲学家的思想并非易事,他们受到最多的熏陶就是要远离异教哲学家的教导,即便是那些良善有益的著作。因为他们认为一旦观念发生灾难性的转变,接受了异教教导的话,就等同于全盘否定了自己的宗教。

最后我还要说的就是,依我之见,关于这点您无需担忧,正如您长久以来了解的那样,我们神圣的天父教皇能力卓越,他对于伟大作者有着敏锐的判断和友好的态度,关于您的这部译作他更是赞誉有加。我希望尽我绵薄之力能将对您的称道化作滔滔之词,使之配得上您的卓越伟大。

再见。

8 致锡耶纳领主①

（1438 年 11 月 24 日）

伟大尊敬的领主：

我不曾忘记，伟大的领主，您的城市近来给予我的无上荣誉。当我为了自身健康而前往佩特露纳诺（Petriolano）②沐浴时，你们所赠予我的礼物更适合那些高级的大人物。您的前任者，当时身为锡耶纳的最高长官，以极大的仁慈和善意不惜屈尊将礼物一路送到我所住的地方，并对我以礼相待，如此高规格的荣耀实在让像我这样的普通人受宠若惊。在此之前，我已深深为这座城市的雄壮美丽而心悦诚服，加之受此礼遇，我更加感到为了表明对这座城市的关心和喜爱，我应当立即向她献上能永恒表达我真情的回报，并且只要生命不止就回报不止。尽管我思忖良久，但至今仍想不出任何能与阁下相称的合适的礼物。

不过，我刚刚把亚里士多德的《政治学》翻译成拉丁文，在我看来，这是部杰出之作，堪称对国家统治者最为有用的著作（它所教导的都是关于城邦的治理之道），我已经打算将这部杰作献给伟大的领主，以此表达并确证我对您的感情。我希望您能不计较礼物的微小，而是顾及敬献者的爱意，不加鄙视地收下我这份小小的礼物，并让您的公民都能

---

① G. Griffiths, J. Hankins et al. trans. and eds., *The Humanism of Leonardo Bruni*, pp. 165－166；原文参见 Baron, *Schriften*, p. 143, and Luiso VIII: 7。

② 该地或许就是今天的佩特露纳诺（Petrognano），靠近巴纳诺（S. Maria a Bagnano），位于波吉邦西（Poggibonsi）北面的阿利亚纳（Agliena），大约处于佛罗伦萨和锡耶纳的中间；意大利还有另一个也叫佩特露纳诺的地方，沿塞尔吉奥河位于卡斯泰尔诺沃·迪·加尔法尼亚纳（Castelnuovo di Garfagnana）上方，在卢卡城的东北面。

有机会阅读这部著作。因为对于国家而言,至关重要的就是向其公民灌输最高条律,并非偶然随意地担起治国的任务,而是遵循一套严格的法制化的训练路径。只有这样才能收获我们希望得到的荣耀、伟大和幸福,这才是特训的目标。国家幸福之于统治者,犹如健康之于医师、安全航行之于掌舵水手、胜利之于将军那样,是全部训练的目的所在。我的这些话并非有意暗示您的治国之道需要任何改变,因为锡耶纳已经得到了很好的治理,我只不过是想为您良好的统治体系再助一臂之力。

[接着是布鲁尼的一段寒暄结语,此处略去。]

9 致阿拉贡国王[①]
(1441 年 3 月 4 日)

尊敬的陛下,长期以来我对您的伟大和德性仰慕不已,我为这个时代能够拥有一位像您这样文韬武略、样样精通的杰出国王深感高兴与庆幸。战争中的足智多谋证明了您的伟大智慧,耐性和坚忍让我们见证了您的宽宏气度。对于您最闪耀的美德和正义感,以及您对宗教的虔诚信仰、恪守信用和为人处事的节制有度,我又当如何言说? 还有您对文化求知的执着,即便战火纷飞之时也不曾有过一刻的放弃。这些真的都是伟大德性,对于一位国王而言实属"如虎添翼"。

在您的世袭领地上,长久以来的生活都充满了安宁和幸福,这多亏了您的德性。而那些新近皈依您的子民也有理由期待,在您的统治下

---

① G. Griffiths, J. Hankins et al. trans. and eds., *The Humanism of Leonardo Bruni*, pp. 166 - 168;原文参见 Mehus IX: 1 = Luiso IX: 2,路易索认为写信日期为 1441 年 3 月 4 日(p. 148, n. 4)。

他们同样能过上平静的生活。鉴于此,有谁不为您的事业拍手称道?有谁不满怀支持对您表示敬意?

就我而言,如果我对于军事的了解能赶上我对知识的研究的话,或许我还能以一名士兵的身份对您有用;但我接受的是书本而非军事训练,因而我将回到自己所熟悉的领域,以便我的所作所为不会令您失望。

因此我已决定寄给您我翻译的亚里士多德《政治学》的拉丁文译作,它包含了治理国家的宝贵武器以及对君主有用的建议。在我看来,其他著作是所有人的读物,但这部著作却是只属于君王的特别准备。如果王(rex)这个词确实源自统治(rego)的话,《政治学》的目标正是教导君主应当如何治理他的人民。因为我急于想要得到您的夸赞,故将不停地恳请您尽快让自己熟悉这部《政治学》。尽管如您信中所言,您的双亲是您学习治理国家的杰出楷模,但这些自然禀赋并不能取代后天的训练。如同修辞和音乐艺术那样,具有音乐知识的人比起仅凭个人天赋或是模仿他人培养乐感的人能够更好地判断和感受音乐,修辞艺术也同样如此。某些人即便极具天赋,无需懂得修辞艺术就已掌握说话的技巧,但无论怎样,修辞艺术较之自然禀赋而言是更加可靠的"老师"。将词语任意武断地拼凑在一起与以理性艺术为标准的遣词造句完全是两码事。

国王的位置是全人类最高的地位,因而诗人不会将朱庇特(Jove),而是将国王称为君主,这个最伟大的人类头衔来自上帝的恩典,国王应有的品质不胜枚举且至高无上。因此必须同时从自然和艺术两方面去追求,如果国王想要做到像人间上帝那般尽其职责,在仁慈、智慧、德性各方面都完美无缺。

马其顿的国王菲利普就是如此,他是一位睿智伟大的君主,将自己的儿子亚历山大大帝托付给亚里士多德训练，这样才能使其获得我们所说的那些杰出品质。在菲利普写给亚里士多德有关亚历山大的一封信件中包含了如下内容：

> 我对诸神充满感激，并不只为他们赐予我亚历山大，更多是因为他们让亚历山大生在您的时代。我希望亚历山大在您的教导培养下，能向我们证明自己的实力，并能肩负起治理国家的重任。

这真是至理名言！菲利普相信，只有当亚历山大受过教育后，才值得委以统治王国的重任，事实也确实如此。因为同时拥有自然禀赋以及良好训练，亚历山大大帝用自己的赫赫战功几乎点亮了全世界，将疆域一直扩展至印度。

伊庇鲁斯（Epirus）国王皮洛士（Pyrrhus）也是一名伟大的战士，他在位时不仅喜好读书，甚至还著有关于军事科学的著作。

至于说到恺撒，其著作足以证明他在文人中的重要性。

所有这些伟大人物之所以卓越出众不仅仅是因为他们的天生禀赋，同时也因为受过的文化教育和才智学识使得他们声名远播。顺便值得一提，这也是我会对某些法兰西国王的才疏学浅报之一笑的原因。他们认为目不识丁是种时尚，根本没有察觉到身为国王的他们实际已是受人摆布的傀儡。

将训练（training）和技能（skill）看作只在不重要的事情上才有用，而在重大事情上没有用的想法是不可取的，统治人民和治理国家的任务越重，就越需要知识和教育。

这部著作不仅所教导的内容非凡出色，同时它还能带给读者无可比拟的愉悦，无论是其解决高雅问题的方案，还是在无数值得探究的事情上做出的解释，抑或是它包含了大量关于古代国家、强大城邦以及智慧立法者的逸闻趣事。因此这部著作有益于增进历史知识，堪比囊括一切治国治民之道的大全之作（summa），其中无数内容都能指导或改进统治者的思想：从哲学宝库中萃取的锦囊妙计和至理名言；为"病危孱弱"的国家开具的灵丹妙药；对统治者进行的分类。此外，还有大量关于如何避免僭主统治的警醒之言。同时君主还需要熟悉平民政府的本性和习俗以便统治人民。所有合法统治的确立都是基于被统治者的利益，以及统治者自身的荣耀。根据职责划分，国王因其统治地位而受敬重，受其统治的人民则因国王而从中受益。

鉴于在我寄给您的这部著作中已包含了对这些问题更加全面精炼的阐释，我为何还滔滔不绝？我明白自己的长篇赘述实为不该，尤其是在写给一国之君时，真情实感是我唯一的托词，无限忠诚让我在言简意赅前变得手足无措。

再见，我们时代的明君！

10 致米兰大主教弗朗切斯科·皮佐帕索[①]
（1440 年）

尊敬的神父，我注意到在过去几天里从您那传出一些奇怪的信件。我手上就有几封信的副本，其中一封是您写给格洛斯特公爵关于我死

---

① G. Griffiths, J. Hankins et al. trans. and eds., *The Humanism of Leonardo Bruni*, pp. 169‑170；原文参见 Mehus VIII: 6 = Luiso VIII: 13，路易索认为该信写于 1440 年上半年。

讯的信,另一封荒唐至极的信是谴责我对坎迪多①恶言相向辱骂攻击。除此之外,还有好几封这样的信,我觉得没必要在此逐一列举,但对于刚才提到的那两封信则决不能默不作声,就此作罢。

首先,关于我死讯的报道,如果从您和我长期相熟的角度出发,我会以玩笑的口气告诉您,您应当要小心翼翼地维护自身的名誉。因为在一封盖有主教印章的致格洛斯特公爵的书信中,您将一个活得好好的人说成了死人,尽管您受过良好的法学训练,但在这点上,您已忘却了按照法律对这种罪行该有的惩罚。

其次,为何要如此匆忙鲁莽地落笔?尤其是在写这么一件令您悲痛的事情时,并且这个消息也绝对不会让您的收信人开心。通常好消息会传千里,但坏消息却没人愿报,那么您为何如此急于通报我的死讯?我能看出这是坎迪多有意蓄谋并怂恿您这么做的,因为他无法忍受自己对公爵所抱有的希望落空。坎迪多定会按其所愿这样做的,不过您应当按自身判断行事,而不是受他的指使。

但在那封写给格洛斯特公爵的信中,您说我没有遵守自己的诺言,将答应献给他的亚里士多德《政治学》译作给了别人,这算怎么回事?这绝对不是朋友之间该说的话,难道您会接受坎迪多对我这样的诽谤?尤其是他说的还是您所不知的谎言。事实上,我不仅兑现甚至超出了对格洛斯特公爵所做出的一切承诺。因此,您所听闻我违背承诺的消息不亚于我死讯的荒唐,关于这点我恳请您听我娓娓道来,以便能明白事实的真相。

---

①　皮埃尔·坎迪多·德琴布里奥(Pier Candido Decembrio)是依附于米兰公爵的人文主义者,他成功取得了格洛斯特公爵的赞助以翻译柏拉图的《理想国》。在对尼科洛·尼克利的谩骂著作中,布鲁尼用了相同的话语,或许在这两种情况下他都将自己的敌人称作"恶棍"(nebulo)。

前阵子格洛斯特公爵写信跟我说,他看了我翻译的《尼各马可伦理学》,并对我的译作极尽赞扬,称这会对所有学者都大有裨益。出于这个原因,他还敦促我为了共同的利益,要将《政治学》也译成拉丁文。我最终答应了他,我不仅对他做出了承诺,而且还说到做到,将译作精美装帧后委托博罗梅(Borromei)在去伦敦办事时顺道将其呈递给公爵。我哪里言而无信?我哪里不守诺言?我和您说过,他要求我为了共同利益而翻译。实际上,我还一并附上(如能这样说的话)这部著作的题词,尽管他从未要求过这样,我也不曾这样允诺过。我对自己做出的承诺一定言出必行,对我而言这是再简单不过的道理。不过在我看来,如此伟大的君主并不会为这么一丁点儿的馈赠而容颜大悦,尤其这并非他所要,我也不想借着这么一个题词去博取他对我的感激。

我明明活着却被说成死了,我明明恪守承诺却被指责言而无信。事实上,我从未从这位公爵那里收取过任何东西,哪怕是一个奥卜尔(obol)他都不曾给过我。

或许您会认为,我在从公爵那里诈取了一大笔钱财后又将答应给他的著作转献给了他人,但我从来不会售卖自己的著作,也不会让我的著作沦为交易的商品,更不会只献给公爵译作的第一卷而扣下余卷;与此相反,在翻译完后我便立刻将所有八卷装订成套,免费献给了格洛斯特公爵。

人都应当各司其职,不该对他人的事情指手画脚说三道四,我并非是在说您,您有权随心所欲地对待我的事——我同意且默许您所做的一切。我指责的是那些怂恿您写这些信的人,他们本该管好自己,而不是来插手我的事情。对于您的信我就说到这里。

二 伪亚里士多德《家政学》第一卷前言①

致科西莫·德·美第奇

微小之物有时价值连城——比如稀有玉石和珠宝。同样,小个子经常能降服大块头,比如根据荷马记载,提丢斯(Tydeus)尽管矮小瘦弱,却在战斗中让所有忒拜人(Thebans)相形见绌。② 另据荷马记载(我认为他所指的是同一个人),斯塔提乌斯(Statius)"在娇小的身躯里拥有强大的美德力量"③。鉴于此,我亲爱的朋友科西莫,您切不可仅仅因为它单薄不堪就轻视这本小册子。它的确小,但却承载着值得敬仰的力量与价值。

我想尤其应当将我在假期间④翻译的这部古希腊著作献给您。除了向拥有一支大军的统帅建言如何管理军队,还能向谁献策呢? 那么,除了向拥有庞大家产、精通家政⑤、生财有道的一家之主建言如何管理家政,还能向谁献策呢? 因此,尽管您已通过自身经验累积了广博的学

---

① G. Griffiths, J. Hankins et al. trans and eds., *The Humanism of Leonardo Bruni*, pp. 305 – 306,原文参见 Baron, *Schriften*, pp. 120 – 121。

② *Il*. 5. 801.

③ *Theb*. 1. 417.

④ 巴龙认为,布鲁尼此处所说的假期是指"忏悔节"(Shrovetide),1420 年的忏悔节是在 2 月 13 日至 20 日,参见 Baron, *Humanistic and Political Literature*, p. 170。

⑤ 布鲁尼将希腊人所谓的"经济学"(economics)翻译为"家政学"(res familiaris),布鲁尼在前言的末尾处以及在《家政学》注疏开篇中解释了如此翻译的原因。

识,并且每天都在从您睿智的父亲①那里汲取更多的知识,然而最具天赋的哲学家对于家庭管理给出的见解和建议却依然值得您去努力了解。

如同健康是医药的目标,想必人们都会赞同财富就是家政的目标。钱财很有价值,金钱既能为其拥有者增光添彩,同时也是这些富人实践德性的手段。金钱对于富人的子孙同样有益,使其通过这些钱财能更轻易地获得荣耀和显赫的地位,犹如诗人说的那样:

贫贱之身仕途艰险,加官进爵难似登天。②

因此,为了我们的③自身利益,更是出于为我们所爱子女的考虑,我们理应竭尽所能增添财富。哲学家将金钱归列为善的事物,并认为金钱与幸福直接相连。您将会在这本小册子中读到古希腊哲学家亚里士多德关于财富的箴言,我不仅努力将希腊文翻译得通俗易懂,更是用简单明了的词加以补充解释④,以便让您一目了然。

首先要说明的是,哲学可分为两类:一类与思想⑤有关,一类与行动

---

① 科西莫的父亲是乔万尼·迪·比齐·德·美第奇(1360—1428)。布鲁尼于1420 年将《家政学》注疏敬献给 31 岁的科西莫时,科西莫的父亲 60 岁。

② Juvenal 3.164.

③ 巴龙承认,在大部分抄本中此处"我们的"在性别指称上为男性(nostri),但巴龙仍然倾向于指称女性(nostra)。

④ 布鲁尼所说的"解释"(explanatio)就是对《家政学》进行注疏,对一些特殊的词语或术语另外加注阐释。这种加注的方式,附上阿奎那对亚氏其他文本的注释,被称为"评注"(commentary)。布鲁尼采取的方法就是先重复一遍需要解释的部分,再进行注疏。(为了便于读者理解,下文采用英语小写字母标记法来对应布鲁尼的注疏方式。——中译者注)

⑤ 布鲁尼这里所谓的"思想"其实是指"认识"(cognitio),他参考了亚里士多德关于实践(practical)和理论(theoretical)两种理性的区分,另可参考西塞罗(Off. 1)。

相连。第一类哲学的最终目标通常就是思想本身；第二类哲学包括了生活之道。但若仅限于"所知"则并无大用，除非能将"所知"化为"行动"。生活之道实际上又可归为修身、齐家和治国。希腊人将这三类分别称作伦理学、家政学和政治学。但依我所见，我们应该用本国术语而非外来语加以表述。

下面就让我们一起来看亚里士多德的著作。

三 《家政学》第一卷译疏①

第一章

译文

管理家庭与治理国家之间存在差异(a),这不仅体现在家和国各自的组成成员互不相同,同时也因为一国可有多位统治者,一家却只能有一主。

对于某些"技艺"我们必须加以区分。(b)创造出某物的技艺有时并不等同于使用被创造之物的技艺,比如管琴和弦琴便是如此。然而治理国家的技艺却同时包含了建国与治国两个方面,显然管理家庭的技艺亦是如此:同时包含了组建家庭和管理家庭。

国家由无数家庭聚合而成(c),国土丰饶钱财富足是维持良善生活的必备,事实表明如果各社会构成部分贫穷积弱,社会必将随之分崩离

① G. Griffiths, J. Hankins et al. trans. and eds., *The Humanism of Leonardo Bruni*, pp. 306–317,原文参见 *Aristotelis opera*, vol. 3, Venice, 1560, fols. 468r–478r。

析。正因如此，人们才会组成社会共同体；而使事物过去和现在所以构成的东西，就是这事物的本体（substantia）（d）。因此，管理家庭显然要先于治理国家，那是因为首先发挥的是管理家庭的功能，而家是国之组成部分。（e）

接着我们必须考虑家庭管理的职能所在。（f）

注疏

a. "管理家庭与治理国家之间存在差异"，前言已经指出，希腊人所谓的"城邦"（polis），我们称之为"国家"（commonwealth, res publica）——故西塞罗的著作名为 *De Republica*。希腊人所谓的"经济学"，我们称之为"家政学"（res familiaris）。"一家之主"（paterfamilias）的说法源于"家长"要管理经营家庭这一事实。在开始讨论家政学之前，亚里士多德指出"家"和"国"之间存在的区别，不仅因为两者的构成成员各不相同，同时还因为国家的统治权可由多人掌管，但家庭却只能由一位主人统管。

亚里士多德所说的"善"（good）即是家庭管理的主题，在这里并非指房子砖瓦墙垣的精美，而是指家庭成员；同样，"国"也并非指城墙瓦砾，而是公民大会和议会。家产管理的科学因而与家政有关，治理国家的科学则与城邦有关，此为"家"与"国"的第一个区别。

第二个区别在于国家可以由多个统治者管理。例如在罗马就有元老院（senate）、执政官（consuls）、军事保民官（military tribunes）、民政官（curule aediles）、地方行政官（urban praetors）、平民护民官（tribunes of the plebs）。这些官员共同统治全国百姓，他们的命令必须被执行。他们是上级统治者，具有合法的统治权力，但对于同级同辈者则不能行使统治权。与国家具有多位统治者不同的是,家庭只能有一位主人,一家之主有权向家庭成员发号施令且必须被服从。由此可见,国家是行使公共权力的机构,家庭行使的则是私人权力和个人统治。

b. "对于某些'技艺'我们必须加以区分。"在表明管理家庭与治理国家之间的差异后,亚里士多德转而描述两者间的共同之处。管理家庭与治理国家都属于某种技艺。而技艺中有某种特殊的分类;那些制造东西的人不会用他所制造的东西,比如管琴和弦琴的情况便是如此,因为管琴和弦琴都是由工匠雕刻制成的,然而实际使用它们的人却是音乐家,而非工匠本人。这就是那种只与造物相关,而与用物无关的技艺。除此之外,还存在另一种同时包含造物和用物这两个环节的技艺,管理家庭与治理国家同属于这类技艺。治理国家的技艺包括了最初的创建国家以及创建后的治理统治;管理家庭的技艺亦是如此,包括最初的组建家庭以及之后的家庭管理。

c. "国家由无数家庭聚合而成",亚里士多德解释了何为国家,何为家庭。他认为国家是由无数家庭聚合而成的,国家拥有足够的土地和金钱才能使得过好日子成为可能。紧接着,亚里士多德通过家庭成员来定义"家",指出家庭要包括人以及财产。让我们重新来看"国家",并对国家的构成略加分析。亚里士多德讨论的内容即"政治学",他说:国家是家庭的聚合,如同前文指出的那样,这里所谓的"家庭"并非指砖瓦墙垣,而是指家庭成员;同理,亚里士多德所说的"国家"也不是城墙楼阁,而是依法生活的公民共同体。

亚里士多德在此强调了"国土和钱财"。人类之所以要过共同体生活是因为只有这样才能实现自足性,个人欠缺的东西可从他人那里获得。农民耕地供给稻粱,铁匠打造犁耙工具、织工鞋匠生产衣服鞋子,以此从农民那换取谷物和酒,以物换物让百姓彼此相依。

最终,人们发明金钱来促进交易,比如鞋匠若想买座房子,他不需要用一百万双鞋子来做交换——有谁会同时需要那么多鞋子?但鞋匠可以通过将鞋子卖给许多有此需求的人,再用赚来的钱去买房子。钱财就成为将百姓团结到一起、国家赖以依存的必要工具。

另一个不可或缺的要素是土地。城市坐落在土地上,人们在土地上耕耘,这就是为何亚里士多德会说国家必须要具备"国土和钱财"等等。当无数的个体汇聚成共同的群体时,他们才能有足够的条件来维持好的生活,于是形成城邦,公民就是那些汇聚到一起遵守相同法律的人。这样就有了佛罗伦萨人组成的佛罗伦萨,锡耶纳人组成的锡耶纳,比萨人组成的比萨,至于这些人是居住在城内还是城外则丝毫不影响他们各自的身份。

亚里士多德所谓的"钱财"是指一切可以用金钱估量的东西,这点清楚地体现在国家的构成上。国家显然是由无数殷实富足的家庭聚合而成的,如果这些构成国家的个体缺钱少地、贫穷积弱,国家将随之分崩离析。换言之,民弱则国亡。西塞罗在其《论国家》第六卷中指出:

> 国家是社会的一种形式,对至高的神而言,这世上没有什么能比城邦更令上帝欢愉的了,人们在法的统摄下共同生活,由此形成城邦。①

---

① *Rep.* 6. 13. 13(西庇阿之梦)。

人们聚集到一起组成了城邦,当社会解体时国家便随之灭亡。如果那些将社会凝聚在一起的个体组成不复存在时,社会便坍塌解体。这就是亚里士多德所说的:如果个体成员贫穷积弱,社会必将随之分崩离析。

d. "正因如此,人们才会组成社会共同体;而使事物过去和现在所以构成的东西,就是这事物的本体。"亚里士多德再次证明国家是由无数殷实富足的家庭个体聚合而成,以此维持好的生活。人们加入共同的社会中去,是为了能过上富庶的生活。正如上文所言,个人所欠缺的可以从社会共同体中其他成员那里获取,因而出于这个目的,人们彼此相连。倘若这种自足性的个体构成不复存在,社会就将随之解体,完全有理由将之称为国家的"核心",正是因为他们的存在国家才得以延续,他们构成了国家存在的核心。

然而,为何亚里士多德会说"任何现存和一切已成事物"? 我认为这象征着某种永久性。在人类社会共同体下,国家最初形成的原因同样也是国家赖以延续的原因,因此这句话是恰当切题的。

"使事物过去和现在所以构成的东西,就是这事物的本体",由此表明管理家庭要先于治理国家,因为家,即家庭管理的对象,在形成时间上要先于国,国是由无数的家构成的。

e. "家是国之组成部分。"部分的存在要先于整体的存在,如同个别的羊要先于整个羊群的存在,因为羊群是由无数个别的羊聚集而成的。

f. "接着我们必须考虑家庭管理的职能所在。"亚里士多德准备开始讨论他的主题。之前所说的内容不过是前言而已,旨在引发读者共鸣,同样在于明确作者意图。家庭管理的最终目标是财富,这点亚里士多德在《伦理学》开头就已表明,然而财富管理的职能则是为了更好地管理家庭。

第二章

论家庭构成及获取财富的方式

译文

家庭(domus)的构成包括人和物(a)，任何事物的本质首先都由其最细微的部分体现出来，这对家庭同样适用。因此根据赫西俄德所言(b)，应该是："先有一座房子，再有一个女人(mulier)，随后是有犁地的耕牛。"

耕牛帮助产粮，妻子(uxor)负责生育，正确安排好与妻子相关的一切非常重要(c)，也就是说，确保妻子做应当做的事情。

［第二章主要谈物；关于妻子的讨论放在第三章继续。］

注疏

a. "家庭的构成包括人和物"，这是亚里士多德对家庭的定义。［布鲁尼继续解释这种重要性，就是在任何文章的开头处，要先对讨论的主题做出界定。］这里的 domus 和 familia(家)意思相同，由此派生出"家庭事务"(res familiaris)的表达方式。拉丁文习惯将恰当、合适的形容词与"res"结合，以此表示各类"技艺"(arts)，比如：res militaris(军事事务)，res publica(公共事务)，res familiaris(家庭事务)，res rustica(农村事务)，以及与 res familiaris 同义的 res domestica，因为 domus 与 familia 相同，这也是为何用"一家之主"(paterfamilias)来表示统治和管理家庭的人。

[布鲁尼随后指出,这里所谓的"物"(possessio)具有双重含义,不仅指既有的财产,还指将要获取的额外之物。布鲁尼指出,亚里士多德使用的 ktesis 就具有双重含义,并且引用了色诺芬——他在《经济论》中同样也是用该词来表达双重含义。布鲁尼在对这一章前两句话进行了大量的语言学讨论后,回到了亚里士多德对赫西俄德的引用。]

b. "根据赫西俄德所言";赫西俄德是一位诗人,其生平略晚于荷马,赫西俄德的《工作与时日》(*Works and Days*)是献给其兄弟珀尔塞斯(Perses)的著作,旨在教导珀尔塞斯"一家之主"应当如何行事,其中就包含这句话,以表明家庭内各构成元素。亚里士多德在此引用赫西俄德该话语来体现自己的目的。

[布鲁尼试图表明,在赫西俄德的文字里,女人和耕牛分别被用来象征家庭构成中的人和物。但布鲁尼对于将女人与耕牛相提并论的做法感到不适,因此他努力要帮亚里士多德撇清任何将女人置于这般卑屈地位的表述。布鲁尼运用语言学达到了这个目的。他指出,亚里士多德在讨论女人扮演生育角色时,就是在考虑妻子。但在希腊文中,gune 这个词既指"女人"又指"妻子"。布鲁尼决定把赫西俄德句子中的 gune 翻译成 mulier(女人),但把亚里士多德段落里的 gune 翻译成 uxor(妻子)。布鲁尼的解释如下。]

c. 这里关于妻子所说的内容是对赫西俄德原意的严重歪曲,赫西俄德想要表达的并不是妻子,而是女奴。这里"女人"的所指在下文中非常清楚地表明,"女人"并非婚姻关系中的那个妻子,而是购买得到的女人。因而我们必须明白,赫西俄德所指的其实是女性奴隶,然而亚里士多德却用一种更加明智且妥当的方式来阐释这段话,因为只有妻子才应当肩负生儿育女的基本职责,而不是女奴。

　　［为了搞清楚赫西俄德所说的 gune 到底是否如他所解释的那样，布鲁尼回到原著文本中找寻证据，果然在接下来的几行文字中发现了赫西俄德所说的"她"是指"购买来的，非结婚的"。布鲁尼断言亚里士多德严重曲解了赫西俄德的原意，对此我们不必在意。首先，亚里士多德并不是《家政学》的作者；其次，根据许多当代编者对这句诗（1.406）的研究，亚里士多德本人似乎没有读到过。在《政治学》第一卷第二章中，他引用的是 1.405，而非 406。① 布鲁尼从文本中得出了正确的结论。关键在于，布鲁尼坚持认为亚里士多德的主张是妻子在家庭中也应当享有一席之地。②］

第三章
男人与女人的结合合乎自然且必不可少，并具有诸多益处

译文

　　至于家庭问题中的人际关系，首先需要注意妻子的问题，因为男女间的结合合乎自然。我们在别处③已有提及，是自然需求促成了诸如此类的结合，即便是对各类动物，大自然亦是如此。无论男女，如果缺少对方则都无法结合，因此两性结合是必然。在其他动物身上，这种结合

---

　　① 参见 Friedrich Solmsen ed., *Hesiodi Theogonia: Opera et Dies, Scutum*, Oxford, 1970 书中注释。

　　② 有关将女人及其在性和婚姻中的角色与役畜相提并论的传统研究，可参见 John Gould, "Law, Custom and Myth: Aspects of the Social Position of Women in Classical Athens," *Journal of Hellenic Studies* 100, 1980, p. 53。

　　③ 亚里士多德在《政治学》（*Pol.* 1.2）、《尼各马可伦理学》（*Eth. Nic.* 8.2）中都提到过两性结合的必要性和自然特征。

的发生并不具备理性,而是顺应动物的自然本性,仅仅是为了繁衍后代。然而在更加审慎的物种那里,情况却极为不同。显然他们之间有着更多的情感互通和协作互助,尤其对于人类而言,两性结合相扶相助是为了过好的生活,而非仅是出于生存需要。(a)人类生儿育女并不仅仅是为了向自然致敬献礼,同时也是出于自身利益的考虑。当父母年富力强时,他们哺育照顾自己弱小的子女;当父母年迈体弱时,他们从长大成人的子女那里得到同样的看护料理。

大自然通过这种循环生生不息,她通过物种而非个体繁衍循环往复,因此男女结合的天性是受神意所引,他们所有的性格特征都是为了实现同样的目的,无论彼此间有着多大的差异。自然令一方强大一方弱小,这样后者出于畏惧将更加小心谨慎;前者仗着强健有力则更气盛勇猛。因此一方应当在外养家,另一方则应当在内持家。为了实现这一目的,自然引导妻子负责操持家务,但却让她过于纤弱而无法在外打拼;自然让丈夫不宜料理家政,但却令他适合在外冒险拼搏。至于说到子女,尽管夫妻职责分明,却都有抚养子女的责任,一方负责哺育,一方负责教育。(b)

注疏

[在讨论完动物世界中的两性结合后,布鲁尼开始探讨"亚里士多德"所说的,合作动机在人类中表现得最为明显。因为男人和女人结合、相互扶助是为了过好的生活,而非仅仅为了生存需要。]

a. 显然对于人类而言,两性结合并非仅出于生存需要的目的。换言之,他们并不只是为了繁衍后代使其生生不息,更是为了能够快乐地生活。人类的两性结合有其自然的基础,尽管在形式上出于法律和理性的考虑；我们称之为"婚配"。

[布鲁尼的话与查士丁尼《法学汇编》(*Digests*)中的开篇主张男女结合遥相呼应，我们称之为婚配，源于自然法。托马斯·阿奎那曾引用《法学汇编》中的这句话来反驳婚配并非出于自然的观点。① 他还诉诸亚里士多德的权威，指出在《伦理学》第八卷中，亚里士多德认为人类天生会结为夫妻，这种结合即婚配，因此是合乎自然的。② 这种两性结合的自然特征即婚配，还可见于阿奎那的《驳异教大全》。③ 布鲁尼此处同他经常在别处的做法一样，赞同经院哲学之父，就如同加倍认同亚里士多德。]

　　b. 一方的角色是抚养，另一方的角色是教导。亚里士多德在前文已指出，母亲肩负教育（educatio），父亲则是教导（eruditio），这样才可以说双方为了共同利益各尽所能。

第四章
法律约束丈夫对妻子的行为

译文

　　首先，必须要有法律来约束丈夫对妻子的行为（a），这是为了杜绝不义，这样丈夫自己也不会遭受不义，这条原则即便在普通法里也能找到。正如毕达哥拉斯所说："将女人与她的本真割裂使之沦为女仆是不义之举，这将是多么有失体统。"当男人与外面的女人有染时，男人是不

---

① *Commentum in quattuor libros Sententiarum*, Lib. 4, d. 26, q. 1:4.
② *Eth. Nic.* 8.12.7.
③ *De veritate catholicae fidei contra Gentiles*, Lib. 3, c. 122.

正义的一方。(b)正确的行为应当是(c):夫妻双方在一起时要沐浴恩爱,当两人分开时要克制情欲。他们要让自己无论是相聚还是相离都能得到满足,对此赫西俄德所言甚是:"你当迎娶少女,这样就能教她淑德。"①性格不同的两人绝不会产生爱情。如同装饰:我们不应与自己性格不合的人建立关系,更不应当与错误的对象产生感情。虚情矫饰无异于演员在舞台上出演悲剧。

注疏

a. 男女间的结合(societas)是为了帮助彼此能更好地生活,因而首先要制定法律来规诫丈夫对妻子的行为。但为何亚里士多德要说由法律来约束丈夫对其妻子的行为呢? 或许因为法律无法规诫丈夫对于其他人的行为?

我的答案是,男人是一家之主,也就是说,男人是他家里的王。男人按其喜好管理家庭,惩戒施罚,对家中的仆人、子女和财产具有权威。任何古代法律都不曾阻止过男人对家仆和子女所拥有的这种权威。然而,亚里士多德认为,男人对于妻子却无法按同样的方式来行使权威;与此相反,某些法律还规定男人必须服从他的妻子,一旦犯法则错在丈夫。丈夫不该认为妻子当被置于自己的专横统治之下,可任由自己为所欲为。丈夫必须认识到他受法律约束,必须停止对妻子的伤害,"正义"意味着守法,"伤害"等同于违法。

这样男人自己也将避免被伤害;换言之,作为妻子,如果受其丈夫凌辱的话可能会变得不忠或偷情,有时甚至会弑夫。就像克吕泰涅斯

---

① Hesiod, *Op.* 699.

特拉(Clytemnestra)和佩涅洛佩(Penelope)的故事,前者因为不堪忍受丈夫的迫害而与他人偷情并伙同情夫谋杀丈夫;与之相反,佩涅洛佩却保守贞操,对丈夫忠贞不渝。

b. "男人是不正义的一方。"在有关约束丈夫对妻子的行为的法律中,这条尤其重要:丈夫应当忠于自己的妻子,不应与其他女人有染。如果触犯这条法律,丈夫则陷于不仁不义。这也是为何亚里士多德说男人和外面的女人有染就是不义,除了妻子以外,其他所有女人都属于"外面的",只有妻子算是家里的,属于丈夫的内人,别人对于丈夫而言都属于"外人"。

c. "正确的行为应当是……"该段箴言同时适用于丈夫和妻子,这就是法规。前文已有提及,夫妻之间应当彼此忠诚。但问题是如果双方分开,无法同房行欢时又该如何行事。亚里士多德认为,夫妻双方应当养成习惯,即在一起时要沐浴恩爱,分开时要克制情欲,无论相聚相离都要习惯于满足。

[第一卷第五章有关奴隶制,此处从略。]

第六章

译文

有四种与财富(pecuniae)相关的能力是一家之主理应具备的。(a)他应当懂得如何获取财富(b),还要能够保管好自己已获取的东西

（c），否则"获取"就变得毫无意义，如同用筛子打水（d）白费力气，"竹篮子打水一场空"。此外他还要懂得（e）如何用财富让生活锦上添花，以及懂得如何享受财富。毕竟拥有财富的最终目的是享受。

注疏

a. 前文已经表明，作为"一家之主"的男人对于妻子以及他的奴仆应尽的职责，接着亚里士多德探讨的是一家之主对于财富的责任，也就是说，男人在获取钱财、保存钱财和花费钱财时有何职责。亚里士多德提到一家之主应当具备四种与财富相关的能力：第一，他要懂得获取；第二，他要懂得保管好已经获取的东西；第三，他要懂得如何让财富成为生活的点缀；第四，他要懂得享受财富。这里所谓的"财富"是指一切可以用金钱来衡量的东西，如同亚里士多德在《尼各马可伦理学》第四卷中所说的那样。①

b. 首先，一家之主首先必须懂得如何获取财富。此话不错，因为除非你拥有了财富，否则何谈财富的价值？因此，一家之主必须具备获取财富的能力，换言之，他必须是那种能够快速并且有效获取收益的人。

较之其他所有获取收益的方法，亚里士多德偏好农业耕种。因为农耕公平，不需要违背他人意愿来榨取收益，农耕还有利于培育德性。同一原则还适用于其他获取财富的方法，就是正当体面地赚钱而不伤害别人。因为在不伤及他人利益的前提下，扩充自己财产的做法总值得嘉奖。这是一家之主首先应当具备的能力，即通过既有财产和其他方式来获取新的财富。

---

① 亚里士多德在《尼各马可伦理学》（*Eth. Nic.* 4.1.1）中将"财富"定义为任何可以用金钱来衡量其价值的东西。

c. 其次,他"要能够保管好自己已获取的东西"。此话也对,因为除非你知道如何保管,否则获取财富有何意义?但那些认为"保管"的重要性要小于"获取"的人似乎并没有认识到这点。不过奥维德在这方面已经说得非常清楚:"保管财富并不亚于攫取财富;后者得自机遇,前者则为艺术。"①

d. "用筛子打水",用于描述那些只知道获取但不懂得保管财富的人,这种行为毫无益处,无异于竹篮打水。关于这点,诗人们都会说姑娘(用竹篮打水)是在白费力气徒劳无益。②

e. "此外他还要懂得……"亚里士多德接着表明一家之主还应当具备的另外两种能力:懂得如何用财富让生活锦上添花,懂得如何享受财富。出于这两种目的,财富是有用的,但这并非说我们要沦为金钱的奴隶,就像许多人刻意而为的那样,而是说要让财富为我们服务。财富将带来光彩和荣耀(亚里士多德认为,要做到这点首先应当明白如何利用财富来为生活添彩),如果我们能够巧妙优雅地花销,其中包括建造房屋来保管财富,拥有忠实的奴仆,舒适充裕的家具,适当的马匹和衣物。同样,还要包括对朋友慷慨好施,对诸如马戏、角斗表演、公共宴会等活动予以赞助,但所有这些方面的花销都必须视自己财富的多寡量力而行。

我们还要懂得享受财富,用金钱为自己的生活所需提供便利。对

---

① Ovid, *Ars Am.* 2.11‐14:"我的诗句让那姑娘走向你,但这还不够,让我的艺术去俘获她,去拥抱她。聚财有道比起坐拥财富更值得称道,后者取决于机遇,前者则堪称艺术。"

② 托名柏拉图的对话《阿克西俄科斯》(*Axiochus*, 371e)提到达那俄斯的女儿们总是无止境地在打水,不过布鲁尼既然说到了诗人,想必他是指贺拉斯(Horace, *Carm.* 3.11.22)。

于已经拥有的财富不该过于节制,比如自己喝着酸涩的苦酒,却是为了卖掉醇香美酒,或者自己住在破败茅舍,却是为了出售精致豪宅,等等。

　　四种与财富相关的能力中,一家之主应当懂得两种聚敛和两种花销的方式,前两种为追求财富和保管财富,后两者为将财富为己所用和享受财富。然而这些行为模式看似相互矛盾冲突,因为聚敛与花销、保管和使用实为对立。对此我认为该做此理解:为了能够适当地花销和享乐,有必要先获取和保管好自己的所得;如果不去攫取和保管财富的话则将无钱可花。我们从中能够辨析慷慨好施的前提及其限度。

四 论财富①

（1420 年后不久）

布鲁尼向托马索·坎比亚托雷

（Tommaso Cambiatore）致敬

即便您把我所有著作都吹捧上天，我也不应该为您的来信欢呼雀跃。实际上，我更乐意看到您试图批驳和谴责我的文章，我相信后者才是作为朋友当扮演的角色，而前者只能算谄媚者。但请您保持耐心并容我与您争辩，倘若我对您所说的内容不予回应的话，那才是真正的不公。如果我是逆来顺受不加反击，您是否还会对我展开全方位的攻击？大自然对此绝不姑息，哪怕是对蜜蜂这样生产甜美蜂蜜的小动物，大自然都赋予它蜂刺来回击可能遇到的侵袭。但我们之间的争论辩驳既算不上顽固不化也不是怨气使然，而应被视作自由切磋和畅所欲言；其目的不在于取胜而在于探索真理，简而言之，如西塞罗所言：让我们争辩，但切勿争斗竞技。②

您告诉我您读了一些近期传到费拉拉的我的著作，并就此写信给

---

① 本文根据韩金斯教授提供的未刊英译本译出，拉丁语原文参见 L. Mehus ed., *Leonardi Arretini epistolarum libri VIII*, 1741, II, pp. 8–15。——中译者注

② Cicero trans., *Protagoras*, fr. 3.——英译者注

我,对其中许多内容大加赞誉,但同时您也表达了在某个问题上的严厉反对,即我所说的:哲学家将财富也归列于"善"(good)。您是如此愤慨于我写下这些内容,以至您声嘶力竭奋起搏击。在我看来,对于您针对我提出的控诉,我只需要做出两方面的回应:第一,我所写的内容在此特定场合下是否不正确或不恰当;第二,该论点本身是否虚假谬误。简单来说,如果表述切合场景的话,该内容就是对的。但您的观点婉转地表达了您认为这是错的。

首先让我们来看一下特定场合。我已经将亚里士多德的《家政学》从希腊文翻译成拉丁文,并将之作为礼物献给了我一位相熟的好友,他是一位有学之士且为人和善。《家政学》所教导的几乎都是关于扩充财富的内容,亚里士多德自己在另一部著作(《政治学》第一卷)中也说过同样的内容,即经济的目的在于财富。因而在将这本书献给朋友的时候,我应当在前言中说些什么呢?难道要我说这本书阐释了亚里士多德的聚财之道,但财富却是那般邪恶丑陋,让人敬而远之?如果这样说的话还有谁会去读我的这本书?还有谁不会对我嗤之以鼻?还有谁不会因为亚里士多德散播这些充满作恶之道的妖言惑语而不对其横加指责?任何修辞的艺术都会在前言中扮演这个特殊的角色,即要让读者感到这本书内容上进、循循善诱。如果一个人说他为了朋友将一本满是邪恶内容的书从希腊文翻译为拉丁文的话,这岂不是自讨没趣?当声称自己写的内容都是祸害和禁忌时,他还想要赢得读者的赏识与关注?请您明白,托马索,演讲的艺术所要求的就是我说我所应该说的;您对我的指责就技术而言是有必要的,但您所提倡的就技术而言是错误的。在当下的场合所需要的正是我所说的,您作为读者理应明白其中的道理。细心的读者应该注意到说话的场合,并要能理解在特定场合下切合时宜的演讲内容。

　　接着让我们来看一下观点本身：哲学家将财富列入"善"的范畴。您的批判是不是针对哲学家实际上并没有这样认为，或者是哲学家的这个观点并不正确？如果您认为是我自己胡编乱造出这些哲学家根本就没有说过的话，那就请您听听亚里士多德以及整个逍遥学派（Peripatetics）都是怎么说的——善的事物分为三类，分别为外在的善、身体的善和灵魂的善。如果您否认这点的话，您所攻击的对象就是他们而不是我。所以，请您注意并仔细掂量您的言行，您真的认为您有能力去猜度揣摩亚里士多德、泰奥弗拉斯托斯、克拉狄普斯（Cratippus）以及不计其数的其他哲学家的智慧和权威？仅凭您个人的才智能比得上他们所有人的所知？再来说说柏拉图，有谁会否认他为众哲学家之主？柏拉图在《高尔吉亚篇》中是这么说的：

　　　　任何事物要么好，要么坏，要么就是一般。好包括了智慧、健康和财富；坏是这些事物的对立面；那些不好也不坏的一般事物就比如坐着、奔跑和航行。

现在您已看到这些哲学大师如此彰明显著地将财富归入善的事物之列，您还会批判我所写的内容不真实吗？难道我要为自己写下了柏拉图和亚里士多德所倡导的内容而感到耻辱？其实伊壁鸠鲁派持有相反观点，这是个严重且无法忍受的举动！难道您不为自己拿着伊壁鸠鲁派的黑暗去遮掩柏拉图和亚里士多德这两位哲学大师的光芒而感到羞愧难当？我相信伊壁鸠鲁派之所以不将财富归为善物之列，其目的是鼓吹挥霍无度，以便自己能将所有财富都用于骄奢淫逸的生活上。这就是您想要跟从的人吗？您，或者任何理智的人真的会赞同通过这种可耻之举去寻求幸福？还有什么能比抛却柏拉图和亚里士多德的学说不管，而去追崇伊壁鸠鲁派——这个长久以来被唾弃的哲学异端——更加愚钝疯狂？

我问您，既然您长期以来都对法律推崇备至，难道您认为法学家——那些高高在上的智慧而谨慎的人会胡言乱语？您声称自己通晓哲学，他们也对哲学无所不知，如果我没搞错的话，他们的职责正是追随真正的哲学，而不是佯装的哲学。这些真正哲学的追随者又是如何看待外在之物的？是一般，还是好，还是坏？他们著作中的许多地方都将财富称为善好，而您对此却是那么固执己见，当您作为判官端坐于法庭上命令赔偿某些善好时，您想的是德性呢，还是土地和金钱？您希望自己能说非常人说的话是多么荒谬至极？您难道是要鄙视柏拉图和亚里士多德这样的哲学家，并要将法学家的权威化作乌有？您难道认为他们所知甚少，而我们却能洞察万物？

您说"善"（bonus）源于"祈福"（beando），但外在之物不会赐福于我们，因而就不能被称为"善"。我猜您自认为这个观点鞭辟入里，然而这却无聊透顶甚至荒谬至极。首先是您所认为的这个前提，即"善"源于"祈福"，对此西塞罗也称自己并不知道"善"的词源究竟为何。请注意，您不会认为自己对拉丁语结构的了解要胜过西塞罗吧，如同您声称自己的哲学造诣要高于亚里士多德。我对此绝不苟同。实际上，"善"和"祈福"除了都以字母"b"开头之外还有何共通之处？您怎么不说"善"是源自"饮酒"（bibendo），而偏说它源自"祈福"呢？您瞧，一旦抛开了这种词源上的推理，您的整个论证也就不成立了。

即便有人赞同您说的"善"源于"祈福"，也帮不了您。因为我们说外在之物与至福(beatitude)相连。因而如果您愿意的话,它们就被称为"善"。属灵的善本身并不能让我们得到祝福,除非您也许会说在法拉里斯公牛(Bull of Phalaris)①里的人也能被视为得到祝福,这种形式的幸福我认为一定不会是您想要得到的。至于我,我敢确信我会远离这种灾难性的至福并有充分的理由相信这是悲惨的境地。对于一个身处牢狱、饱受酷刑、缺衣少食、遭受惩罚、目睹子女遭受屠杀的人,恐怕我无法苟同他是受到祝福的,那是非人能忍受的境遇,只能说是"峭壁岩石",即那些能完全关闭人性的人才会无动于衷。德性确实能让人为善,但仅凭德性本身并不足以让人幸福,人需要不同形式的善的汇聚。灵魂要优于肉体,但灵魂终究需要肉体,因为人终究是血肉之躯。同理,我必须承认灵魂之善无与伦比,然而人需要肉体和外在的善来获取幸福。

亚里士多德是正确的,他认为外在之善不仅是从勇敢、正义以及其他积极的德性那里获取幸福所必需的,同时也是沉思隐逸生活所不可或缺的。关于沉思的人,亚里士多德写道:

> 他同样需要外在之物的充裕繁华,因为他终究还是个人。仅凭其天性本身并不足以营造幸福,他还需要健康的体魄、充足营养以及满足其他生理上的需求。同样不能认为他能在缺少外在之善的条件下蒙受祝福,因此必须相信他需要很多东西。然而那些不是天空和海洋的主宰者的人却同样能够感到幸福。

---

①　法拉里斯的公牛是古希腊西西里岛僭主法拉里斯发明的杀人刑具,将人关入铜牛腹中并在下面用火炙烤,受刑者的哀嚎经过波纹管转变成牛的哞哞声,伴随着喷出的烟气,使得整个场面看上去就像一头在吐气低吼的公牛,这是法拉里斯喜欢采用的酷刑之一。——中译者注

这就是亚里士多德对城邦生活的看法,他的确承认积极的公民生活能获得更多的幸福,对此他说道:

> 自由的人需要金钱来行使自由,正义的人需要金钱来行使正义,勇敢的人需要权力来践行德性。现实生活需要许多东西,生活越现实,需求就愈多。

由此可见,我们所过的这种公民生活需要无数的外在之善,越是伟大的德性之举,越是需要外在之善。沉思生活所需要的善略少一些,但即便是沉思生活,也是需要肉体和外在之善的,因为缺少了这些,生活就谈不上幸福。

言已至此,我有必要重复下我所说的,也是您急于攻击我的那些话,我是这样写的:

> 财富对于那些拥有它的人如同饰物般有用,并且还是实践德性的手段。财富有利于子孙后代,使他们通过利用财富能够更加轻易地获取荣耀和高职。家境清苦是修养德性的一大障碍,让仕途变得举步维艰,我们的诗人维吉尔就是这样说的。因而我们应当积极热情地扩充财富(只要是以体面光荣的方式去获得),不仅是为了我们自身,更多还是出于对子女的关爱,因为财富被哲学家归为善物,并且与幸福息息相关。

这些话中有哪些不是与亚里士多德的思想遥相呼应的?难道他不是把财富归于善之列吗?难道他没有说财富与幸福息息相关吗?难道他不

认为财富对践行德性很有用吗？看来您对饰物缺乏了解，我所说的并不是金镯玉环或是演员佩戴的饰品，而是关乎雄伟华丽。德性与饰物紧密相连，德性需要财富的陪伴，而穷光蛋是不可能雄伟华丽的。

因而我想知道您为何会攻击我，难道就因我写了财富是有用的，它为践行德性提供了帮助，同样财富还惠及我们的子孙，不让穷困潦倒的家境阻挠德性的发展？我不明白为何我要为我所写的这些内容有歉意，尤其是我在财富确实需要受到至高赞誉的场合写下了这些话。如果我说要为财富而追求财富，或者是以其他方式掠夺财富之类的话，您的批判或许还有些道理。但我所说的是，追求财富是为了将之作为践行德性的工具，况且我还强调"要以体面光荣的方式"，这样对财富的欲望就不会让我们背离理性。难道这就是您针对我的控诉？您说"你对财富的推崇是为了让灵魂变得渺小和吝惜"，看吧，恰恰是您正在如此。如果财富是德性的工具，要想成就高尚光荣之举必须需要财富的话，那是谁在让灵魂变得渺小和吝惜？到底是认为财富应当作为践行德性工具的我，还是完全否认获取德性价值的你？我们当中到底是谁在为灵魂预设更美好的目标？到底是认为应当尝试高楼玉宇并为此精心筹备的我，还是对崇高伟大毫不顾及的你？

您说："我从不认为财富应当归为善物之列。"然而柏拉图和亚里士多德就是那么认为的，对我而言，他们的威望要远高于您！如果财富是善，它们就不可能有害。为何您会相信理性——自然赐予人类的思想力量——令我们凌驾于野兽之上？您难道不认为理性也属于善吗？当然有些人会滥用理性的力量，但这丝毫不影响将理性归为善。您说"荣耀似乎对获取善物及其手段不加限制"，但又加上一句"只要是以体面光荣的方式"，由此表明，财富在您看来不能归入善。依我所见，国家和权力都属于善，但我并不认为这两者之间的任何一个能用卑鄙的手段去获得，而是应当通过荣耀和法律准允的方式掌握。非正义的获取物会腐化获取者本身。况且，一切有用之物如同道具，道具无论过大过小都会使其失去价值，就好比一艘船，如果造得一码长或是一英里长，这船都同样无用。显然再也没有什么比起有用之物更需要对其及在方式上加以限定了。我们说财富有助于德性，并且，如同刚才船的例子那样，财富过少会成为障碍，过多则亦无利。因而，获取财富应当适度，所有扩充财富的考虑都应从德性出发。

再见，托马索，请相信我无比欢迎您的来信。

论教会事务

导读

　　1405 年至 1415 年，布鲁尼在教廷担任教皇秘书期间起草的书信成为观察布鲁尼对待教会态度的最佳"窗口"。自 1378 年"教廷大分裂"起，西方基督教世界便被罗马教皇及其在阿维尼翁的对手教皇割裂为二，布鲁尼担任教皇秘书的那段时间正好是教廷大分裂最后几年。布鲁尼在其秘书生涯伊始就被卷入了统一教会的谈判中。

　　1405 年，布鲁尼在抵达罗马后的第一个月内便开始处理这个棘手的事情。法国贝里公爵已经写信给教皇英诺森七世，内容是重申双方教皇应同时退位的建议。布鲁尼当时还没有被任命为教皇秘书，但他及另一位候选人被告知，谁能写出完美的书信来回复贝里公爵，谁就能获任秘书一职。结果布鲁尼获胜。[①] 他起草的书信运用史实逐一辩驳阿维尼翁方面提出的争议，捍卫了罗马教廷。此信在全欧洲的外交圈和有识之士之间广为流传。[②] 当然，教皇和枢机主教事先规定好了信中谈论的要点，但布鲁尼运用修辞术最为有效地表达出了这些要点。

　　贝里公爵和英诺森七世之间的这次通信没有产生什么结果，但这

---

　　① 布鲁尼在 1405 年 4—5 月间写给萨卢塔蒂的信中谈到此事。参见 Bruni, *Ep.*, ed. Mehus I: 2。

　　② Martène and Durand, *Vet script. et mon. ampl. collectio*, 7: 702 - 705；其中（自 col. 695 起）有贝里公爵写给教皇英诺森七世的书信。

位教皇1406年11月逝世的消息促使法国方面还有佛罗伦萨必须尽快向罗马的枢机主教们提议，为了教会的统一不应该新选继任教皇。在布鲁尼写给科尔托纳（Cortona）君主的信中，清楚地描述了罗马枢机主教们的想法，并解释了枢机主教接下来打算先选出一位新教皇，但会迫使他立刻与阿维尼翁教皇协商同时退位这一妥协方案。这封信的重点是为了强调即将选出的教皇格里高利十二世及其亲密顾问乔万尼·多米尼奇的职责所在，即遵从双方教皇同时退位这一决策。

格里高利十二世当选后，需要写信给在阿维尼翁的教皇本笃十三世，但罗马教皇并不承认对方教皇的称号，所以称其为彼得·德·卢纳（Peter de Luna），布鲁尼再次奉命起草这封书信。这封信堪称将修辞运用于教会外交服务的典范之作。

尼科洛·尼克利精于古典研究，他曾公然谴责布鲁尼因为罗马教廷的事务而荒废了学术研究。布鲁尼在写给尼克利的回信中解释道，没有什么事情能比他正在从事的工作更加重要，他所拥有的文学天赋值得被用来为早日结束教会分裂而出谋划策。布鲁尼在同一封信中还表露出自己对于佛罗伦萨前途的感知，他乐观地预测到佛罗伦萨近期征服比萨后扩张成功。

教皇格里高利十二世并没有像布鲁尼期盼的那样致力于教会统一。教皇承受着来自多方面的压力：身边亲信想要继续留任；多米尼奇背弃了他早先鼓吹的教会统一的主张；那不勒斯国王拉迪斯劳则担忧一旦法国和罗马在教皇职位上达成协议，那不勒斯的王权极有可能会落入法国人的手中。

百般无奈下，格里高利同意和法国教皇在双方的中间地点——萨沃纳——会面，但格里高利未能守约。格里高利在锡耶纳停滞不前，但最终被劝说前往卢卡,与他的对手保持距离一致。布鲁尼全程陪同教皇,并在路途中给那不勒斯的佩特里洛(Petrillo of Naples)写了封信,诉说了那段不光彩的故事。布鲁尼在这封信中极其罕见地流露出个人情感("还有什么比这事更让我们尊严扫地? 更无地自容? 更羞愧难当? ……我到底为何还要假意奉承,掩饰自己的真情实感? 我也是基督徒,也是意大利人")。布鲁尼的这封信还生动地描绘了教皇格里高利十二世及其枢机主教们的最后一次会议,罗马枢机主教之后便离弃了教皇,与法国枢机主教一起拒绝承认双方教皇。

尽管布鲁尼批判了格里高利的所作所为,但他没有效仿枢机主教离开教皇。直至1409年2月,布鲁尼始终陪同在格里高利身边。[①] 他在写给罗西(Rossi)的信中解释道,他留下来的原因完全是出于忠诚。从布鲁尼写给佩特罗·米阿诺(Pietro Miano)的信中能够感受到他对于教会已经失望透顶。最终是来自佛罗伦萨政府的一道严令使得布鲁尼决定离开教廷,不过为了让佛罗伦萨下令,布鲁尼从中做了不少努力,可见他内心其实是想离开教廷的。[②]

在离开格里高利后不久,布鲁尼应枢机主教们的邀请,于1409年4月到达比萨。两边教廷的枢机主教已经联合起来准备召开一次宗教大会,1409年3月25日已启动议程。大会在5月份宣布两位教皇都不

---

① 在梵蒂冈留存的教皇通信纪录中,布鲁尼作为起草人并写有他名字的最后一批公函日期为1月8日(Reg. Vat. 337, fols. Lr–LIr.)这些公函的内容为授权乔万尼·多米尼奇作为罗马教皇的使节出访匈牙利和波兰,代表教皇减免或赦免宗教罪行、授予神学学位等。

② 布鲁尼在锡耶纳时就曾要求波焦帮助他回佛罗伦萨。10月17日布鲁尼写信给尼克利,内容同样是希望自己能被召回。2月1日和13日在里米尼写下的信中,布鲁尼始终都在重复这个要求。参见 Cesare Vasoli, article on Leonardo Bruni, in *Dizionario biografico degli italiani*, Rome, 1972, 14: 618–633, esp. 623。

称职,6 月 5 日正式宣布废黜双方教皇。6 月 26 日,主教团选出米兰主教作为新一任教皇,即亚历山大五世(1409—1410 年在位)。① 布鲁尼作为教廷秘书先后服务于亚历山大五世及其继任者约翰二十三世(1410—1415 年在位)。② 布鲁尼随同约翰参加了康斯坦茨公会议。在会上约翰被废黜,布鲁尼的教廷秘书生涯也就此画上了句号(1419—1420 年间,布鲁尼曾短暂地服务于教皇马丁五世)。

　　在之后的几年里,布鲁尼对教会的态度变得模糊不清,除了在 1436 年至 1437 年间,布鲁尼作为佛罗伦萨共和国国务秘书,多次写信给在巴塞尔会议的神父们,试图劝说他们把会议地点挪到佛罗伦萨。③ 尽管布鲁尼付出的努力并没立刻见效,但后来罗马和希腊教会的代表们相聚在费拉拉时,决定把 1439 年宗教会议地点转移到佛罗伦萨。东西方教会统一的协议并未持久,但布鲁尼在此过程中的投入进一步表明,他毕生都在致力于基督教教会的统一。

　　1433 或 1434 年,与布鲁尼相识近 30 年的老友尼克拉·德·美第奇(Nicola di Vieri de' Medici)的母亲因年迈离世。布鲁尼未能出席葬礼,因此他写了封信给尼克拉以致哀悼。尽管信的内容大部分都是安

---

　　① 克莱顿记录了比萨公会议的议程,参见 Creighton, *A History of the Papacy from the Great Schism to the Sack of Rome*, vol. 1, book 1, chap. 6, New York, 1907。
　　② 从信件起草者的留名可知,1410 年 1 月至 3 月间,布鲁尼积极活跃在亚历山大五世身边(Reg. Vat. 339);5 月,约翰二十三世当选教皇,梵蒂冈教廷公文第 340 卷中却只有一封由布鲁尼起草的公函,并且还是在约翰任教皇的第一年。同年 11 月,布鲁尼被选为佛罗伦萨国务秘书,不过他很快又回到了教廷。约翰在位的第四、五年间(1413—1414),教皇的许多书信都是由布鲁尼起草(Reg. Vat. 345‑346),有据可循的最后一封信的落笔时间为 1414 年 12 月,在康斯坦茨。
　　③ 佛罗伦萨国家档案馆,国务秘书书信,vol. 35, fols. 57r‑58r, 66v‑67r, 71v‑72v, 87r, 106r‑v, 112v‑115v;米乌斯在其著作第十卷附录中收录了部分布鲁尼写的书信。

慰的套话,不过致哀的肃穆以及与尼克拉之间深厚的友谊令人相信布鲁尼的这些话确实发自肺腑。特别之处是布鲁尼在这封信中还表达了关于来世的看法,布鲁尼的观点类似于某种世俗化的贝拉基主义(Pelagianism)[①]。布鲁尼借用柏拉图的《申辩篇》说道,人的来世无非就像深度睡眠般沉睡不起,或者就是具有更高德性的第二次生命。布鲁尼自己倾向于认为灵魂不朽,但他并没有谈及地狱或炼狱,也没有赋予恩典或圣礼以任何角色。此生的美德能为你赢得来世的欢乐,好人必得救赎。这不愧是布鲁尼对人性潜力的高瞻远瞩!

---

① 贝拉基主义是基督教神学学说之一,公元 5 世纪初由不列颠隐修士贝拉基倡导,不同意奥古斯丁的恩宠论,后被教会斥为异端。——中译者注

一 格里高利十二世的当选
及多米尼奇的角色[①]

致科尔托纳君主弗朗切斯科
（1406 年 12 月）

按您的吩咐，我写信告诉您这边发生的事情，我没有足够的时间详述细节，但我会向您概述最重要的内容。英诺森逝世后，按常规给教皇举办完葬礼之后，主教们在很长一段时间内都在商议是否略去选举，或是重新选出新一任教皇。主教们之所以会如此顾虑重重，原因在于法国国王及其子民另有他们自己尊崇的教皇，并鼓动他们的教皇本笃庄严承诺，如果罗马主教团放弃选举或新教皇甘愿退位的话，他会选择退位。这一切的目标都是让两大教团合二为一，其结果就是选出一位毫无争议的唯一的教皇。法兰西国王的目的绝对是选出值得所有信徒拥戴的神圣教皇。这场旷日持久的教廷分裂看不到尽头，除非由法律来进行最终裁决，因为除了上帝之外，无人能做决断。您可以想象枢机主教们为此争论不休和踌躇不决的样子。要他们决定哪种方式更为可取无疑艰难异常，因为主教们担心倘若跳过选举，很可能会招致暴动叛

---

①   G. Griffiths, J. Hankins et al. trans. and eds., *The Humanism of Leonardo Bruni*, pp. 322 – 323，原文参见 Mehus II: 3 = Luiso II: 2。

乱、更久的拖延以及反对派的阻挠战术等。另一方面，无论他们选出谁，新教皇都将拥有压倒一切的意志继续掌权。最终，主教团想出的可行方式是，他们应当先选出一位教皇，同时，当法国的对手教皇愿意退位时，迫使这位教皇同样也义务性地放弃教权。这些主教在迈入主教团秘密会议时已经基本就此达成了共识，但佛罗伦萨大使乔万尼·多米尼奇的到来改变了一切。按多米尼奇的要求，这次秘密会议破天荒地特意为他打开了一扇小窗，便于多米尼奇向主教们献策。多米尼奇对主教团演说的内容为：佛罗伦萨人民派他前来恳请罗马主教们不要选举教皇，这将是确保教会一统的最佳方案。多米尼奇这位演说大师口若悬河、言辞凿凿，凭借高超的雄辩直击要点。而主教们的热情似乎更加高涨。他们回答道，既然已经开始了选举教皇的秘密会议，那势必会照常选举，但结果是无论谁当选，那个人都不能自视为新教皇，他不过是作为放弃教皇职位的代理人而已。主教们此前已经做此决定并带着这个想法进入了秘密会议，开始选举。他们严守这个预防措施：每一位主教都庄重承诺，向上帝宣誓会恪守誓言，如果自己当选，将立即写信给法国教皇，要求他和自己一起双双退位。此外，新当选者还应竭尽所能地谋求教会统一，他要用最真诚之言写信给所有国王和君主，就像最初的承诺和誓言那样，让所有人见证他履行职责。在一番庄重言辞并将之记录下后，主教们开始选举。主教们要选出的那个人并不需要精通管理事务，他只需要有信仰且为人正直。要想圆满完成这项任务，既不需要精于行政事务，也无须擅长秘密策划，只要具备善良的意志就够了。主教们带着这个想法考虑了多位候选人，最后一致认同威尼斯的安哲罗·克拉里奥（Angelo Corrario）是最佳人选。因为他是由教皇英诺森生前刚刚批准加入主教团的，所以时间不长，之前一直是君士坦丁堡名义上的牧首（patriarch）。他有着老派的严肃和神圣感而受众人尊敬。当克拉里奥在秘密会议上脱颖而出后，他在拥有权力的情况下重申作为个人时曾立下的誓言，说到为了实现教会统一，他要砥砺前行，与众主教同舟共济。我们将拭目以待。鉴于克拉里奥拥有无与伦比的正直，我们对他充满了希望。在这件事情上能够达成共识真是太伟大了，所有人的希望都被点燃了，即便克拉里奥想要退出，众人都坚决不会同意。

再见。

二 结束教廷分裂，实现统一[①]

（罗马）教皇格里高利十二世致信（阿维尼翁）教皇本笃十三世
（1406 年 12 月 11 日）

事实告诉我们，"甘于屈尊的人必会得到尊重"，"自我吹捧的人必会受到鄙视"。[②] 依此至理名言，同时也是按上帝之意，我们决定郑重地致以这封书信，抛开一切争论，奉劝您与我们一起加入到重新统一教会的大业中，其实是邀您参与这次为了基督教会的和平而召开的宗教会议。您能看到，过去三十多年间在上帝子民内部发生了这种瘟疫般的邪恶纷争，给基督教带来了多少灾难、危险与不利，最为关键的是这是基督教最大的丑闻。除非我们采取些行动，否则就能预见到将来的每一天都会遭受更多灾难。

任何人只要他尚存一丝正义感，或者说任何具有平等观念的人都清楚地知道导致这些灾难的最初原因。但是毫无疑问，所有人都明白基督教正经历着严重的损害。因此，如果我们继续这样下去的话，很难

[①] G. Griffiths, J. Hankins et al. trans. and eds., *The Humanism of Leonardo Bruni*, pp. 324 - 325，原文参见 Caesar Baronius, *Annales Ecclesiastici*, continued by Odoricus Raynaldus, 34 vols., Lucca, 1738 - 1756, 27: 162。

[②] Dico vobis... omnis qui se exaltat, humiliabitur, et qui se humiliat, exaltabitur (Luke 18: 14, 14: 11 and in Matthew 23: 12).

想象该如何结束现在的教廷大分裂。在这个问题上，无论是您个人还是您的良知都脱不了干系。

我们将开诚布公地宣布我们的想法和目的：在我们看来已经没有时间可以再浪费了；我们的要求（iura）越是有效、确定与合理，就越表明我们是为了基督教会的和平与统一，我们是多么重视退位的考虑。在每一个场合都坚持自己最终权利的做法并非恰当适宜，还必须因地制宜地严格考虑到实用性，就好比一个女人为了不让她唯一的孩子被切成两段，她宁可主动放弃对孩子的所有权，我们目前的情况更是如此。如果我们在恶意横流的教会内依然无法取得对统一的渴求，或许我们便应当放弃这种尝试而诉诸法律。

就让我们一起面对，齐心协力联手统一，让长久以来饱受"疾病"困扰的教会重获健康。这就是我们对您的所求，也因此邀请您一同加入。我们已经准备就绪，决定宣布主动放弃我们拥有的教权并保证言出必行，请您也宣布您所代表的教廷放弃教权，并且保证在您死后，无论是谁继位他也会同样宣布放弃教权。以此类推，确保阿维尼翁教廷的枢机主教都同意加入我们可敬的兄弟团队伍里，成为神圣统一的基督教会的主教，这样教会才有可能推选出唯一一位罗马教皇。

为了让上述提案能尽可能地达到预期效果，我们将立刻派出大使，在合适的地点与贵方代表共商事宜并达成协定。此外，在协商教会统一的过程中，我们不会任命任何主教，除非是为了让我们主教团的人数与你们的人数持平对等，这样才有可能在接下来的教会选举中公平地推选出罗马教皇的唯一人选。我们要重申，除非是出于与你方教团人数对等的目的，我们决定不增加主教人数。但有一种情况除外，那就是因为你们阿维尼翁教廷的过失导致该统一方案自双方协定之日起，在一年零三个月内仍无法实现。我们所说的在协商期间不会增加主教人数的前提是你们也要同样遵守这项规则。

这项和解提案关涉到不再增加枢机主教团人数，这与之前描述的那个双方依照约定的方式放弃教权的提案紧密相连，我们主教团中的每一个人都在选举前立下誓言，如果我们当中的某一位被推选为教会之首，此人在当选新教皇之后会更加坚守承诺，再次宣誓谨遵誓言并贯彻落实。

在这封公函的封印上没有我方教皇的名字，对此没必要感到诧异。在教皇最终加冕仪式之前，按照习惯不应盖上有名字的封印。

于罗马教廷 圣彼得

三 论起草教皇书信①

致尼科洛·尼克利

(1406 年 12 月 23 日)

我亏欠您的书信不计其数,早在今日提笔之前我已明知自己根本不可能还清文债。即便是现在,我仍然希望您能够想通,到底是先收下这一小部分偿债好,还是为了追求一次性收账而甘冒一无所获的风险。我自认为您倾向于前者,所以我以此信作为部分偿债,剩余的暂且搁置不顾,我希望借此能够平衡您和我之间的关系。

您在前一封信中建议我成为科鲁乔·萨鲁塔蒂的继任人,我想和您先来谈一谈这件事。如果我在场的话,我绝不希望成为候选人,更不用说我人都不在,却把我的名字列入候选名单。我现任职位足以让我感到荣耀,我并没有靠拉票而在此年纪身居这个备受尊崇的职位。这不是我的恳求所得,而是教皇亲自授予。我认为自己理当留在这里,我有充足的理由,尤其是一想到教廷分裂尚未解决。教皇英诺森逝世后,所有人都情绪高涨,那些此前还只会默不作声的人现在也都公然呼吁教会统一。姑且不说争论,新教皇已经写信给他的对手(阿维尼翁的教

---

① G. Griffiths, J. Hankins et al. trans. and eds., *The Humanism of Leonardo Bruni*, pp. 326‑327,原文参见 Mehus II: 4 = Luiso II: 3。

皇），亲切地邀请他共筑和平，并宣布自己做好了退位的准备——前提是对方也能如此，唯此才能正常选举出一位罗马教皇。起草这封教皇书信的任务被分派给这里所有最专业的高手，随后教皇和主教团分别听取了这些草拟的书信，最终来自阿雷佐城的布鲁尼获得了一致认可，尽管这个结果可能会遭一些人的鄙视，我在众多前辈面前初出茅庐，在经验老成者面前不过是个新手。我猜您已经从别处听闻此事，只可惜您可能会过分地指责我背信弃义，为了教廷的事务而放弃绝好文笔。但没有什么比给罗马教皇提笔更重要的了，这是史无前例的重大事件，每一个细节都引发高度关注。在这封信中我无法面面俱到，况且信使已经整装待发，我将另择时间再续下文。

经您敦促，我附上新近出版的著作《佛罗伦萨颂》，收尾部分写到佛罗伦萨将比萨纳为属地的大胜仗，我觉得如果无法预见到接下来的一系列胜利，那么这部著作就到此为止。不过我仍期待更大的成就，除非我们祖辈传授的观兆卜有误。那样的话，我的《佛罗伦萨颂》将变成《佛罗伦萨史》，如果人民足够睿智，他们也会委任某位饱学之士谱写这部史作……

于罗马
罗马历 1 月 10 日

四 论乔万尼·多米尼奇①

致罗西②

(1408 年 4 月③)

您已经在两封来信中都要求我谈谈对乔万尼·多米尼奇的看法，并且表示你们佛罗伦萨人对他的看法五花八门。但关于这个复杂的问题我到底又该写点什么呢？没有比评估他人思想更艰难的事情了。所以我不以个人立场去评判他的好坏，而是来谈谈您的同胞们对他的看法。多米尼奇无疑是杰出之人，无人能在学识或口才方面出其左右。当然，有人批判他是因为他虽然最初虔诚地支持教会统一，并以极大的热忱传播这种想法，但自从教皇授予他主教职位后，他便再也不提教会统一了。尽管他说了很多反对统一的话，但这似乎是言不由衷。之前听过多米尼奇言论的人，没人觉得他会接受教皇的这份馈赠。但多米尼奇确实收下了，据悉他还心怀感激。人们说他希望从放弃自己的事业中获取最大的回报，这远胜于先前他为了这份事业辛勤探寻的所得。

----

① G. Griffiths, J. Hankins et al. trans. and eds., *The Humanism of Leonardo Bruni*, p. 327, 原文参见 Mehus II: 19 = Luiso II: 26。

② 布鲁尼和罗西都曾跟随希腊学者克里索洛拉斯学习希腊语。

③ 贝克推测这封信的时间大致在 3 月 26 日到 5 月 9 日之间，即多米尼奇从主教升为枢机主教的那段时间，参见 Franz Beck, *Studien zu Lionardo Bruni*, Abhandlungen zur mittleren und neueren Geschichte, vol. 36, 1912, p. 68。

既然我们无从知晓他心中所想,那我们就不要再去评判他的所作所为。我们能够确信的是,他近来的言行似乎有悖于之前的热情和目标,总之就是太过自相矛盾。但愿他这么做是出于高深睿智,而非勃勃野心!如您所知,我喜欢他是因为他有优秀的美德,但看到如今的他陷入人们的口诛笔伐,我尤感痛心疾首。无人认为他会犯无知之罪,人们宁可相信他是出于贪婪而出卖了自己的灵魂。

再见。

五 论枢机主教离弃格里高利十二世①

致那不勒斯的佩特里洛

（1408 年 6—7 月）

看啊,我们很久之前讨论时预见的事情将要成为现实了,就快发生了——犹如那乌云密布的天空,随着云团日渐变厚,终将形成一场突如其来的可怕风暴。枢机主教们的愤怒与不满积蓄已久,他们最终在抛弃教皇后抽身离去。我完全无法想象,还有什么日子能比这一天的"暴风骤雨"更为猛烈。我非常赞许您的高明远见,早在这天到来之前便安然躲到了那不勒斯。我无比自责,尽管我也有所预料,但远不如您那般洞察明晰,我选择留在此地忍受,而不是逃避所有这一切。

那就来听听都发生了什么吧。我想您一定迫切地想要知道事情的真相,许多对此一无所知的人们到处造谣生事。我就从您离开我们的那天开始说起,便于您了解事情的缘由和经过。

我们的教皇在离开罗马后,在锡耶纳逗留了几个月,直到他曾许诺去萨沃纳的那天,却依旧迟迟不动身。许多人出于善意,向教皇表达了强烈的不满,但教皇仍然我行我素,将曾经的承诺抛诸脑后。

---

① G. Griffiths, J. Hankins et al. trans. and eds., *The Humanism of Leonardo Bruni*, pp. 328‑332,原文参见 Mehus II: 21 = Luiso II: 28。

　　但对方教皇却信守承诺,按说定的日子去了萨沃纳。随着时间推移,他嘲笑罗马教皇的失信缺席。这不仅令今天的全意大利人备受挖苦讽刺,更让我们的子孙后代颜面尽失! 还有什么比这事让我们更尊严扫地,更无地自容,更羞愧难当? 所有人都满怀热情,为了实现基督教会统一,期待着去前不久刚约好的地点,如今却落得一场空。

　　听闻有人斥责我,你身为教廷的工作人员,竟然如此大胆敢写这些话? 我必当毫不迟疑地告诉他,我到底为何还要假意奉承,掩饰自己的真情实感。我是基督徒,也是意大利人。对于有些人高呼和平统一,转头便失信毁约,我表示震惊。

　　难道你不爱教皇吗? ——相较于那些整日只知道围绕在教皇身边溜须拍马、满嘴谎言的人而言,我对教皇的爱要真实得多。我的倡议能让教皇获得真正的荣耀,其中就包括切实可行的统一教会的建议。还有什么比教会的和平统一更能令教皇名垂不朽? 但那些居心叵测的人却劝说教皇原地不动,还抱怨说那些想要统一教会的建议者都神志不清,尤其当看出事态如他们所愿时,那些人更是不断在教皇耳边吹风。

　　言归正传,我们的教皇没有去萨沃纳,而对方教皇却如期赴约,并指责我方言而无信。当所有人都对教皇怒不可遏并公然抗议时,双方就所谓的另约会晤达成了一致,对方教皇去韦内雷港(Porto Venere),我方则去卢卡。于是我们在一月份的暴风雪中离开了锡耶纳,前往卢卡。由于两处毗邻,双方频频互派使节。一切似乎都如预料般在好转。

　　对方教皇的态度并不诚恳,但他却能佯装姿态,所以总能博得人们的好感。首先,他在约定之日抵达了萨沃纳,而我方教皇因缺席蒙羞;其次,他表现出极大的热情,长途跋涉地来到托斯卡纳海岸边,我方却行动迟缓。尽管他从法兰西来到了意大利,但仍有必要指出一点,他想待在沿海以免离他的保护舰队太远：只要是沿海的地方，他都愿意接受，因为这于他是最重要的条件。

我们的教皇似乎努力在反其道而行之，他拒绝去沿海，只肯待在内陆，并且这个地方要认可其教皇地位。就这样，一位教皇宛如海洋生物般害怕登陆，另一位教皇则像陆地动物般惧怕浪涛。更糟糕的是人们对此并不买账，他们不相信如果哪位教皇离开自己的安全领域后就真会遇险。在人们看来，这两位教皇其实都心知肚明，他们故意制造惧怕的假象，就是为了挫败人们对教会统一的希望。所以人们对于两位教皇怨声载道，公然质疑之声不绝于耳。每个人都感到非常愤慨，两位教皇都已年过七十，但相较于对上帝的敬畏以及人民对他们的斥责，这两人更关心的是自己如何能在权位上坐得更久。这就是众人愤慨并抱怨之缘由。

但倘若你问我的感受，我觉得教皇是被上文提到的那些人蒙蔽了，居心叵测的顾问们向他灌输根本不必要的恐惧。教皇最初就任时，我观察到他身上的正直之气，我无法相信像他这样的善者仅凭自己会有如此不堪的转变。如果我认为他是个恶人，你也不会先我一步离开此地。

事已至此，又逢雪上加霜。我方教皇决定要在罗马教会内招纳新的枢机主教。原因有两点：首先，他想为他的那些拥护者做点事，尤其是那些人向他央求主教职务已久；其次，他认为若能在主教团中引入新人，或许能调和一下气氛。但毋庸置疑，枢机主教们势必会反对教皇的意愿。按照教会习俗，教皇无权在枢机主教团反对的情况下通过这一决定，所以他做了一个大胆的尝试，召集所有枢机主教开会。

枢机主教们惊恐不安地聚在一起，对于会议内容众人猜测纷纷。

在秘密选定的会议地点内置办了长凳。教皇从前厅进入会议室后坐上权位。随后主教们获准入座。但是教皇这次打破习俗,随身带了两名亲信(familiares),其他人一律不得入内。我无法确定他这么做到底是为了在必要时确保教廷能及时介入,还是另有原因。

起初会议上鸦雀无声。教皇注意到枢机主教们面露不悦,便说道:"我要求所有人不得离座。"主教们听闻此言后面面相觑,愤慨不已。亨里克斯·杜斯库拉努斯(Henricus Tusculanus)问道:"您此言是为何意?""因为我无法像我该做的那样对待你们,"教皇答道,"我希望能为教会尽力。"亨里克斯满面通红地怒言:"您这是想要毁灭教会!"

枢机主教们的怒气愈发高涨,但仍安座不动。第一个突然起身的是雷纳尔杜斯(Raynaldus),他是马塞洛圣维堤(S. Viti)的代表,依我之见,他是与会者中最审慎之人。雷纳尔杜斯高喊:"我们宁可去死!"如您所知,他气势恢宏。所以许多人都随之起身。这种完全出乎意料的场面倒是有利于辨别每一位在场人员的性格特征。有人面红耳赤,有人脸色苍白;有人怒骂指责,有人祈祷恳求。我看到科隆纳主教跪倒在教皇脚边,哀求他不要如此;相反,我还看到列日(Liège)主教①面带威胁,怒不可遏。波尔多(Bordeaux)主教的态度居于两者之间,他一边平息怒气,一边在哀求教皇。

教皇最终宣布散会,会议一事无成,但教皇下令枢机主教们一律不得离开卢卡,未经允许不得集会。这道教令在枢机主教们看来更为苛刻和可疑。所以马上出现了一轮更大的骚动,之前所有的努力荡然无存。

---

① 即巴伐利亚的约翰,他于5月11日离开卢卡。

　　就在教皇下令后不久，列日主教在一番伪装下逃离了卢卡。教皇获悉后派出骑手，想要强行将他抓回来。这些骑手顺着行踪追去，结果鲁莽地闯入了比萨的领地，那里属于佛罗伦萨管辖，结果却并没有逮到列日主教，他已抢先一步抵达里帕弗拉塔（Librafacta）[①]，并在那得到了庇护。然而，就在距里帕弗拉塔不远处爆发了一场小冲突，教皇派来的骑手中有人受伤。此事很快便传回卢卡，卢卡的领主[②]听闻后非常担心会因此惹怒佛罗伦萨人，这显然侵犯了佛罗伦萨的领地，于是奎尼吉下令在卢卡城门口逮捕那几个犯事后回城的骑手。教皇当然也因为他派出的骑手的失误而沮丧不已，认为这些人侵犯佛罗伦萨边境之过非常严重。于是教皇匆忙传见马切洛·斯特罗齐（Marcello Strozzi）这位杰出之人加入教廷，当时我就在现场。马切洛说道，那次冲突绝非他下令挑起，全由骑手们的鲁莽所致。马切洛要求教廷派出大使前往佛罗伦萨以澄清此事。正当我们还在和马切洛商讨对策时，突然传来急报说众枢机主教正集体离开卢卡。教皇获悉后心烦意乱，急忙宣布散会，开始另做打算。

　　枢机主教们离去的消息并不假。有些主教在得知骑手被捕后，起初的担心和惧怕荡然无存，立刻决定动身，公然离弃教皇。此外，前不久某位佛罗伦萨公民的到来进一步鼓舞了枢机主教们离开的勇气。那位佛罗伦萨公民当时就在卢卡，得知骑手入侵佛罗伦萨后，发现正好能借机在卢卡城内掀起一场喧杂的抗议。奎尼吉大部分精力要用来应对城内的喧嚷警报，加之骑手们确实行为不当，所以他同意枢机主教们离

---

　　① 又称 Ripafratta，里帕弗拉塔是比萨领土内的村庄，位于从卢卡顺塞尔基奥河（Serchio）的沿途上。
　　② 即保罗·奎尼吉。

去,他们在离开卢卡的当天就抵达了比萨。

枢机主教们的集体出走真是令人无比痛苦的景象。但在我看来更痛苦的是,之后没过多久,教廷人员也纷纷离去。教会支离破碎,犹如身躯被肢解得四分五裂,有些教职人员随主教而去,另一些则继续留在教皇身边,但绝大多数人仍犹豫不决,到处都充斥着谴责和咒骂。

教皇不久便另立了四位新的枢机主教。时机是否恰当,我若没猜错的话,教皇此举的后果不堪设想。我不会离开教皇;我恪守教职教规,为教皇服务;况且我若离开,必定名誉受损。我承认这里发生的许多事情完全超乎我的预料和认可。

再见。

致信罗西

(1408 年 6—7 月)[①]

您一定听闻了此地发生的动荡。枢机主教们,我曾一度怀疑,但他们确实已经离弃了教皇。这一事件的首要意义,如果我没弄错的话,这预示着一场大革命的到来。至于事态如何发展,这主要取决于你们城市[②]对它的态度。您若有任何消息,请务必相告。

我不会背弃教皇,这并非因为我赞成教皇的所作所为,而是因为作为教廷的一员,我不知道如何在保全名誉的同时离开教皇。我有我自己留下来的条件,我想这种方式不会冒犯到任何人。

枢机主教们离去后,教皇新立了四位主教,其中就包括乔万尼·多

---

① G. Griffiths, J. Hankins et al. trans. and eds., *The Humanism of Leonardo Bruni*, p. 332,原文参见 Mehus II: 22 = Luiso II: 29。

② 此处指佛罗伦萨。

米尼奇,人称拉古萨(Ragusa)枢机主教。我希望他能顺遂。但依我之见,还有许多大事将要发生,此时不出任枢机主教无疑是更为明智之举。

　　再见。

六 论罗马教廷的形势①

致信佩特罗·米阿诺②

（1408 年 7 月 18 日之后）

　　我知道您已经听闻并且每天都会听到关于这边事件的进展,我们正在经历"浪涛"猛烈的拍打,甚至是被它裹挟向前,想必您已从您尊贵的同胞扎卡里亚斯(Zacharias)③那里获悉了详情。但是任何人的报道都有可能是一面之词,无法全盘反映出事情的真相和此处的混乱动荡。我此刻就在这里饱受煎熬,我没有躲到市区或郊区某处,更没有藏匿在森林野兽的洞穴里④,这些日子里我全身心地投入到书籍和研究中。只要无须见证教会正经历的这场分崩离析、致命摧残,任何地方对我而言都是世外桃源,但此刻我却在这里被迫目睹发生的一切。您因为早就远离了这场教会之灾,无论是蒙上帝之恩,抑或是凭您个人的远见卓识,想必您生活得挺快乐。反观我是那么不幸,和他人一起经历"海

---

　　①　G. Griffiths, J. Hankins et al. trans. and eds., *The Humanism of Leonardo Bruni*, p. 333,原文参见 Mehus III: 1 = Luiso III: 1。

　　②　佩特罗·米阿诺又称埃米利阿诺(Emiliano),据路易索的研究(p. 38, n. 58),他是威尼斯人,维琴察(Vicenza)主教。米乌斯在研究中发现,弗拉维奥·比昂多赞扬米阿诺文采出众、为人审慎。

　　③　扎卡里亚斯和米阿诺都是威尼斯公民,布鲁尼在向米阿诺赞许特雷维萨诺·扎卡里亚斯,参见 *Ep*., ed. Mehus II: 15。

　　④　Inter spelaea ferarum, Vergil, *Ecl*. 10. 52.

难",沉浮不定,船只几近被浪涛湮没。关于此事,我恳请您写信给我,以慰藉我的灰心丧气,请您尝试帮我摆脱一丝忧伤,或是用您的睿智与雄辩给予我安慰。我期待着您的来信。

我非常钦佩马里诺·卡拉维洛(Marino Caravello)①和扎卡里亚斯,两位都是杰出之人。如果我和他们在教廷见面的次数不如先前频繁,那全因这混乱的时局。

再见,亲爱的佩特罗!

---

① 马里诺·卡拉维洛和扎卡里亚斯都是文人,布鲁尼称赞两人代表威尼斯共和国为结束教会分裂所做的努力。布鲁尼与这三个威尼斯人因共同致力于结束教会分裂而相识,并且他们都对人文主义抱有共同的兴趣爱好,参见 *Ep.*, ed. Mehus II: 15。

七 对某位亡故母亲的哀思①

致尼克拉·迪·维埃里·德·美第奇,佛罗伦萨

(1433—1434 年)

我因公务缠身,未能参加那位成功女性、杰出母亲②的葬礼仪式。我只能尝试以书面形式来表达我对她的哀思之情,但这无法完全传达我的情感。我明白我亏欠她一份儿子对母亲的爱意,我此刻的悲伤丝毫不亚于您,我真切感受到自己其实更需要获得安慰。不过我努力理清杂乱的思绪,设法用某些方式来减轻您的丧母之痛。

我扪心自问,为何我们会如此悲恸? 为何我们深受打击,如同发生了完全意料之外的事情? 难道我们不清楚她也是凡人? 难道她没有得享天年,甚至更加长寿? 难道我们当中有哪怕百分之一的人能与她相比? 难道她这一生中万事还不够顺遂如意? 我们自己到底有何愿望,有何奢求? 我们对于莫大的神恩为何还欲求不满? 我们总是向万能的神灵竭力祈祷,总是无视自己已经拥有的一切。

---

① G. Griffiths, J. Hankins et al. trans. and eds., *The Humanism of Leonardo Bruni*, pp. 337 - 339,原文参见 Mehus VI: 8 = Luiso VI: 12。

② 指比斯(Bice),她是马拉泰斯塔女伯爵(Malatesta)玛格丽塔(Margherita)和帕奇诺·迪·弗朗切斯科·斯特罗齐(Pazzino di Francesco Strozzi)的女儿,嫁给了维埃里·德·美第奇(Vieri de' Medici),他是科西莫的一个表兄。比斯 74 岁逝世。

　　依我愚见,一位成功女性的人生无外乎家庭幸福、容貌姣好、端庄大方、多子多孙、生活富足,最关键的是要有美德和好名声。另外,我还想加上健康长寿,因为即便她再有才华,都会因为体弱多病而无从施展,一段短暂的生命可创造的完美毕竟有限。如果有谁能表明我们谈论的这位杰出女性缺少上述任何东西,我甘愿承认她配不上最高的赞许。但是,我要问,她到底缺哪一项呢? 在任何方面,她都堪称完满,甚至更加卓越。

　　让我们从头回顾她的一切:其母系家族身份高贵,是大名鼎鼎的马拉泰斯塔血统;其父系家族在佛罗伦萨当地备受尊崇,她的父亲、祖父、曾祖父都是杰出的骑士,他们的声望远近皆知。就她的家世血统而言,简直无可挑剔。还有什么荣耀比得上拥有如此伟大的祖先? 她的容貌更是高贵端庄,睿智且稳重;她慷慨大度、掌控力强、始终正直勤勉。尽管芝诺或斯多葛学派不看重这些优点,但我赞同学院派和逍遥派的观点——他们虽然谴责以貌取人,但却认同应感恩天生拥有姣好的容貌,并视之为众多优点之一。我不想专注于讨论这位女性的智慧和美貌,而是想谈谈她与生俱来的高贵与可敬。关于她的谦虚——该美德在她身上得到了独一无二的诠释——我无须多言。她嫁给了最幸运的人,她的丈夫享有财富、资源和名望;她儿女成群,子孙兴旺。

　　您一定认可上述罗列的优点都是伟大的吧? 有多少女性能拥有这么多优点? 或许有人能具备其中一二,但极少有人敢吹嘘自己同时具备这所有的优点。不过在这位女性身上最鲜明的优点还当属她的思想:无与伦比的正直、仁慈、高贵、慷慨,最重要的是与善良相匹配的崇高气质。我不知该如何评价她的善意和博爱——总之,我可以确信,其他女性无人能与她媲美。她的审慎可以从她掌管这偌大的家业中得到证明。她在丈夫逝世后的三十多年里，独自支撑起一个庞大的、多样化的企业。她的管理能力如此出众，与其丈夫在世时并无不同，无论是道德规则还是行为标准都始终如一。直至七十四岁高龄，她一直在健康中保持着美德与威望，安详静谧地与世长辞。她的子孙和亲属都沉浸在失去她的悲痛中，所有认识她的人都为此哀伤。在我看来，我相信像她这样的女性一生充满了美好，我们不该用泪水，而是应当用感恩与赞颂去缅怀她。

　　我认为她死后也不会遇到逆境，死亡并非坏事。无非是所有的感觉都戛然而止，升华为一场平和安详的梦境——如果此生最美好的事情是能够整晚安睡的话，那能永远安睡又将是多么甜蜜幸福！如果人在死后仍能感知，我们的灵魂死后仍在，那毋庸置疑它们已踏上了终极之路，去寻求更好的归宿，去找与此生相似或更好的宿主投胎转世。所以，死亡中没有恶，甚至有着美好。① 上述两条关于来世的学说中一定有一条是真的，尽管在有些人看来不太可信，我却深信人类的灵魂不朽。② 就伟大的人而言，一旦他们的灵魂从肉体中得到解放，通往天堂的道路便已为他们开放。那位伟大的女性此刻就在天堂——摆脱了凡人的身影——凭纯粹的直觉来沉思神性景象③，怜悯我们的脆弱，意识

---

　　① 布鲁尼此处关于来世的替代学说出自柏拉图的《苏格拉底的申辩》(40c)，布鲁尼两次将之译成拉丁语，第一次大概是在 1405 至 1411 年之间，第二次是在 1424 至 1427 年之间，参见 J. Hankins, "Latin Translation of Plato in the Renaissance," Ph.D. diss., Columbia University, 1984, chap. 2。

　　② 布鲁尼此处用的术语实际上是"永恒"(sempiternus)，根据中世纪传统，表示从创造伊始才开始不朽，"不朽"(immortalis)则是始终存在，并且永远存在的自然永恒的实体。布鲁尼使用"永恒"来表达自己对于基督教思想中人类不朽的理解，其观点与柏拉图有所不同。

　　③ 阿奎那关于天堂回想的教义。

到此时此刻才是真正活着，世人所谓的生实则是死。

依我之见，一个人如果一生都备受赞誉，在其年迈时会更渴望尽快离世，因为每天都有许多未知的危险可能令其光彩的一生毁于一旦。普里阿摩斯国王（Priam）和庞培就是如此，他们在晚年突遭变故，所有的幸福顷刻化为不幸。即便我们能躲开此类灾难，但随着年纪渐长，我们的感官一定会发生退化，会经历视觉和听觉的衰退，眼睁睁地看着身体各个器官不断老化衰竭。所以，这位女性就这样离世是最好的结局。尽管我们为此悲痛，因为再也得不到她的帮助和慰藉，这股哀伤之情令我们悲痛欲绝，但我们同时应当注意不该将自己的需求置于她的利益之上。真爱势必会为所爱之人着想。她所承受的生命之重、她一生受到的尊重、她累积的财富都该让我们感恩她能在漫长危险的人生尽头安全地抵达彼岸。我默默祈祷，我们不要为她的幸运在这里悲叹哭泣。最后，有着如此仁爱之心的她，也一定会因我们的悲恸而难受，会要求我们停止哭泣。让我们遵从她的遗愿，放下哀痛，顺应天意，承担损失。

附录

一 萨卢塔蒂致教皇英诺森七世，祝贺他任命布鲁尼为教廷秘书[①]

（1405 年 8 月 6 日）

我主教皇：

您的圣恩令我不知如何致贺：您，我主，基督教徒的圣父，圣彼得的真正继承者，基督耶稣在世间的唯一代理人，您的孩子莱奥纳尔多·布鲁尼蒙您恩泽，被您选中做了您的秘书。您有了一位符合要求的仆人，这令我真心欢喜，倒不是因为您身边缺少能干勤勉之人，而是因为，无论有多少贤能为您效力，您或其他世俗统治者总会需要更多的优秀之辈。因此，我为您选到了像布鲁尼这样的仆人而深感高兴，他年轻、健康、帅气、博学、能言善辩，还精通拉丁文，希腊文也不错。最关键的是，此人忠心耿耿，总体上无可挑剔。或许您已经看出了布鲁尼的一些优点，他具备上述所有美德，我完全可以为他作证。很久以前，我便收他做养子，他也完全融入了我的家庭。我非常了解他的为人，我们共处了那么久，不可能有什么逃得过我的眼睛。

---

① G. Griffiths, J. Hankins et al. trans. and eds., *The Humanism of Leonardo Bruni*, pp. 47–48，原文参见 Francesco Novati ed., *Epistolario*, 4: 105–109, no. xv。

　　我俩常在一起研究，互相评判对方的写作，我们彼此启迪，如同铁磨铁。在这段愉快又可敬的关系里，很难说到底是谁获益更多，但我们两人都从中受益匪浅，所以在我看来，布鲁尼和我亦师亦友。这封信的字里行间都满载着那段美好时光的回忆，我明白这样一位好伴侣和守护人将要离我远去。我们两人心有灵犀，凡事总能想法一致。不过如今，我已无人可教，也无处可学了。但我的这些不便都不值一提，您的便利和荣耀才是最重要的。

　　最后，请允许我再谈谈我们的布鲁尼。他适合处理各种大事，忠诚可靠，拥有良好的心智和体魄。我明白自己在说什么，在教皇面前，我所言据实。因此，我恳请并希望像您这样宽大仁厚者能给他机会，一旦您开始接触他、了解他，您将被他的美德打动，如同初次见面时您已经褒奖过他。另外，我还恳请您念及我对您的忠贞与自我牺牲。布鲁尼和我同心同德，无论您授予他何等荣耀，等同于您通过他在嘉奖我。事实上，我希望即便没有我或他人为布鲁尼美言，鉴于您的仁慈以及他的美德，布鲁尼都会从您那里得到他应得的恩泽和青睐。

　　望您认可我对布鲁尼的赞誉，因为您将是他最好的主人。当然，任何人都渴望为您服务：您地位崇高、仁爱善心、天性温和、慷慨大气、心智超群，您就像贺拉斯所说的那样，从不会鄙视任何人。您使我满心欢喜。我真心希望您能看到布鲁尼的价值，这确实罕见，他的博学理应受到嘉奖。

　　再见，圣父。我写给您的第一封信①恐怕已令您不悦，我很害怕这

---

　　①　萨卢塔蒂第一封信的内容是敦促新当选的教皇英诺森七世能竭尽所能重新统一教会。根据诺瓦蒂研究，这封信大致写于 1404 年底或 1405 年 1 月，参见 Novati, *Epistolario*, vol. 4, no. 8, pp. 42–69。

封信也会这样。我努力说服自己,即便从您那里得不到任何回应,这也并不代表我在哪里冒犯了您。因为您宅心仁厚,您一定会宽恕他人对您的任何冒犯。

于佛罗伦萨

二 圭尔夫党新法条序言[①]

(1420 年)

伟大的圭尔夫党在精神上听从于罗马教会,在世俗事务上则尊崇自由。这一点值得加倍赞誉:因为它信奉天主教信仰,跟从了正教,并没有脱离罗马教会;在内政政策上,它致力于自由之精神,因为失去了自由,共和国将不复存在;失去了自由,生活的意义便荡然无存。

它的对手吉伯林派却截然不同。吉伯林派仇视罗马教会,在内政政策方面则盲目胆怯。吉伯林派漠视自由之精神,他们总是让自己以及意大利屈从于僭主和外国侵略者。因此,吉伯林党如今在意大利各地都遭人唾弃,圭尔夫党则犹如神助般统治成功,这都是理所应当的。

自从伟大的圭尔夫党派领袖和同僚们在佛罗伦萨城扎根后,他们制定了许多有关治理的法令法规,后来又陆续增添了很多法规。繁多的法规经常会造成人们不同的解读以及意思表达上的含糊不清,因此需要挑选出一位审慎睿智者对这些法规加以梳理、编纂和删减,尽其所能地把条规总量控制在三册之内。第一册关于官职及其权威;第二册

---

① G. Griffiths, J. Hankins et al. trans. and eds., *The Humanism of Leonardo Bruni*, pp. 48–49,原文参见 *Commissioni di Rinaldo degli Albizzi*, 3: 621–623; from the codex in the Archivio di Stato, Florence。1420 年 3 月 26 至 28 日在圭尔夫党派会议上通过了新法条序言。

关于如何建立司法制度;第三册中的各项法规关于管理党派事务及其资产。鉴于这新三册已涵盖了所有重要事项,原有的旧版本就不值一读了。

　　受圭尔夫党委派,负责梳理、编纂和增减法条法规的六位公民的名字是:……他们将与阿雷佐的布鲁尼一同完成这项任务。

三 安吉亚里战役之结局[①]
（1441 年）

　　就这样,皮奇尼诺最终被打败了,几乎全军覆没,他带领少数部下
侥幸逃脱,撤退到博尔戈·圣·塞博尔科罗(Borgo San Sepolcro)。我
方士兵俘获了所有敌军并将他们送至佛罗伦萨。此外,他们还缴获了
敌方军营里所有的帐篷及其他装备。仅有少数敌方骑兵逃跑了。另
外,在博尔戈还俘获了一千两百多人,他们听信皮奇尼诺的蛊惑,深信
他会获胜,现在这批人中的大多数已经倒戈,加入了我们的阵营。那些
曾妄图抓住对方的人到头来自己却成了俘虏。如果我方军队在这场大
战获胜之后,有志要乘胜追击的话,那么连年战火或许就能画上句号
了。然而,这世上没有谁能让所有人臣服,上下将士也不可能同心协
力。当皮奇尼诺逃到博尔戈后,我方并没有继续围追堵截,而是让他趁
机逃脱了。在获胜三天后,我方才行军至博尔戈,但皮奇尼诺早已离
开,部队随后占领了博尔戈,就像之前迫使蒙特尔基(Monterchi)和瓦
里阿亚(Valialla)[②]投降一样。安吉亚里战役获胜正好在 1440 年 7 月

---

　　① G. Griffiths, J. Hankins et al. trans. and eds., *The Humanism of Leonardo Bruni*, pp. 49 -50,原文参见 Bruni, *Commentarius*, ed. Di Pierro, pp. 457 -458。
　　② 这两个地方分别位于博尔戈·圣·塞博尔科罗和安吉亚里的南部与西部,面朝阿雷佐方向。

朔日的三天前(6 月 29 日)发生。

　　之后,在另一支军队的协助下,我方轻而易举地收复了比别纳(Bibbiena)、罗美纳(Romena)①,以及之前丢失的其他几个地方。我们还包围了好几位波皮伯爵的城堡以及卡森蒂诺境内的其他几处要塞据点。在波皮发生的战争最为艰辛,因为整座城镇占据了有利的地形,加上它有充足的军需品和防守者,如若不是最后断粮,波皮将很难被攻克。波皮的居民听从了领主命令,把所有陈粮悉数上交给了皮奇尼诺和他的部下,由于战争和围困,他们又无法去收割新粮。眼看形势基本无望,波皮最终投降,其他所有属于伯爵的城堡,包括莱奥尼诺(Leonino)、马涅亚利奥(Magnario)、巴提弗勒(Battifolle)、普拉托韦基奥(Pratovecchio)②等,也纷纷投降归顺。在伟大长官的带领下,我们占领了整个卡森蒂诺,这块地方此前从来都不是佛罗伦萨共和国的领地。

　　在这场血雨腥风中,我们创立了战事十人委员会(Council of Ten),一切最终都有了繁荣幸福的结局,为佛罗伦萨带来了巨大的荣耀与发展。

---

① 分别位于卡森蒂诺波皮的南部与北部。
② 这些地方都位于阿诺河河源上游,是驻守卡森蒂诺上山谷的最佳据点。

译名表

奥弗涅杜兰德　Durand d'Auvergne

奥古斯丁主义　Augustinianism

奥诺拉托·达·丰迪　Onorato da Fondi

奥维德　Ovid

奥西尼家族　Orsini

B

巴巴拉·塔奇曼　Barbara W. Tuchman

巴比伦之囚　Babylonian captivity

巴里阿　Balìa

巴提弗勒　Battifolle

巴托洛缪·斯卡拉　Bartolomeo Scala

百夫长　centuriones

柏拉图　Plato

薄伽丘　Boccaccio

保利努斯　Paulinus

保卢斯·埃米利乌斯　Paulus Aemilius

保罗·科特西　Paolo Cortesi

平民护民官　tribunes of the plebs

贝拉基主义　Pelagianism

贝里公爵　duke of Berry

本笃十二世　Benedict XII

本笃十三世　Benedict XIII

比别纳　Bibbiena

比萨公会议　Council of Pisa

比斯　Bice

彼得·卢纳　Peter de Luna

彼得拉桑塔　Pietrasanta

彼特·拉姆斯　Peter Ramus

庇护二世　Pius II

波尔多　Bordeaux

波吉邦西　Poggibonsi

波焦　Poggio Bracciolini

波利比乌斯　Polybius

波利齐亚诺　Politian

波吕达马斯　Polydamas

波皮　Poppi

波西米亚　Bohemia

波伊提乌　Boethius

伯尔纳多·卢塞利诺　Bernardo Rossellino

伯里克利　Pericles

博尔戈·圣·塞博尔科罗　Borgo San Sepolcro

博罗梅　Borromei

博洛尼亚　Bologna

卜尼法斯九世　Boniface IX

布贾诺　Borgo a Buggiano

布雷西亚　Brescia

布鲁内莱斯基　Brunelleschi

布鲁图斯　Brutuses

K

喀提林战争　Catilinarian war

卡比托利欧山丘　Capitoline

卡多尼斯　Catones

卡尔马约拉　Carmagnola

卡尔西登的法勒亚　Phaleas of
　　Chalcedon

卡里古拉　Caligula

卡马尔杜冷西安　Camaldulensian

卡米卢斯　Camillus

卡珀尼乌斯　Calpurnius

卡森蒂诺　Casentino

卡斯蒂里奥内　Castiglione

卡斯蒂利亚国王约翰二世
　　King John II of Castile

卡斯特鲁乔·卡斯特拉坎尼
　　Castruccio Castracani

卡斯特罗　Città di Castello

康斯坦茨公会议　Council of Constance

科尔托纳　Cortona

科拉·迪·里恩佐　Cola di Rienzo

科隆纳家族　Colonna

科鲁乔·萨卢塔蒂　Coluccio Salutati

科西莫·德·美第奇　Cosimo de'
　　Medici

克拉狄普斯　Cratippus

克莱芒五世　Clement V

克劳狄安　Claudian

克雷莫纳的巴托洛缪　Bartholomew
　　of Cremona

克里斯蒂安·塞拉里厄斯
　　Christian Cellarius

克里斯托弗洛·杜雷梯尼　Cristoforo
　　Turretini

克里索古努斯　Chrysogonus

克里特岛的厄庇墨尼得斯　Epi-
　　menides of Crete

克伦卡尼　Corruncani

克罗托内的米罗　Milo of Croton

克吕泰涅斯特拉　Clytemnestra

库萨的尼古拉　Nicolas of Cusa

库提乌斯　Curtius

昆体良　Quintilian

昆图斯·里加鲁　Quintus Ligarius

L

拉斐尔　Raphael

拉古萨　Ragusa

拉克坦西　Lactantius

拉姆比乌斯　Lambinus

拉特朗宗教会议　Lateran Council

拉文纳　Ravenna

莱奥纳尔多·阿雷蒂诺　Leonardus

Aretinus

莱奥纳尔多·布鲁尼　Leonardo Bruni

莱奥尼诺　Leonino

莱耳忒斯　Laertes

莱库古　Lycurgus

莱纳尔多·詹菲利亚齐　Rainaldo Gianfigliazzi

劳洛·奎里尼　Lauro Quirini

雷纳尔杜斯　Raynaldus

里米尼　Rimini

里纳尔多·德利·阿尔比齐　Rinaldo degli Albizzi

里努奇奥·阿雷蒂诺　Rinuccio Aretino

里帕弗拉塔　Librafacta

列蒂　Rieti

列日　Liège

领主　signore

卢多维科　Ludovico

卢卡　Lucca

鲁道夫·阿格里科拉　Rudolf Agricola

路易吉·马西利　Luigi Marsili

《论家庭》　*On the Family*

《论僭政》　*On Tyranny*

《论解读异邦之作》　*On the Reading of the Books of the Gentiles*

《论秘密》　*The Secret*

《论文学研究》　*On the Study of Literature*

罗美纳　Romena

罗马涅　Romagna

罗穆卢斯　Romulus

洛伦佐·德·美第奇　Lorenzo de' Medici

洛伦佐·瓦拉　Lorenzo Valla

瑞古卢斯　Regulus

M

马丁五世　Martin V

马尔凯　Marches

马尔切利　Marcelli

马尔西利奥·费奇诺　Marsilio Ficino

马戈　Mago

马格纳　Magna

马克·安东尼　Mark Antony

马库斯·马尔塞鲁　Marcus Marcellus

马拉松　Marathon

马拉泰斯塔　Malatesta

马里诺·卡拉维洛　Marino Caravello

马略　Gaius Marius

马涅亚利奥　Magnario

马切洛·斯特罗齐　Marcello Strozzi

马萨乔　Masaccio

马斯蒂诺·德拉·斯卡拉 Mastino della Scala

玛格丽塔 Margherita

玛索·德利·阿尔比齐 Maso degli Albizzi

迈俄提斯 Maeotis

曼弗雷德 Manfred

曼尼利乌斯 Manilius

曼纽尔·克里索洛拉斯 Manuel Chrysoloras

曼图亚 Mantua

《漫步者》 *Rambler*

梅塞尔·乌尔巴诺 Messer Urbano

梅特鲁斯 Metellus

蒙塔佩蒂 Montaperti

蒙特尔基 Monterchi

蒙特卡蒂尼 Montecatini

米尔维安桥 Milvian bridge

米开朗基罗 Michelangelo

米利都的希波达摩斯 Hippodamus of Miletus

秘书厅 chancery

《民法大全》 *Corpus Juris Civilis*

民选监察官 ephors

墨西拿 Messina

牧首 patriarch

N

那不勒斯的佩特里洛 Petrillo of Naples

那不勒斯国王拉迪斯劳 King Ladislas of Naples

那不勒斯国王罗伯特 King Robert of Naples

纳尔杜斯·纳尔迪乌斯 Naldus Naldius

南尼·斯特罗齐 Nanni Strozzi

内里·卡博尼 Neri Capponi

尼古拉五世 Nicholas V

尼科洛·达·福特布拉乔 Niccolò da Fortebraccio

尼科洛·达·托伦蒂诺 Niccolò da Tolentino

尼科洛·尼克利 Niccolò Niccoli

尼科洛·皮奇尼诺 Niccolò Piccinino

尼克拉·德·美第奇 Nicola di Vieri de' Medici

涅沃河 Nievole

P

帕布里科利 Publicoli

帕多瓦 Padua

萨沃纳　Savona

塞多留　Sertorius

塞尔基奥河　Serchio

塞克斯图斯·罗西乌斯　Sextus
　　Roscius

塞缪尔·约翰逊　Samuel Johnson

塞涅卡　Seneca

塞斯基　Cethegi

塞维利乌斯·哈哈拉　Servilius
　　Hahala

色诺芬　Xenophon

《申辩篇》　*Apology*

圣安东尼教堂　church of St. Anthony

圣巴塞尔　St. Basil

圣克罗齐教堂　Santa Croce

圣罗马诺　San Romano

圣皮耶特罗　San Pietro

圣维堤　S. Viti

十二贤人团　buonuomini

十六旗手团　gonfalonieri

《时事评述》　*Rerum suo tempore*
　　gestarum commentarius

士兵　militia

首长　Captain

梳毛工人起义　Ciompi

斯波莱托　Spoleto

斯多葛　Stoics

斯普利乌斯·麦利乌斯　Spurius

Melius

斯塔基亚　Staggia

斯塔提乌斯　Statius

四分区　quarters

苏菲迪乌斯　Lucius Suffidius

苏拉　Lucius Sulla

梭伦　Solon

缩写员　abbreviator

索福克勒斯　Sophocles

T

《弹劾卫利斯演说集》　*Verrine*
　　Orations

塔尔拉蒂　Tarlati

塔克文尼乌斯　Priscus Tarquinius

塔纳伊斯　Tanais

塔普苏斯　Tarpeia

塔西佗　Tacitus

泰奥弗拉斯托斯　Theophrastus

忒拜人　Thebans

忒耳西忒斯　Thersites

特里普托勒摩斯　Triptolemus

提比略·恺撒　Tiberius Caesar

提丢斯　Tydeus

条顿人　Teutons

图斯库卢姆　Tusculum

托马斯主义　Thomism

图书在版编目 (CIP) 数据

佛罗伦萨颂 : 布鲁尼人文主义文选 / (意) 莱奥纳尔
多・布鲁尼著 ; 郭琳译 . ─ 北京 : 商务印书馆 , 2022
（文艺复兴译丛）
ISBN 978-7-100-21405-6

Ⅰ.①佛…　Ⅱ.①莱…②郭…　Ⅲ.①布鲁尼─人
道主义─文集 Ⅳ.① B546-53

中国版本图书馆 CIP 数据核字（2022）第 115117 号

文艺复兴译丛
佛罗伦萨颂
布鲁尼人文主义文选
〔意〕莱奥纳尔多・布鲁尼　著
郭　琳　译

商 务 印 书 馆 出 版
（北京王府井大街 36 号　邮政编码 100710）
商 务 印 书 馆 发 行
南京鸿图印务有限公司印刷
ISBN　978-7-100-21405-6

2022 年 10 月第 1 版　　开本 880×1240 1/32
2022 年 10 月第 1 次印刷　　印张 10¾

定价：58.00 元